L'ÉMANCIPATION DE LA VIE

Du même auteur
chez le même éditeur

L'ÉMERGENCE DE L'HOMME, 1991, rééd. coll. « Champs », 1993.

JOSEF H. REICHHOLF

L'ÉMANCIPATION DE LA VIE

Traduit de l'allemand par Jeanne Étoré

Préface de Albert Jacquard

FLAMMARION

Titre Original : *Der schöpferische Impuls*
Eine neue Sicht der Evolution
Publié par Deutsche Verlags-Anstalt GmbH, Stuttgart, 1992

ISBN : 2-08-210267-X
Printed in France

PRÉFACE

De tous les bouleversements conceptuels apportés par les découvertes des deux derniers siècles, le plus « catastrophique » pour notre regard sur nous-mêmes est le constat de l'évolution des espèces. Tous les êtres vivants qui occupent aujourd'hui la terre proviennent d'une origine commune. L'Homme ne fait pas exception. Si j'étais en mesure de reconstituer sans limite ma généalogie, je découvrirais il y a six millions d'années des ancêtres qui sont aussi des ancêtres des actuels chimpanzés, il y a quatre-vingts millions d'années des ancêtres de chèvres ou de bovins, quatre cents millions d'années, de batraciens ou de poissons.

Cette réinsertion de l'espèce humaine dans une histoire du vivant commencée peu après la création de la planète transforme radicalement l'idée que nous nous faisons de nous-mêmes; ne serions-nous donc « que » des animaux parmi d'autres, et même, en remontant jusqu'aux époques de l'après Big Bang, « que » des objets parmi d'autres? Alors que nous étions des créatures de Dieu.

Le choc est plus rude encore que lors du déclassement, par Copernic et Galilée, du statut de la Terre; de centre du monde elle était reléguée au rang de planète banale; ce constat était ressenti comme une trahison du Créateur. La trahison est plus tragique encore si Il s'est contenté de laisser les forces naturelles ramifier peu à peu l'arbre des espèces, dont nous sommes simplement un rameau apparu il y a peu.

L'accumulation des preuves est maintenant telle que le fait de cette évolution est aussi évident que la rotation de la Terre. Seules quelques sectes intégristes osent ouvertement la contester. Mais des esprits éminents, qui n'avoueraient jamais mettre en doute cette théorie, raisonnent encore comme si les diverses espèces, et principalement la nôtre, avaient gardé les caractéristiques attribuées à l'origine par le Créateur. Tel semble être le cas des plus hautes autorités de l'Eglise catholique. Dans le nouveau catéchisme, rédigé après le concile Vatican II et paru en 1992, on apprend que « l'homme aurait été soustrait à la mort corporelle s'il n'avait pas péché. Dieu destinait l'homme à ne pas mourir ».

Imaginer l'homme comme une espèce dont le corps est immortel, c'est implicitement nier que cette espèce appartienne à l'ordre des primates, à la classe des mammifères. C'est aussi admettre qu'elle échappe à tous les processus du vieillissement et même à celui de la procréation : comment pourrait être régulé l'effectif des hommes s'ils pouvaient procréer sans jamais mourir? Cette affirmation pour le moins aventurée est le signe de la difficulté d'intégrer dans notre pensée une vision non fixiste des espèces. Sans doute l'acceptation des conséquences du fait de l'évolution nécessitera-t-elle plusieurs siècles.

Si l'accord est presque réalisé, au moins du bout des lèvres, sur la filiation et la différenciation, au cours de quelques milliards d'années, des êtres vivants, les querelles restent vives à propos des mécanismes à l'œuvre : quelles forces ont provoqué le passage des unicellulaires initiaux aux organismes hyper-complexes d'aujourd'hui? Darwin, au milieu du XIXe siècle, a proposé une théorie : la sélection naturelle; les progrès sont obtenus par l'élimination des moins aptes.

Etrangement cette théorie a rencontré aussitôt une large adhésion, moins en raison de son pouvoir explicatif (elle se ramène à une tautologie définissant les « moins aptes » comme ceux qui sont éliminés) que par la justification qu'elle semble apporter à une structure sociale fondée sur la soumission et l'exclusion des moins favorisés. Le point faible du darwinisme était l'ignorance du mécanisme de la transmission entre géniteurs et êtres engendrés. La génétique ne s'est développée qu'à partir du début du xxe siècle. Elle a entraîné une remise en cause en profondeur de la théorie de l'évolution, non dans la description de son déroulement, mais dans la modélisation du mécanisme qui l'a provoquée. Une synthèse des idées de Darwin et des découvertes de Mendel, la « théorie synthétique de l'évolution », a paru un temps apporter la solution. Elle aboutit cependant à de telles contradictions, notamment à propos du maintien de la diversité des êtres au sein de chaque espèce, qu'elle ne peut être considérée comme réalisant la synthèse annoncée.

Il apparaît clairement que la seule sélection naturelle est impuissante à expliquer comment a pu apparaître et se développer la fabuleuse variété des êtres, ou comment ont pu être mises au point des structures matérielles dotées de pouvoirs aussi extraordinaires que voir, entendre, mémoriser, imaginer. Il est clair que ces structures sont l'aboutissement d'un long processus dont les premières étapes n'apportaient le plus souvent aucun avantage.

D'autres moteurs doivent être évoqués. En cette fin de siècle, les conditions semblent enfin réunies pour que de véritables synthèses soient tentées. Nous savons décrire avec assez de précision l'histoire des espèces, nous connaissons le processus du transfert de l'information biologique d'une génération à l'autre. Nous pouvons donc aujourd'hui élaborer des modèles explicatifs prenant en compte l'ensemble de ce que nous avons découvert.

C'est ce que nous propose Josef Reichholf. Pour lui, la sélection naturelle, telle que l'a décrite Darwin, n'est que stabilisante; elle ne peut engendrer d'innovations. Celles-ci résultent d'un jeu permanent entre les gènes qui stockent l'information et l'organisme qui leur permet de s'exprimer et de se reproduire. Dans cette vision l'organisme n'est pas le seul produit du génome, il en est le partenaire autonome.

Il ne s'agit pas seulement ici de la mise en place d'une construction théorique satisfaisante pour l'esprit, mais de la définition d'un regard plus lucide sur les interactions entre les gènes, les organismes et le milieu. En une période où les hommes acquièrent des pouvoirs qui les inquiètent eux-mêmes, cette lucidité est particulièrement nécessaire. L'aventure de l'humanité est le cas extrême du jeu des interactions entre milieu, organisme et génome; nous savons maintenant intervenir sur les gènes qui nous ont faits, nous sommes capables de bouleverser la planète où nous sommes nés. Par notre intelligence nous avons su répondre à la question « comment faire? » Il est urgent de l'orienter vers la question « que faire? » Les réflexions de Josef Reichholf contribuent à nous mettre face à nos responsabilités.

Albert JACQUARD

AVANT-PROPOS

Des millions d'espèces animales et végétales différentes vivent sur la terre. Et sur les cinq milliards d'hommes que nous sommes, mis à part quelques jumeaux, aucun n'est parfaitement semblable à l'autre. Comment expliquer la prodigieuse abondance et l'extraordinaire diversité qui caractérisent les êtres vivants?

En 1859, Charles Darwin apporta la première réponse concluante à la question de l'origine des espèces. Il baptisa sélection naturelle le processus qui faisait disparaître des formes anciennes et en créait de nouvelles. La sélection naturelle est devenue la notion centrale de la biologie de l'évolution. Impitoyablement, de génération en génération, elle soumet les variations fortuites des organismes à l'épreuve de la survie et retient les organismes les plus adéquats, les mieux adaptés. Le progrès de l'évolution résulte – toujours selon la doctrine de Darwin – de l'interaction entre le hasard et la sélection naturelle. Comme tous les êtres vivants, les hommes et l'intelligence humaine doivent leur existence à la sélection naturelle. Si le principe darwinien du *survival of the fittest*, survie des plus aptes – ce qui ne signifie pas des plus « forts » –, est devenu le pivot central et la pierre d'achoppement de la théorie de l'évolution, c'est pour une bonne part à cause de son caractère univoque, convaincant et totalement mécaniste. Il convient tout à fait à l'âge de la technique, à celui de l'incessant perfectionnement de machines et de modèles de fonctionnement de plus en plus élaborés. Et il s'accorde avec ce que nous devons considérer sans doute comme la plus grande découverte du XXe siècle, la découverte du code génétique dans la substance héréditaire de tous les êtres vivants.

L'évolution est un fait, et le principe darwinien de la sélection naturelle est le seul mécanisme qui ait semblé jusqu'à présent capable d'expliquer ce processus extrêmement complexe. Si l'on observe toutefois l'ensemble des connaissances actuelles et l'état le plus détaillé de la recherche, on constate que ce mécanisme ne rend compte que superficiellement du processus évolutif. Nous tenterons d'éclairer ce propos par deux réflexions.

La première porte sur nous-mêmes : les différences extérieures des traits les plus fins de la physionomie, les nuances de la couleur de peau définissent-elles la nature de l'homme ? Les différences les plus fines révèlent des milliards d'aspects divers. Tout le monde connaît la variété infinie des empreintes digitales. Mais cela ne signifie rien en ce qui concerne l'espèce humaine. Mieux encore : les chimpanzés n'ont pas tout à fait la même allure extérieure que nous, et leurs aptitudes sont définies assez différemment des nôtres. Pourtant la différence de patrimoine génétique entre nous et ces cousins couverts de poils est inférieure à 1 %. Et ce, bien que nos évolutions phylogénétiques aient divergé depuis sept millions d'années. Si l'on considère toute la lignée d'ancêtres des primates, les soixante millions d'années qu'a couverts leur évolution ne représentent même pas dix fois le temps écoulé depuis que la lignée des chimpanzés et celle de l'homme se sont séparées. Cependant, au cours de ces soixante millions d'années, se sont développées toutes les ramifications qui mènent des toupaïes et des prosimiens jusqu'à l'orang-outan, au gorille, au chimpanzé et à l'homme. Si l'évolution avait été un processus lent et continu, comme on persiste à le penser aujourd'hui à la suite de Darwin, la différence entre l'homme actuel et les êtres vivants du début de l'évolution des primates ne dépasserait pas 12 %, en l'évaluant rétrospectivement. Or une telle différence existe déjà dans le patrimoine génétique, ne serait-ce qu'entre le babouin et l'homme.

A l'origine de l'évolution des primates nous trouvons au contraire une forme animale bien plus nettement différente extérieurement, qui ressemblait au toupaïe actuel et se rapprochait davantage de la souris que du singe. Bref : il est impossible que nous soyons exclusivement le produit de l'harmonieuse interaction de la mutation et de la sélection. La différence suscitée dans le patrimoine génétique par les modifications héréditaires, les mutations, avec nos plus proches parents, les chimpanzés, est tout simplement trop faible pour expliquer l'immense distance qui nous sépare manifestement d'eux. Pour que les patrimoines génétiques soient encore si proches les uns des autres, il faut que l'évolution ait connu d'autres forces que la sélection, qui opère précisément la différenciation du patrimoine génétique.

Notre deuxième observation sera la suivante : nous connaissons tous plusieurs espèces d'oiseaux chanteurs de nos pays. La plupart se distinguent assez facilement. Le verdier, le pinson, le chardonneret et la linotte vivent dans nos jardins et autour de nos cités. Il suffit d'avoir bien observé ces espèces une fois pour les identifier rapidement. On pourrait dire exactement la même chose de la mésange charbonnière, de la mésange bleue, du merle, de la fauvette et de bien d'autres oiseaux chanteurs. Imaginons maintenant que nous les voyions tous plumés. Seuls les grands spécialistes seraient encore capables de distinguer les espèces les unes des autres.

Allons encore un peu plus loin et demandons-nous si les différences de forme du bec et de taille de l'organisme sont liées au régime alimentaire des oiseaux. Manifestement oui, mais elles ne le sont pas du tout aussi étroitement qu'on pourrait le penser étant donné la variété des modes d'alimentation. Les besoins alimentaires de base se ramènent toujours à une « bouillie » assez uniforme de protides, de graisses et d'hydrates de carbone avec un peu de substances de lest. Mais quelle variété de becs et quelle multitude de caractères physiques spécifiques pour un régime de base finalement si indifférencié !

Toute la gamme de formes d'adaptations a manifestement pour principale fonction d'assurer une alimentation assez uniforme. Ce raisonnement s'applique à un autre caractère propre aux oiseaux : leur plumage. En ce qui concerne la structure du plumage, tous les oiseaux sont identiques. Les processus de fonctionnement interne de l'organisme recouvert par les plumes se déroulent de façon bien plus uniforme que ne le laisseraient supposer les différences extérieures. Pour étudier le métabolisme d'un oiseau et ses fonctions, la transformation d'énergie ou d'autres mécanismes de l'organisme, on peut prendre aussi bien un pigeon qu'une poule, une perruche ou un canari, bien que ces animaux appartiennent à des ordres tout à fait différents à l'intérieur de la classe des oiseaux. Nous observons là une parfaite constance alors que le plumage, la forme du bec ou des plumes reflètent indubitablement des processus d'adaptation. Nous sommes donc conduits à nous demander si l'effet déterminant de la sélection naturelle vaut aussi bien pour la structure du fonctionnement interne de l'organisme de l'oiseau que pour son aspect extérieur.

Les plumes multicolores du chardonneret ou du pinson, le bec crochu de la perruche et le bec conique du verdier se révèlent effectivement des caractères purement superficiels si l'on considère attentivement la composition du régime alimentaire de ces oiseaux. L'approvisionnement de base est constitué de graines et les différentes espèces peuvent vivre des mêmes graines sans le moindre problème. La seule question est celle du contenu en graisses, en amidon et en protides : il faut que la nourriture ait une valeur calorique suffisante pour assurer l'importante quantité d'énergie nécessaire au vol et entretenir une température du corps supérieure à 40 °C. Les pinsons et la perruche ne sont apparentés que de façon très lointaine. Pourtant ils ne représentent dans le fond que deux versions extérieurement différentes d'un même type d'adaptation. Ils ne diffèrent que sur des points de détail pour la façon de maîtriser leur environnement. Les différences issues de la sélection naturelle ne touchent que l' « enveloppe extérieure », la forme extérieure d'adaptation. Le mécanisme de fonctionnement interne n'en est pas affecté. Ce n'est pas la forme du bec, mais le régime alimentaire approprié qui a rendu toutes ces espèces d'oiseaux aptes à la survie. Pour survivre et subsister en tant qu'espèces, il faut qu'ils soient en mesure de se procurer en quantité suffisante la nourriture à forte teneur énergétique dont ils ont besoin.

Il faut donc se demander quand est apparu le mécanisme de fonctionnement interne qui différencie de façon si nette et si fondamentale les oiseaux de toutes les autres formes animales. L'idée d'un développement progressif dû à la sélection est totalement impuissante à nous apporter une explication si nous considérons l'un des principaux caractères distinctifs : les plumes qui recouvrent le corps des oiseaux. Les oiseaux ont-ils des plumes « pour » voler ? L'évolution peut-elle s'expliquer par des propositions infinitives introduites par « pour » ? La réponse est un « non » très clair. Aucun stade de départ ne peut être informé de l'utilité ou de l'applicabilité du stade final d'évolution. Lorsque quelque chose s'est formé qui devait par la suite permettre de voler, cet aboutissement ultime était encore inconnu. L'évolution ne peut pas être téléologique. Si ce qui nous apparaît comme un résultat final est un produit qui semble l'aboutissement ultime d'une évolution, c'est uniquement parce que nous considérons les choses rétrospectivement.

Au fil de plusieurs millions d'années, les organismes se sont « perfectionnés », bien que le problème du critère objectif d'une évolution supérieure reste posé. On peut néanmoins constater des « améliorations », même si les biologistes modernes de l'évolution fuient cette question épineuse ou cherchent à l'envisager sous un angle nouveau. Stephen Jay Gould a proposé par exemple une tout autre optique. Il oriente sa vision sur l'enchaînement de hasards qui accompagnent la marche de l'évolution. Il entend par là non pas les phénomènes négligeables, mais la coïncidence fortuite d'événements correspondants. Il emploie à ce propos le terme « contingence ». A la vision d'un progrès continu de l'évolution vers un niveau supérieur, il substitue l'image de la loterie de la vie : déroulement unique qui ne se répétera jamais, imprévisible et en vérité – tout bien considéré – extrêmement invraisemblable. La corrélation fonctionnelle complexe entre le plumage et le corps de l'oiseau serait comme le numéro gagnant d'une loterie? Le bon chiffre au bon moment : l'explication de l'aptitude au vol n'est certainement pas là !

Même dans la version de Gould, la thèse darwinienne de la sélection naturelle comme facteur le plus puissant qui entrerait en jeu dans l'évolution pèche sur deux points décisifs : elle n'explique pas la nature de l'évolution, parce qu'elle ne fournit d'explication ni sur l'origine des nouvelles lignées phylogénétiques ni sur les niveaux supérieurs de développement. Certes, la sélection opère les différences graduelles, elle assure l'adaptation fine. La variété des oiseaux est son œuvre, mais non l'origine des oiseaux. Il faut donc s'interroger sur l'organisme lui-même qui participe manifestement beaucoup plus aux modifications décisives que la thèse darwinienne ne le laisserait entendre. A l'époque de Darwin, on ne connaissait pas les lois de l'hérédité, et on n'avait même pas commencé à explorer le mécanisme de fonctionnement interne des organismes.

Depuis, la génétique moderne nous a apporté les fondements indispensables à l'étude du phénomène de l'évolution. Mais elle n'a pu nous donner que des réponses partielles. Ses triomphes ont fait oublier, même parmi les biologistes, que la structure dans laquelle s'inscrivait l'information héréditaire, le génome, avait un partenaire, l'organisme, et qu'elle en avait absolument besoin. Les progrès et les « grandes percées » du processus évolutif reposent bien plus largement sur des modifications du fonctionnement de l'organisme que sur des modifications du patrimoine héréditaire. La comparaison génétique entre le chimpanzé et l'homme l'illustre de façon on ne peut plus flagrante.

La génétique n'a pas su résoudre l'énigme de l'apparition de nouvelles lignées phylogénétiques. Les biologistes de l'évolution ont esquivé le problème, soit en restant fidèles à la thèse darwinienne des multiples petites étapes évolutives réparties sur de très longues périodes – et ils ont dû s'accommoder tant bien que mal de l'absence de certains témoignages fossiles –, soit en repoussant les preuves, en minimisant tout simplement ces difficultés.

Toutefois, les critiques portant sur la théorie de la mutation et de la sélection ont eu un écho grandissant – non que cette théorie soit fausse, mais elle reste fondamentalement insatisfaisante et n'explique pas les phénomènes les plus importants. Pourquoi la vie n'est-elle pas restée limitée à ses formes les plus simples, alors que celles-ci étaient parfaitement aptes à fonctionner? Pourquoi les organismes ont-ils quitté la mer et conquis les terres, alors qu'il y a encore aujourd'hui dans les mers et les océans une multitude infinie de formes et de possibilités d'existence avec des adaptations stupéfiantes? Pourquoi n'en est-on pas resté aux reptiles poïkilothermes dont faisaient partie les dinosaures, qui ont survécu avec succès pendant plusieurs centaines de millions d'années? Pourquoi les oiseaux et les mammifères se sont-ils imposés, alors que les besoins de leur métabolisme sont bien plus difficiles à satisfaire que ceux des sauriens?

Depuis Darwin, on parle toujours d'adaptation optimale au milieu ambiant. Mais à examiner les choses de plus près, force nous est de constater que le « développement supérieur » des organismes a surtout consisté à se libérer des contraintes de l'environnement. Le développement évolutif se caractérise davantage par un mouvement d'émancipation par rapport à l'impératif de l'environnement que par l'adaptation à cet environnement. Et l'évolution repose sur des mécanismes que l'on n'a pas su voir jusqu'à ce jour.

Aujourd'hui plus que jamais, on recherche dans la nature les états d'équilibre. L'être vivant qui s'est le plus nettement éloigné de la nature et qui peut pratiquement vivre n'importe où – l'homme – croit avoir découvert dans la loi naturelle de l'équilibre la condition de la survie : curieuse pirouette de l'esprit humain! En effet, si seule régnait dans la nature la loi de l'équilibre, l'homme n'aurait jamais existé. Nous anticipons sur ce que cherche à montrer ce livre : à savoir que le développement de la vie a été déterminé par le déséquilibre qui a produit la nouveauté et marqué le progrès. Les situations d'équilibre n'ont su que freiner le processus d'évolution et assurer la marge nécessaire pour les adaptations de détail dont la différenciation des espèces constitue un aspect. Mais la nouveauté véritable a jailli du champ de tensions résultant du déséquilibre. Le déséquilibre – manque ou excédent – est un facteur qui a influencé la vie des organismes bien plus profondément que les informations génétiques. Ce déséquilibre créateur fournit la clef de l'évolution et permet de répondre aux nombreuses questions fondamentales qui sont restées en suspens depuis l'époque de Darwin.

Tous les êtres vivants sont des « transformateurs d'énergie » dynamiques, ils fonctionnent précisément parce qu'ils ne se trouvent pas dans un état d'équilibre avec leur environnement. Alors que le patrimoine génétique peut exister en tant que pure information – il n'a pas besoin de métabolisme –, l'organisme ne le peut pas : il a besoin du déséquilibre créé par le métabolisme. La vie tire son énergie de là. Il est tout à fait instructif de considérer séparément le métabolisme et le génome. On parvient ainsi à envisager différemment les informations que nous fournissent l'organisme et ses fonctions pour résoudre l'une des plus grandes énigmes qui soient : l'origine de la vie.

Ce livre est un défi, car ce que j'y décris s'écarte fortement des conceptions biologiques traditionnelles. Je souhaite qu'il contribue à une meilleure compréhension de l'évolution et suscite un débat critique constructif. L'idée de l'omnipotence des gènes pèse trop lourdement sur les thèses venues compléter récemment la théorie darwinienne – encore globalement incontestée – de l'évolution. Je tiens pour ma part la définition précise des mécanismes génétiques comme insuffisante et mon propos est donc de redonner à l'organisme toute son importance. La recherche en matière de biologie génétique est très pointue mais univoque et, même dans les cercles scientifiques, elle a conduit à une vision assez confuse de la nature de l'évolution. C'est pourquoi beaucoup d'entre nous craignent – à juste titre – que la technologie génétique, en entreprenant des expériences dans un domaine encore très insuffisamment exploré, ne perde de vue l'ensemble à force de se concentrer sur le détail.

L'évolution est la notion centrale de la biologie moderne. C'est la parenthèse dans laquelle se retrouvent toutes les découvertes de détail des disciplines spécialisées qui travaillent au plus haut niveau technologique. Les découvertes et leurs corrélations ne prennent de sens que dans le cadre d'une optique évolutionniste. Même l'homme est, dans sa vulnérabilité et son imperfection, un produit de l'évolution, ni plus ni moins que les millions d'espèces qui vivent avec lui sur la terre. La chaîne du vivant remonte, à partir de l'homme et de tous les autres êtres vivants, jusqu'à l'origine la plus reculée de la vie. C'est une chaîne ininterrompue.

NOUVELLES QUESTIONS SUR UN SUJET ANCIEN

L'homme ne constitue pas une exception : nous sommes et restons indissociablement liés à tous les organismes. Chacun d'entre nous a un passé qui remonte jusqu'aux plus lointaines origines de la vie. C'est une chaîne – s'il manquait quelque part un maillon, si à un quelconque endroit un élément intermédiaire avait fait défaut, nous n'existerions pas. Au cours des quatre milliards d'années qu'a duré en gros l'évolution du vivant, il y a eu certes d'innombrables innovations, mais jamais aucun véritable recommencement. Les lignées extrêmement ramifiées des êtres vivants fusionnent de plus en plus au fur et à mesure que nous remontons le cours de l'histoire géologique, pour finir par ne plus former à l'origine qu'une racine commune.

Notre genre, le genre humain (*Homo*), est apparu il y a environ deux millions d'années. Et il y a cinq millions d'années que la lignée phylogénétique qui devait conduire à l'homme s'est dissociée de la branche plus importante des primates. Leur histoire remonte au moins à cinq millions d'années. Les primates descendent de mammifères proches de la musaraigne, lesquels étaient issus eux-mêmes de reptiles. La structure et le fonctionnement de notre corps témoignent de cette parenté. Et même sans une connaissance plus approfondie de l'histoire géologique au travers des vestiges fossiles, la comparaison avec les autres organismes actuellement vivants nous conduit à une conclusion identique. La structure de notre corps est à bien des égards semblable à celle du corps du chimpanzé, du gorille et de l'orang-outan. Nous les qualifions de singes anthropoïdes. Les recherches précises que l'on est en mesure d'effectuer aujourd'hui sur le patrimoine génétique confirment cette parenté étroite que l'on soupçonnait depuis longtemps. La différence de patrimoine génétique entre le chimpanzé et l'homme n'excède pas 1,2 %. Entre le gorille et l'homme, elle est un peu supérieure. Cependant nous considérerions 1,5 % de différence comme quasiment négligeable s'il s'agissait non pas précisément du gorille et de l'homme, mais d'autres organismes. La taille de notre cerveau, la capacité de percevoir les couleurs, les mains préhensiles et bien d'autres caractères nous unissent aux primates et à toutes les autres espèces du groupe des simiens et des prosimiens.

A l'instar des mammifères, le fœtus humain se développe à l'intérieur d'une matrice et les nouveau-nés se nourrissent du lait produit par le corps maternel. La température élevée et constante de l'organisme constitue un autre trait caractéristique non seulement des mammifères, mais également des oiseaux, qui représentent avec les mammifères les deux groupes les plus évolués des vertébrés. La constitution de notre squelette, typique des vertébrés, nous apparente à l'évidence non seulement aux reptiles, dont les mammifères sont issus il y a plus de deux cents millions d'années, mais aussi aux batraciens et aux poissons.

En outre, d'autres traits montrent que nous sommes parents d'êtres vivant en milieu marin et ne présentant ni colonne vertébrale ni aucun élément de squelette. Enfin nous faisons partie du règne animal parce qu'il nous manque beaucoup de caractéristiques que possèdent les plantes, mais nous faisons, comme elles, partie des organismes pluricellulaires puisque notre corps est constitué de milliards de cellules isolées. La biologie a si bien étudié la structure de la cellule qu'elle trace encore une autre ligne de démarcation, bien plus profonde. Comme les plantes et comme de nombreux organismes unicellulaires, nous sommes constitués de cellules porteuses d'un noyau séparé du reste du corps cellulaire.

De surcroît, chacune de nos cellules renferme différents organes en miniature assurant chacun des fonctions bien précises. Ces éléments n'existent pas chez d'autres formes d'organismes, par exemple les algues bleues (cyanophycées) et les bactéries. Néanmoins ces organismes, de structure extrêmement simple, présentent des éléments constitutifs qui figurent aussi dans nos cellules.

On a découvert que nous avions des points communs même avec les êtres vivants les plus éloignés de nous, comme les virus, qu'à vrai dire on peut tout juste classer parmi les organismes vivants. Ils ont en effet un patrimoine génétique, plus exactement un « code génétique » dont la constitution et le fonctionnement, même fragmentés, correspondent au nôtre par leur structure. C'est pourquoi un virus tel que la grippe peut tout simplement utiliser des cellules de nos muqueuses nasales, ou d'autres cellules de notre organisme, pour établir des copies de son propre code génétique. Nous sommes alors plus ou moins atteints par la maladie parce que les cellules réquisitionnées par le virus ne peuvent plus, ou en tout cas plus complètement, assurer leurs fonctions.

Enfin, tous les êtres vivants sont formés des mêmes composants chimiques et des mêmes matières premières. C'est par sa composition chimique spécifique que la nature inanimée, le monde anorganique se différencie du monde organique. L'universalité du code génétique et la structure des matières organiques, en particulier des composés protidiques, sont les deux piliers qui distinguent la vie du monde inanimé.

Même s'il n'y avait pas de fossiles, tout nous porterait à postuler une appartenance et une origine communes de tous les êtres vivants. Mais les fossiles existent, et ils existent en si grand nombre qu'ils témoignent clairement de presque toutes les étapes importantes de l'évolution et de toutes ses transformations. Le développement du vivant à partir d'une seule racine commune est un fait incontestable. En douter reviendrait à refuser de voir la réalité. Sans cette communauté d'origine, l'usage de médicaments expérimentés sur d'autres organismes ou produits par des êtres vivants de nature radicalement différente de la nôtre (les antibiotiques par exemple) serait pur charlatanisme, car leur efficacité ne pourrait être que fortuite. Privés d'une généalogie commune, les caractères et les propriétés qui n'assurent aucune fonction immédiate, ou pour lesquels on pourrait trouver de meilleures solutions de remplacement, resteraient des bizarreries dénuées de sens. Et en l'absence d'ancêtres communs, nous serions forcés d'interpréter les carences et les imperfections comme des défauts de construction, la question se posant alors de savoir quel constructeur aurait pu commettre des fautes pareilles.

Il est devenu depuis longtemps aussi absurde de douter de l'évolution que de croire que la terre serait un disque et que le soleil tournerait autour d'elle. C'est l'horizon limité de notre vision et de notre philosophie qui nous a longtemps donné une conception fausse de la position de la terre et du soleil. Il en va un peu de même pour l'évolution. Une vie humaine est bien trop courte pour que les processus puissent être vécus directement. Ce qui s'étend sur des dizaines, des centaines de milliers voire des millions d'années, échappe à notre observation directe. De même que le flash ne fixe jamais qu'un moment très bref, nous ne pouvons avoir qu'une vue instantanée – et nous sommes tentés de considérer le monde comme quelque chose de constant et d'immuable.

La simple idée que les montagnes soient le résultat de plissements pose quelques problèmes à certains d'entre nous. Ces plissements ont pourtant bien eu lieu. D'infimes transformations imperceptibles à leur époque, atteignent au bout de centaines de milliers d'années des ordres de grandeur qui modifient la configuration des continents et des mers. La vision rétrospective doit donc toujours se faire en accéléré pour que les processus qui commandent au devenir et à la disparition des choses entrent en mouvement et acquièrent une dynamique. Nous connaissons le stade du drame de l'évolution au cours duquel de très nombreuses formes de vie et même la majorité d'entre elles ont disparu.

L'histoire du vivant, inscrite dans les fossiles, en témoigne. Néanmoins les survivants sont reliés par une chaîne ininterrompue, le « fil du vivant », avec les origines de la vie. Il n'est pas de lignée totalement indépendante. A un moment ou à un autre, lorsque nous remontons dans le passé, cette lignée en rejoint toujours une autre dont elle s'est séparée. Et celle-ci est elle-même issue d'une autre, et ainsi de suite. Plus les bifurcations sont éloignées dans le temps, plus les formes de vie que représentent les différentes lignées sont différentes. D'une racine unique, l'origine de la vie, sont issues toutes les formes vivantes et disparues.

La vision rétrospective se révèle toutefois trompeuse. Elle aplanit toutes les bifurcations et les ramifications, ne dit rien des nombreuses branches qui ont échoué et se sont éteintes, et donne au contraire l'impression illusoire d'une progression linéaire vers « un niveau supérieur », dont nous constituerions le terme naturel, au sommet de l'arbre de l'évolution. La réalité est autre : la règle n'est pas l'évolution directe, mais le détour et la bifurcation. La métaphore adéquate serait non pas l' « arbre de vie », mais une formation buissonneuse.

Nous nous trouvons certes à un sommet, mais cela est vrai aussi de toutes les autres espèces qui se situent à l'extrémité de « leur branche » et qui ont survécu comme nous. On ne peut pas tirer de jugement de valeur du seul fait que l'espèce humaine et toutes les espèces qui existent encore aujourd'hui aient survécu, alors que d'autres, plus nombreuses et correspondant à un éventail bien plus étendu des débuts de l'évolution, n'ont pas survécu. Nous ne sommes pas « plus développés », ni « mieux développés », sous prétexte que nous avons survécu. Les bactéries et les virus n'ont rien à nous envier à cet égard. Lorsque nous parlerons dans ce qui va suivre de « formes d'un niveau supérieur d'évolution », cette classification s'appliquera aux propriétés et aux fonctions des organismes en question, non à leur simple survie.

Nous devrons également faire montre de la plus extrême prudence en ce qui concerne le rôle du hasard. Beaucoup de choses semblent complètement fortuites du point de vue de l'évolution des espèces. Le fait qu'elles aient survécu ou non, la détermination, parmi les représentants d'une lignée de ceux qui subsistent et de ceux qui régressent dans le processus évolutif et « restent en rade », peut sembler un pur jeu du hasard. Toutefois, ce qui vaut pour des phénomènes de détail ne vaut pas nécessairement pour les grandes étapes de l'évolution.

Prenons par exemple le fer. Si l'on cherche à étudier et à définir ses propriétés, nous ne nous laissons absolument pas troubler par ce que nous enseigne la physique, à savoir que le comportement et le cheminement d'un atome de fer pris isolément sont indéterminables et imprévisibles. Le hasard règne dans l'univers microscopique de l'atome de fer.

Les propriétés caractéristiques de ce métal ne résultent guère que de l'interaction de quantités infiniment grandes d'atomes de fer. Si nous étions aussi minuscules qu'un de ces atomes, nous serions dans l'incapacité de percevoir la nature du fer. Il en va de même de l'évolution : pour en rendre compte, on ne saurait la mesurer à l'aune de la vie humaine. Seule la bonne unité de temps, le temps géologique, nous permet de comprendre les processus qui ont influencé l'évolution de la vie au cours de l'histoire de notre planète. La découverte du temps géologique a été la condition *sine qua non* de la première interprétation générale du processus de l'évolution par Charles Darwin, il y a plus de cent trente ans.

Quoique d'orientation différente, les ouvrages de Stephen Jay Gould (1987) et Stephen Hawking (1988) traitent admirablement de ce problème. La prise de vue en accéléré est plus qu'une métaphore. A l'échelle géologique de millions d'années, chaque processus pris isolément se réduit, de telle sorte que les grands courants fondamentaux et les changements d'orientation se dégagent. Or c'est bien d'eux qu'il est question lorsqu'on cherche à interpréter le processus de l'évolution. Le déroulement en tant que tel est certes assez captivant, mais il ne fournit aucune explication.

Pour établir qu'une évolution s'est effectivement déroulée, et pour parvenir à la conception darwinienne telle qu'elle s'est instaurée, il faut ajouter à tout cela le « pourquoi ». Sans explication plausible du processus général et de ses développements, l'évolution resterait à peu près aussi mystérieuse que la « vie en soi », et les étapes de l'évolution, que nous concevons à juste titre comme des progrès, retomberaient dans l'arbitraire le plus absolu, alors qu'inversement les détours et les égarements de l'évolution sont difficiles à présenter comme fonctionnels et téléologiques. La recherche sur l'évolution est prise dans ce dilemme. Elle connaît les données du processus évolutif et croit en avoir découvert le mécanisme avec la sélection naturelle, et le support avec le génome; or elle sombre dans les pires difficultés dès que des dogmatiques pseudo-scientifiques s'avisent de rejeter fondamentalement l'évolution ou que de perspicaces physiciens mettent en doute ce mécanisme, parce que des structures aussi complexes et aussi parfaitement adaptées que celles de l'œil ou de l'aile de l'oiseau ne peuvent pas s'être formées par hasard. Certains trouvent vite une issue en recourant à des forces surnaturelles mystérieuses qui n'auraient pas encore été découvertes, sans pour autant être en mesure d'apporter de preuve concrète à l'appui de leurs affirmations. Les polémiques en la matière se sont à nouveau considérablement exacerbées ces dernières années, car en dépit de l'abondance croissante d'arguments en faveur de l'évolution, il manque toujours un schéma d'explication convaincant qui dépasse les petites étapes de la différenciation des espèces et permette de comprendre les grands changements.

A voir les choses de plus près, on ne peut s'empêcher de penser que les extraordinaires progrès de la génétique ont orienté les recherches de façon trop univoque sur le génome et sur son rôle dans le processus évolutif et que, de ce fait, on ne s'est pas assez préoccupé de l'autre partie, à savoir l'organisme avec ses fonctions et ses limitations.

Pour le dire de façon succincte : à quoi sert la mutation génétique la plus favorable, si elle ne peut pas être utilisée parce que l'organisme n'est pas en mesure d'exploiter la nouvelle information qu'elle apporte? Les organismes ne sont pas, comme semble le penser Richard Dawkins, de simples véhicules des gènes que l'on pourrait manipuler comme des marionnettes. Sa vision du « gène égoïste » n'envisage précisément qu'un aspect de l'association de deux éléments que l'on voit se dessiner et que nous tenterons d'analyser ici complètement. Une théorie de l'évolution qui ne se concentre que sur les supports d'information reste incomplète, de même que serait incomplet et inapte à tout fonctionnement un organisme qui ne se composerait que d'un patrimoine génétique. C'est justement la raison pour laquelle les virus ne sont pas de véritables êtres vivants.

Cette optique très partiale, axée sur le génome, néglige également l'interaction avec l'environnement, tout simplement parce qu'on ne peut pas l'appréhender au travers de la mutation génétique. L'environnement est bien plus, et il est incomparablement plus important, qu'un simple filet qui laisserait passer les mutations inefficaces et retiendrait les autres. Darwin lui-même le pressentait déjà très bien, puisqu'il n'entendait pas par sa formule de « survie des plus aptes » (*survival of the fittest*) ceux qui survivaient en dépit de tous les revers, mais bien plutôt ceux qui, comparés aux autres, mettraient au monde dans les générations suivantes le plus grand nombre de descendants capables de survivre.

Mais quelle est la génération qui compte? La première, la deuxième, les deux ensemble, ou encore les suivantes? En définitive rien d'autre ne compte que la survie de la lignée adaptative jusqu'à nos jours – et au-delà. La survie des plus aptes, que l'on appelle en abrégé « fitness », s'exprime donc bien mieux au travers de la non-extinction qu'au travers de la survie elle-même.

La difficulté revêt toute son ampleur si nous considérons notre propre exemple. Les plus aptes sont-ils, dans l'espèce humaine, les groupes de populations qui dans les pays dits du tiers-monde ont les taux d'expansion démographique les plus élevés, et qui, à la première et à la deuxième génération, ont une descendance plus nombreuse que les ressortissants des pays riches avec leur faible taux de natalité? Ou encore, nos parasites intestinaux sont-ils plus aptes à la vie sous prétexte qu'ils se reproduisent par millions? Pourquoi des biologistes tout à fait sérieux cherchent-ils constamment à se dérober, en contournant le principe de l'égoïsme génétique de la sociobiologie moderne? Ne serait-ce pas l'expression d'un malaise de la part de ceux qui ne veulent pas s'accommoder du primat absolu de la génétique? Bref, en biologie comme dans d'autres domaines, on ne cesse de trouver à la théorie de l'évolution des faiblesses indéniables. Elles portent, on ne le soulignera jamais assez, sur l'explication causale, la causalité de l'évolution, et non sur le fait que l'évolution ait effectivement eu lieu, sur sa réalité.

Ces lacunes du schéma explicatif sont réparables. Nous disposons de nouvelles données et d'une connaissance plus approfondie de tous les domaines des sciences naturelles. La théorie de l'évolution suit elle-même le processus qu'elle tente de décrire et d'expliquer : une évolution!

Mon projet ne vient pas contredire Darwin, ou la « synthèse moderne » qui s'est appuyée sur ses positions. Il les englobe et élargit l'angle de vision. Il dévoile les possibilités et les contraintes qui imposent au jeu du hasard des limites bien plus étroites qu'on ne l'a pensé le plus souvent jusqu'à ce jour. Au point que son rôle dans le progrès de l'évolution en devient même douteux. La nouvelle thèse ne remplace pas pour autant le hasard par la prédétermination. Des causes claires n'impliquent nullement des fins tout aussi claires. Les scénarios que nous avons conçus dans ce livre pour retracer des étapes capitales de l'évolution sauront le montrer.

Nous ne disposons pas encore pour toutes les étapes de l'évolution de résultats de recherche probants. Nous serons obligé sur certains points d'émettre des hypothèses raisonnables d'un point de vue biologique, qui devront encore être confirmées par des recherches plus précises. Le progrès de la recherche en sciences naturelles s'est toujours fondé sur ce type d'hypothèses plausibles. Ce ne sont ni de folles spéculations intellectuelles ni des dérobades – comme le recours à on ne sait quelles forces mystérieuses. Elles doivent au contraire insuffler aux données les plus arides le caractère vivant qui rend si passionnante la recherche évolutionniste moderne. Ceux qui ne s'intéressent qu'aux données scientifiques et aux détails trouveront de quoi satisfaire leur curiosité dans les manuels de biologie de l'évolution. Notre propos sera plutôt de rechercher ici les corrélations et les arrière-plans.

Première partie

ONZE CHAPITRES DE L'HISTOIRE DU VIVANT

Chapitre 1

LES TÉMOINS DU COMMENCEMENT : LE FER ET LE SOUFRE

Nous gardons la question du commencement de la vie pour la fin de l'ouvrage. La reconstitution de ce cheminement est la partie la plus délicate de notre entreprise. La recherche ne dispose que d'un petit nombre d'indications. Mais elles contribuent toutes à nous laisser supposer que le passage de l'inertie à la vie s'est opéré non pas grâce à une mystérieuse intervention extérieure, mais dans le cadre des lois que nous connaissons en sciences naturelles. C'est l'immense différence entre l'époque des origines, il y a quatre milliards d'années, et le présent, qui nous a fait prendre l'habitude de tracer une frontière aussi nette entre la vie et l'absence de vie. Avec notre univers regorgeant de vie, nous avons bien du mal à imaginer l'état de la terre avant l'émergence de celle-ci. Pourtant, nous avons encore là les témoins de ce passé des plus reculés où la nature ne « fonctionnait » pas comme elle fonctionne aujourd'hui. Et il n'est pas si difficile de retrouver les traces de ces temps originels. Certains de ces témoignages nous sont extrêmement familiers. Nous les utilisons, ou ils nous utilisent, et d'une façon souvent assez désagréable ou dangereuse. Commençons par les représentants inoffensifs des êtres vivants les plus anciens.

Au printemps, dans le nord-est des Préalpes autrichiennes, au fond des vallées, l'eau des fossés et des bras morts se colore par endroits d'une teinte ocre rouge très marquée, comme si l'on y avait versé des citernes entières de colorant. Le même phénomène s'observe dans les zones drainées de la basse plaine d'Allemagne du Nord dans les canaux d'assèchement des marécages et sur certains lacs de Scandinavie. Il se produit toujours dans des eaux dormantes ou dans de petits cours d'eau à faible débit. Au fil de l'été, la coloration devient de plus en plus sombre. Si ces cours d'eau ne gèlent pas l'hiver, elle se maintient et s'accentue avec les années. Les petits organismes qui vivent dans la boue du fond disparaissent, puis les poissons meurent et, finalement, il n'y a pour ainsi dire plus aucune vie dans ces eaux ocre. Les responsables de cette extinction sont des organismes de structure très simple appelés bactéries du fer ou ferrobactériales. Ils se multiplient en masse et étouffent toute vie dans leur zone d'influence.

Les ferrobactériales se procurent leur énergie vitale d'une manière tout à fait inhabituelle : pour alimenter leur métabolisme, elles utilisent le fer dissous dans l'eau. Il se présente sous deux formes, comportant toutes deux de l'oxygène : le fer bivalent, qui forme avec l'oxygène un composé dans lequel chaque atome de fer se lie à un atome d'oxygène (FeO), et le fer trivalent qui forme avec l'oxygène un composé dans lequel deux atomes de fer se lient à trois atomes d'oxygène (Fe_2O_3). L'élément déterminant, en l'occurrence, est que la transformation du fer bivalent en fer trivalent (formulation chimique) produit un dégagement d'énergie. C'est précisément l'énergie qui nous occupe. La formule chimique de la réaction des ferrobactériales s'écrit de la façon suivante :

$$2Fe^{++} + O + H_2O \rightarrow Fe^{+++} + 2OH^- + 135{,}6 \text{ KJ}$$

Dans les conditions environnementales adéquates, il se développe de l'oxyde ferrique (Fe_2O_3) sous la forme d'un dépôt boueux ocre rouge qui stagne au fond des marmites dans lesquelles se trouvent les ferrobactériales. L'énergie dégagée par unité de réaction chimique (135,6 kilojoules pour deux molécules de fer bivalent) approvisionne les ferrobactériales et leur permet de vivre.

Lorsque l'eau du fond transporte des quantités suffisantes de fer bivalent dissous, les colonies de ferrobactériales croissent et se multiplient. Elles envahissent le fond, gagnent progressivement les rives et se répandent si bien dans l'eau qu'elles finissent par épuiser l'oxygène en solution. Sans oxygène, les autres organismes ne peuvent pas vivre. Les cours d'eau sont désertés. Ils n'abritent plus rien d'autre que les ferrobactériales et des colonies d'autres bactéries qui s'alimentent à partir du soufre. La pourriture qui couvre le fond dégage de l'acide sulfhydrique (H_2S) qui s'associe à l'oxyde ferrique pour former une masse compacte, gluante et noire. Les pollutions de l'environnement causées par l'homme ne sauraient guère avoir d'effets plus durables.

Aucune vie n'est plus possible dans les boues ocre imprégnées de sulfure de fer. Elles sont un véritable piège de fer. Si le processus se perpétue pendant de longues périodes, des millions d'années, il donne du minerai de fer. C'est ainsi que s'est formée la minette lorraine. On trouve également en Scandinavie des gisements de fer qui doivent leur existence aux ferrobactériales. Et on observe des mécanismes analogues avec un métal proche du fer, le manganèse.

La production bactérienne de minerais (sous la forme d'oxydes métalliques) est très répandue.

Mais ces processus se déroulent en règle générale si lentement qu'on s'en aperçoit à peine. Ils ne deviennent visibles que dans des conditions particulières. Ces conditions ont été réunies par exemple lorsque les cours d'eau préalpins ont été retenus par des barrages. Il ne s'est plus trouvé alors de crues pour les nettoyer et emporter les boues ocre. Les bactéries travaillent lentement, si lentement que jusqu'à la construction des barrages les crues régulières avaient toujours suffi à contrer et à effacer leur action. D'autres sont plus rapides et œuvrent plus efficacement. Dans les zones drainées, les fossés et les bras morts que nous avons évoqués, elles se développent en masse parce que les conditions particulières de l'environnement favorisent leur activité vitale. Elles nous permettent de nous faire aujourd'hui une idée des conditions qui ont pu exister aux origines de la vie. Les ferrobactériales « consommaient » tout simplement du fer.

Ce fer passait d'une forme à forte teneur énergétique à une forme à plus faible teneur, et les bactéries vivaient de l'énergie prélevée sur cette réaction. Elles le font encore aujourd'hui là où sont réunies les conditions appropriées. Il y avait du fer en quantité suffisante. L'écorce terrestre est en majeure partie constituée de ce métal. Des transformations chimiques, dans les conditions adéquates de température et de pression, garantissaient la présence constante de fer en solution dans l'eau. Pendant des millions et des millions d'années cet approvisionnement suffit pour « alimenter » les bactéries. La situation n'a pas fondamentalement changé, sinon que les bactéries ont perdu une grande part de leur importance, parce que d'autres, plus actives, ont pris leur place. Du reste, elles n'étaient pas non plus les premières.

D'autres bactéries, dont les descendants ont également subsisté en partie, utilisaient d'autres matières premières pour leur approvisionnement énergétique. C'est le cas des thiobactériales, avec le soufre. Elles ont besoin pour leur activité de base non pas d'eau (H_2O) mais d'acide sulfhydrique (H_2S). D'emblée elles utilisent conjointement un composé du carbone, le gaz carbonique (CO_2) transformé en hydrates de carbone dans des solutions simples de carbone et d'eau. Ce sont de véritables substances organiques, qui ne peuvent se former sans la contribution d'organismes vivants. La réaction dégage du soufre. Il en existe de nombreuses autres formes, qui témoignent qu'à l'origine tout un éventail de possibilités a été testé pour capter de l'énergie. Beaucoup se sont maintenues dans la mesure où les conditions d'environnement adéquates ont subsisté.

Les fonctions biochimiques d'organismes de ce type, apparus bien longtemps avant ceux qui prédominent aujourd'hui, trouvent aujourd'hui des applications multiples. Il s'agit essentiellement de bactéries ou d'autres micro-organismes qui décomposent ou transforment les matières organiques. Dûment contrôlés, ils servent à la fabrication de produits alimentaires ou de produits de luxe. Les plus importants sont les microbes qui provoquent les phénomènes de fermentation. Il assurent la qualité du levain et du pain, permettent la transformation du lait en fromage, la fabrication des yaourts du kéfir. Nous devons à d'autres microbes la fermentation alcoolique qui permet de produire de la bière et du vin. Beaucoup de ces procédés qui semblent aller de soi seraient inimaginables sans ces microbes issus des origines de la vie.

Par ailleurs, un nombre extraordinaire d'autres microbes assurent la désintégration des matières organiques. Sans eux, les cadavres se dessécheraient au lieu de se putréfier, il n'y aurait pas de formation d'humus, les dépôts de déchets végétaux ne se désagrégeraient pas, la digestion serait impossible pour bien des organismes animaux, y compris les hommes. Ces microbes décomposent en effet les matières organiques compactes en éléments plus petits et réutilisables, et produisent en même temps une quantité précieuse de protides bactériens. Lorsque les termites mangent du bois, la cellulose et les autres contenus du bois connaîtraient un simple transit intestinal, sans être exploités du tout, s'il n'y avait pas de microbes pour les décomposer.

Mais ces microbes issus du passé le plus lointain comportent aussi des risques et des dangers considérables. Au lieu de se cantonner aux produits alimentaires ingérés ou en préparation, nombre d'entre eux s'infiltrent dans l'organisme lui-même et l'utilisent comme source d'énergie et d'approvisionnement pour leur propre compte. Ce sont les agents pathogènes. En vérité, ils n'ont pas une action fondamentalement différente de celle des « bons microbes »; nous pensons seulement qu'ils vont trop loin! En fait la coexistence (symbiose) fructueuse et l'action nuisible sont très proches l'une de l'autre chez certains microbes. Tant que l'organisme porteur est en bonne santé, il les tient en respect, de sorte qu'ils ne peuvent pas causer de « dommages » et ne font que le servir; c'est le cas des colibacilles dans notre intestin. Mais pour peu que l'organisme se trouve affaibli, ils échappent à son contrôle et constituent alors un danger plus ou moins redoutable.

La caractéristique commune à tous ces microbes est

l'exploitation de substances organiques à forte teneur énergétique. Ils les décomposent d'une façon particulière, suivant différentes étapes successives. Les agents de fermentation des alcools ne vont que jusqu'au stade de la transformation de l'amidon ou du sucre en alcool, ou encore jusqu'à l'étape suivante, qui est celle du vinaigre. D'autres poussent plus avant la décomposition. Les bactéries contenues dans le sol font partie du groupe qui pousse la décomposition des substances organiques jusqu'à leurs éléments anorganiques. Et elles assurent aussi la réutilisation de ces éléments.

La décomposition des matières organiques de base dégage de l'énergie. L'une des étapes fondamentales est indubitablement la fermentation. Elle produit dans sa phase principale 198 kilojoules par unité (molécule de glucose). Les ferments sont donc bien mieux placés dans l'exploitation énergétique que les ferrobactériales dont la production d'énergie est inférieure d'un tiers.

Mais ce progrès qui s'accompagne d'une augmentation d'efficacité de 46 % se heurte à un obstacle. Il suppose la disponibilité préalable de matières organiques contenant du sucre. Or le fer existait en quantités bien plus grandes. Les processus de fermentation ont donc dû jouer, au tout début du développement de la vie sur terre, un rôle bien inférieur à celui des synthèses chimiques exploitées par les ferrobactériales et les thiobactériales. D'autant qu'il n'y avait pas alors d'organismes plus complexes et par conséquent susceptibles d'être infectés par les bactéries.

Il faut se représenter les plus lointaines origines de la vie comme la juxtaposition de différentes sortes de bactéries plus ou moins indépendantes, qui exploitaient au mieux les matières minérales disponibles, c'est-à-dire dans la mesure où elles pouvaient en tirer de l'énergie. D'après les gisements de fer, les ferrobactériales qui passent pratiquement inaperçues aujourd'hui devaient déployer une telle activité que la terre était devenue par endroits ocre rouge. Après la diffusion des bactéries, la terre n'était pas globalement verte mais brun-roux avec les taches jaunes du soufre.

L'évolution se résumait pratiquement alors à l'expérimentation de processus chimiques. Les bactéries qui provoquent des réactions chimiques si diverses ne se différencient presque pas les unes des autres extérieurement. On les distingue non d'après leur apparence extérieure mais d'après leurs réactions. Une chose est à retenir en ce qui concerne cet état de notre planète : les minéraux se trouvaient au centre de l'activité des êtres vivants. Certains, comme les ferrobactériales, consommaient du fer, d'autres du manganèse, du cuivre, du magnésium ou diverses matières premières métalloïdes. Le magnésium devait prendre une importance toute particulière. Mais le fer et le cuivre sont également indispensables à la vie de l'homme et de la plupart des autres organismes. Notre passé le plus reculé a été marqué par les métaux.

La grande percée qui a permis de diviser l'histoire de la terre en deux phases totalement distinctes quant à leur configuration et à leur déroulement intervint alors que la planète terre atteignait à peu près la moitié de sa durée d'existence actuelle. La terre s'était formée dans le système solaire il y a environ 4,6 milliards d'années et le grand tournant se situa il y a environ deux milliards ou deux milliards et demi d'années. Une substance récemment constituée allait désormais influencer au plus haut point le déroulement des processus à la surface de la terre : la chlorophylle.

Chapitre 2

LA FLAMME DU VIVANT : L'OXYGÈNE

Sous la forme des plus simples microbes, la vie existait déjà il y a quatre milliards d'années. La moitié de cette période inimaginablement longue s'écoula sans qu'il se passât grand-chose. A l'échelle de plusieurs millions d'années, on n'enregistra guère de changements notables. Cette constatation ne semble pas tout à fait concorder avec les multiples fonctions que les formes de vie les plus anciennes avaient déjà développées. Même s'il n'y avait rien eu d'autre que l'activité des ferrobactériales, ces êtres vivants, étant donné leur bilan énergétique, auraient dû s'imposer et se répandre bien plus qu'ils ne le firent effectivement. La durée de ces périodes aurait suffi à transformer la mer universelle en une espèce de soupe colorée en brun-roux par le fer décomposé.

L'explication réside dans le mode d'approvisionnement énergétique des ferrobactériales. La réaction a besoin d'oxygène, à raison d'un atome d'oxygène pour deux atomes de fer.

Or l'oxygène était en quantité très limitée et il n'y en avait pratiquement pas sur les vastes étendues des océans, car l'enveloppe aérienne de notre planète encore jeune, l'atmosphère, ne contenait pas d'oxygène. Elle se composait essentiellement d'azote, de méthane, d'hydrogène, d'un peu de gaz carbonique et de gaz nobles. L'hydrogène se perdit progressivement; il est si léger qu'il échappa au champ de gravitation de la terre et se volatilisa dans l'espace intersidéral. La vapeur d'eau constituait une part importante de l'enveloppe gazeuse de la terre.

Les écarts de température entre des journées brûlantes et des nuits extraordinairement froides devaient créer des conditions atmosphériques extrêmement agitées, avec presque perpétuellement de violents orages. Les régions où se concentrent actuellement les orages tropicaux ne sont sans doute qu'un pâle reflet de cette situation, qui correspondait vraisemblablement à l'état de l'atmosphère telle qu'elle se présente aujourd'hui autour de Vénus. Toutefois les innombrables éclairs étaient sans effet, faute d'oxygène pour déclencher la combustion. Il ne pouvait y avoir de bref dégagement d'oxygène que lorsque la violence de charges électriques foudroyantes désintégrait l'eau en ses composants.

Il faut croire que la forte irradiation de l'espace intersidéral, en particulier l'irradiation ultraviolette, décomposait elle aussi une certaine quantité d'eau en dégageant de l'oxygène et de l'hydrogène. Peut-être l'oxygène produit par les phénomènes de volcanisme, ainsi que des savants russes l'ont avancé récemment (Towe, 1990), venait-il s'y ajouter également. Mais, à l'état pur, l'oxygène restait incontestablement un élément très rare.

Par conséquent, les ferrobactériales, si elles ou leurs ancêtres existaient vraiment dès cette époque, ne pouvaient guère tirer parti des quantités de fer disponibles. Il n'en allait pas autrement des bactéries qui assurent les processus de fermentation. Elles ne peuvent décomposer les matières organiques que si ces dernières existent. Les précurseurs de composés organiques que l'irradiation fortement énergétique de la soupe originelle pouvait produire dans les océans, et surtout dans les couches superficielles des mers les plus plates, en bordure des continents, ne pouvaient pas être très abondants. L'irradiation détruit presque autant de composés qu'elle en produit, et ce à peu près immédiatement. Il n'y avait donc pratiquement pas de possibilité d'accumulation de matières énergétiques si ce n'est dans les endroits particulièrement favorables et protégés, c'est-à-dire assez près de la source de production, mais à l'abri de la désintégration provoquée par les radiations ultraviolettes.

Ces considérations ne sont pas censées nous ramener au commencement de la vie, mais simplement indiquer que le décalage entre synthèse et désintégration revêt un rôle décisif. Dès lors qu'une substance quelconque réussit à capter moins d'énergie destructrice que la lumière ultraviolette, ce décalage nécessaire peut être encore prolongé et le déséquilibre de la réaction chimique accentué du même coup.

C'est précisément ce que réalisent certains colorants. Ils deviennent des colorants parce qu'ils ne renvoient qu'une partie plus ou moins importante de la lumière qu'ils reçoivent et absorbent en quelque sorte certaines longueurs d'onde. Leur énergie se transmet à leur support et fait que ce dernier réagit plus « activement ». Nous avons un colorant de ce type dans le sang.

C'est l'hémoglobine, protide lié à une formation annulaire qui renferme un atome de fer. La structure particulière de ce colorant lui permet de fixer l'oxygène qu'il libérera facilement ensuite, après avoir été transporté à un autre endroit de l'organisme par la circulation sanguine. Les ions de métaux comme le fer et le cuivre sont particulièrement appropriés à cet effet, car leur enveloppe d'électrons réactifs facilite les échanges et surtout le dégagement d'électrons. Il y a plus de deux milliards d'années, un mécanisme de ce type n'aurait par apporté grand-chose puisque l'oxygène n'existait pas encore à l'état pur. C'est néanmoins une substance de structure analogue qui réalisa presque le contraire : au lieu de capter de l'oxygène, elle en dégagea.

Cette propriété apparut il y a environ deux milliards d'années, lorsque des corps annulaires analogues à ceux que nous trouvons dans l'hémoglobine captèrent et intégrèrent du magnésium. Ce métal a lui aussi la propriété d'absorber certaines longueurs d'onde de la lumière et de transmettre leur contenu énergétique. Les découvertes les plus récentes en la matière (Frese, 1986) nous ont appris que le colorant que nous appelons la chlorophylle est constitué comme une antenne. L' « antenne de chlorophylle » capte les « ondes moyennes » autour de 700 nanomètres de fréquence et transforme leur énergie, en passant par une longue série d'étapes si bien dosées qu'il n'y a pas de trop forte décharge énergétique. Du fait de l'absorption de certaines longueurs d'onde de la lumière visible, les colorants de la chlorophylle nous paraissent verts et les colorants annexes jaunes.

Le déroulement de la réaction est bien connu depuis longtemps. Il a été précisément analysé et figure aujourd'hui dans tous les manuels de biologie. Par unité, autrement dit par molécule de glucose formée, la réaction dégage 2 872 kilojoules, soit dix fois plus que la fermentation de la même quantité de matière première. Qui plus est, cette énergie peut être emmagasinée; elle ne se dégage pas, mais s'accumule pour être ensuite réutilisée. Au lieu d'avoir un décalage extrêmement bref entre le mécanisme de synthèse et la désintégration, comme c'était le cas pour les radiations ultraviolettes sur des matières qui ne se forment qu'avec consommation d'énergie, nous avons ici de plus longs délais. Sous l'effet de la chlorophylle, un capteur d'énergie est apparu. Et son activité s'est très vite développée. La quantité d'énergie rendue disponible permet de rapprocher et de réunir les atomes d'un groupe de matières qui n'entreraient pas en contact les unes avec les autres sans l'impulsion énergétique.

Le carbone fit son entrée en scène. De tous les éléments chimiques, c'est celui qui est le plus susceptible d'entrer en composition avec d'autres et avec ses propres formes. Relativement faible, la production d'énergie provenant de la transformation du fer bivalent en fer trivalent serait insuffisante. Il faut la production d'énergie, dix fois plus importante, du colorant qui capte la lumière pour que les conditions nécessaires soient réunies. La réaction chimique qu'il permet est devenue l' « équation fondamentale de la vie » : six molécules de bioxyde de carbone ou gaz carbonique et six molécules d'eau se réunissent sous l'effet de la lumière pour former du sucre qui fait fonction d'accumulateur d'énergie.

Cette réaction produit un déchet de six molécules d'oxygène :

$$6CO_2 + 6H_2O + \text{énergie de la lumière} \rightarrow C_6H_{12}O_6 + 6\ O_2$$

L'absorption d'énergie et le dégagement d'oxygène sont les deux aspects décisifs de cette réaction chimique appelée photosynthèse parce qu'elle fait intervenir les photons. Elle constitue la base de la chimie du carbone qui est essentiellement une chimie organique (biochimie). De cette réaction fondamentale sont issues presque toutes les autres réactions aboutissant à la formation de matières organiques.

Si prodigieuse que puisse nous sembler cette innovation chimique, elle dut être au départ radicalement dévastatrice. « Au départ », cela veut dire ici à l'échelle de l'histoire géologique, au cours des millions d'années qui virent se développer la photosynthèse. C'est que l'oxygène dégagé, très actif, représente pour des organismes non protégés un redoutable poison. Il brûle, jusque dans leurs structures les plus fines, les associations complexes de matières organiques qu'ils constituent. La réaction rétroactive contrôlée devait encore se faire attendre longtemps. Elle dégagea pour commencer une trop grande quantité d'énergie d'un coup, très exactement la quantité qui avait été captée au cours de la photosynthèse, à savoir 2 672 kilojoules par molécule de sucre (glucose). Le dégagement de cette quantité d'énergie et sa réutilisation furent le véritable défi auquel les êtres vivants, encore très faiblement développés, se trouvèrent confrontés il y a de cela deux milliards d'années.

Même les processus de fermentation les plus violents n'atteignent pas un dixième de l'intensité de la respiration, puisque c'est ainsi qu'on appelle la rétroaction de la formule de la photosynthèse. La respiration est la combustion contrôlée de substances organiques par l'oxygène. Dans les processus de fermentation, l'oxygène n'intervient pas. La photosynthèse permettait certes aux êtres vivants qui en disposaient d'accéder à l'autonomie sur le plan énergétique, mais ceux-ci avaient absorbé du feu et se trouvaient désormais eux-mêmes menacés. Ils n'avaient plus besoin d'exploiter d'autres matières énergétiques puisqu'ils les produisaient eux-mêmes à partir de matières premières anorganiques à faible teneur énergétique.

Pour ce faire, ils n'avaient besoin que de gaz carbonique et d'eau, dès lors qu'ils étaient en possession du colorant leur permettant de capter la lumière du soleil. Capables désormais de se procurer eux-mêmes tous leurs aliments, ils étaient devenus autotrophes, pour employer le terme scientifique adéquat. Tous les autres êtres vivants, qu'ils aient déjà existé à cette époque et aient vécu de la fermentation, ou qu'ils se soient développés bien plus tard, comme l'ensemble des représentants du monde animal, et se nourrissent des substances organiques disponibles, dépendent de ces organismes autotrophes; on les dit hétérotrophes parce qu'ils ne produisent pas eux-mêmes leur approvisionnement de base mais le tirent d'autres organismes. Ainsi une propriété chimique fondamentale sépare-t-elle le monde des autotrophes, les plantes, de tous les autres organismes. Dans notre rétrospective en accéléré, il faut que nous sautions encore par-dessus le monde animal hétérotrophe, car un milliard et demi d'années s'écoula encore avant que ne se développât la vie animale. L'explication réside également dans l'équation de la photosynthèse : la cause est l'oxygène.

L'une des propriétés chimiques de ce gaz est de s'allier de façon particulièrement active avec toutes les matières possibles, mais surtout avec les métaux. Le fer rouille sous l'effet de l'oxygène. La formation de rouille n'est que la modalité spécifique du processus qui se déroule avec le fer, rien de plus. Les autres métaux de l'écorce terrestre, manganèse, cuivre, magnésium et silicium, s'allient aussi à l'oxygène, sans qu'ils aient besoin pour cela d'être dans un état d'instabilité particulière du point de vue énergétique. Seuls les métaux « nobles », or, platine ou iridium, résistent dans une très large mesure à l'attaque de l'oxygène.

Prenons les quatre métaux les plus importants de l'écorce terrestre : le fer rouille, le silicium et l'aluminium se transforment en argiles (silicates d'aluminium) ou en quartz (SiO_2) et le calcium, dont l'oxyde entre ensuite en réaction avec le gaz carbonique (et l'eau, qu'absorbe la craie), se transforme en calcaire (carbonate de calcium $CaCO_3$). Bref, presque toute la surface de la terre devant « rouiller » au sens large. Evidemment cela ne pouvait pas se faire en un temps très court. Mais s'il fallut aussi longtemps pour que fût oxydé tout ce qui était susceptible de s'allier à l'oxygène pur, c'est à cause de la pénurie de gaz carbonique. Car la photosynthèse dégageait très exactement autant d'oxygène qu'elle absorbait de gaz carbonique.

Sur un plan purement arithmétique, à chaque molécule de gaz carbonique exploité correspond une molécule d'oxygène. Mais une partie est en fait détournée pour la respiration. Le dégagement d'oxygène ne pouvait donc être que proportionnel à la construction de matières organiques, à la biomasse. La quantité d'oxygène correspond au volume de la biomasse. Si une partie de la biomasse se désintègre à nouveau avec consommation d'oxygène, le bilan d'oxygène se réduit d'autant.

Le gaz carbonique se dissout très bien dans l'eau. Nous le voyons avec les eaux minérales et autres boissons gazéifiées. Mais le calcium peut exister aussi en solution dans l'eau dès lors qu'il entre en liaison avec du gaz carbonique. Ce composé chimique appelé bicarbonate de calcium était la principale source de gaz carbonique dans l'eau de la mer universelle. C'est en tout cas ce que l'on peut penser, car les mêmes réactions se déroulent encore aujourd'hui. Elles produisent du calcaire qui se dépose dans l'eau, calcaire biologique, c'est-à-dire produit par des organismes.

Ce calcaire est libéré lorsque, par le mécanisme de la photosynthèse, les organismes extraient le gaz carbonique du bicarbonate. Les premiers organismes capables de réaliser cette opération devaient être tout à fait semblables aux cyanophycées, algues bleu-vert, appelées souvent un peu abusivement « algues bleues », et fonctionner comme elles. Les témoignages de leur action sont incontestables. Elles ont formé les plus grandes chaînes de montagnes sous-marines qui soient. Plus tard, bien plus tard, certains représentants de ces cyanobactéries, emmagasinés dans les corps organiques des coraux, y poursuivirent leur activité vitale, pratiquant la photosynthèse à l'aide du gaz carbonique extrait du bicarbonate. C'est ainsi que se forma le calcaire des récifs coralliens.

Leurs réalisations semblent sans commune mesure avec leur taille infime et leur structure encore très élémentaire. Elles n'ont même pas de noyau cellulaire. Mis à part la capacité de la photosynthèse, leurs caractéristiques correspondent pour l'essentiel à celles des autres groupes de bactéries, surtout celles qui, comme les bactéries du fer, tirent leur énergie vitale de synthèses chimiques. Tout le groupe de bactéries de ce type est qualifié de chimio-autotrophe, parce qu'elles se rendent indépendantes des matières premières organiques par l'intermédiaire de réactions chimiques. Les cyanophycées sont photo-autotrophes. Elles doivent leur autonomie à l'existence de la photosynthèse.

C'est avant tout à cause du rendement énergétique qui en résultait qu'elles ont pris le pas sur les bactéries chimio-autotrophes (Hochachka et Somero, 1984). Les plus grands gisements de minerai de fer constitués par les ferrobactériales sont loin de pouvoir se comparer aux récifs calcaires formés par les cyanophycées et leurs descendants. Une grande partie des Alpes est constituée de formations de ce type. C'est seulement bien plus tard que le calcaire déposé s'est trouvé concentré et plissé en chaînes montagneuses par des mouvements et des forces telluriques de l'écorce terrestre. Seuls subsistent quelques vestiges des masses rocheuses de cette période très reculée de l'histoire géologique, où la photosynthèse avait pris son plein essor. Les agents de l'érosion ont dissous le calcaire et l'ont ainsi retransporté dans les mers, où il sert à nouveau de matière première à l'action chimique d'organismes qui produisent du calcaire.

Revenons-en au bilan : le développement de la photosynthèse modifia profondément et durablement l'état de la surface du globe. Les métaux susceptibles de former des cristaux s'oxydèrent et devinrent alors de véritables roches. Conséquence révolutionnaire : l'oxygène fit son entrée dans l'atmosphère. Mais avant que les premières traces d'oxygène à l'état pur puissent se maintenir dans l'enveloppe gazeuse de la terre, il fallait non seulement que la surface de la planète fût intégralement oxydée, mais aussi que la mer universelle se soit remplie d'oxygène, autant que le permettait la solubilité de ce gaz dans l'eau en fonction des conditions de température. Dans une eau profonde à 4 °C, l'oxygène se dissout à raison de 14 milligrammes par litre; dans une eau à une température de 20 °C il ne se dissout plus qu'à raison de 9 milligrammes par litre et aux températures les plus élevées, dans les mers tropicales peu profondes en bordure des continents, la teneur en oxygène s'abaisse jusqu'à moins de 7 milligrammes par litre. Les courants marins transportent progressivement l'oxygène formé dans les couches supérieures de l'eau encore traversées par la lumière jusque dans les profondeurs, mais il semble que les organismes ne soient jamais parvenus à une saturation totale des océans en oxygène.

En revanche, une part de plus en plus importante de l'oxygène toujours produit dans la mer s'échappait dans l'atmosphère, dont la composition gazeuse se modifia en conséquence. Des gaz initialement présents dans l'atmosphère originelle, il ne restait principalement que l'azote et la vapeur d'eau. Le gaz carbonique ne représentait plus qu'un très faible pourcentage, le méthane s'était volatilisé, désintégré par les radiations ultraviolettes et l'eau. Le carbone du méthane et l'oxygène de l'eau s'alliaient pour former du gaz carbonique, tandis que l'hydrogène restant disparaissait dans l'espace intersidéral. Mais voilà que venait s'y ajouter l'oxygène. Les chaînes montagneuses sous-marines et les dépôts de calcaire pouvant atteindre des kilomètres d'épaisseur témoignent des quantités considérables d'oxygène dégagées lors de leur formation. Il remplissait désormais l'atmosphère.

Si l'on en croit la plupart des découvertes, la proportion d'oxygène dans l'atmosphère dépassa le taux actuel de 21 % pour s'élever à environ 30 % : le gaz carbonique s'était fait si rare que le rendement de la photosynthèse régressa de façon radicale (T.W. Fiennes, 1976). S'il y avait eu déjà des êtres vivants sur la terre à cette époque, l'oxygène les aurait à coup sûr brûlés. La mer offrait une protection suffisante, parce que la proportion d'oxygène dans l'eau ne pouvait pas augmenter aussi fortement à cause de la faible solubilité de ce gaz; il ne pouvait donc y avoir d'effet comparable à celui des conditions réalisées dans l'atmosphère.

Avant que ce produit résiduel pût être efficacement employé à la production de fonctions supérieures, il fallait que se fussent développés des dispositifs de protection assez efficaces.

Tandis que ce processus se poursuivait et que diverses variantes étaient soumises au test de survie, l'oxygène lui-même créa dans l'atmosphère une forme de protection toute nouvelle qui devait se révéler de la plus haute importance pour les organismes vivants. Sans cela, jamais ils n'auraient pu s'établir sur la terre.

Les radiations ultraviolettes ne désintègrent pas seulement le méthane ou l'eau, mais aussi la molécule d'oxygène formée de deux atomes. Or les atomes isolés ont une réactivité bien plus intense que la molécule. Vu que l'élément le plus abondant est l'azote, avec lequel ils ne peuvent pas réaliser grand-chose, les atomes d'oxygène libres s'allient aux molécules d'oxygène pour donner une nouvelle forme d'oxygène dont la molécule est constituée de trois atomes : l'ozone. Celle-ci a la propriété d'absorber les dangereuses radiations ultraviolettes pour les transformer en radiations inoffensives. La couche d'ozone qui a atteint plus de dix kilomètres d'épaisseur est à juste titre considérée comme le bouclier des êtres vivant sur terre. Sans elle la vie en milieu terrestre serait impossible. L'irradiation endommagerait fortement ou anéantirait les cellules vivantes.

Non seulement la pénétration d'oxygène gazeux dans l'atmosphère en modifia la composition, mais elle redéfinit également les conditions climatiques d'irradiation. Dès lors, la terre n'était plus soumise au bombardement de rayons radicalement destructeurs, l'irradiation était ramenée à un niveau supportable. La fenêtre restée ouverte était destinée avant tout à la lumière visible qui entretient la vie.

Beaucoup de temps s'était déjà écoulé lorsque ce stade fut atteint. La reconstitution du processus de la photosynthèse porte sur trois milliards d'années. Il fallut plus de deux milliards d'années pour que les nouvelles conditions fussent instaurées, que la terre fût entourée d'une enveloppe gazeuse contenant de l'oxygène et que la cloche d'ozone exerçât son action. En milieu marin, où les masses d'eau assuraient à la vie un abri suffisant, il s'était passé entre-temps beaucoup de choses.

Toutefois la matière première de la photosynthèse, le gaz carbonique, se raréfiait de plus en plus. En effet, pour chaque molécule de gaz carbonique employé dans la photosynthèse, il en disparaissait une autre qui participait à la formation de carbonate de calcium et se fixait dans le calcaire. Quant au carbone lui-même, des quantités de plus en plus importantes de ce corps étaient absorbées dans la biomasse, au moins tant que les métaux n'étaient pas oxydés et qu'il ne pouvait pas se constituer de réserve d'oxygène à l'état pur. Or, il est nécessaire à la réaction inverse de la photosynthèse, la respiration.

Pendant sans doute près de deux milliards d'années, le bilan entre photosynthèse et respiration resta inégal. C'est la raison, et la seule raison, pour laquelle l'oxygène s'est accumulé dans l'atmosphère, comme produit résiduel excédentaire de la photosynthèse qui s'était perpétuée pendant des millions d'années. Mais ce surplus devait nécessairement être lié à un manque. La photosynthèse à elle seule ne suffit pas à créer la vie. Il y faut d'autres matières premières, avant tout des minéraux. Or, elles étaient prises dans la biomasse. Si ces matières, le gaz carbonique et les métaux de nécessité vitale étaient constamment revenus dans le cycle des cyanobactéries, il n'y aurait guère eu de progrès de l'évolution. En effet, avec la palette de bactéries existantes, les fonctions essentielles de synthèse et de désintégration étaient assurées. Les très longues périodes sans changement notable témoignent de cet état. Les possibilités énergétiques étaient manifestement déjà épuisées. Les conditions sont restées les mêmes. La photosynthèse absorbe toujours de l'énergie. Rien ne semble indiquer que son degré d'efficacité se soit en aucune façon amélioré par la suite.

On trouve de la même manière des bactéries vivant de la fermentation partout où se déroulent des processus de fermentation. Les bactéries du fer et du soufre, et tout le groupe des autres bactéries plus complexes ou plus spécialisées existent, mais la terre n'est pas pour autant demeurée une culture de bactéries. Indiscutablement, l'évolution a engendré des formes à bien des égards supérieures aux bactéries. Et surtout la vie a conquis la terre ferme. La mer a été le berceau de la vie ; les êtres vivants sont parvenus, en milieu marin, à une extrême multiplicité de formes ; mais les grands progrès suivants se sont accomplis sur la terre. Et les organismes n'ont dû cette évolution qu'à la nouvelle « source d'énergie » disponible : l'oxygène.

Chapitre 3

COMMENT LA VIE GAGNA LA TERRE FERME

Pour la première fois, il y a plus de quatre cents millions d'années, les plantes firent leur apparition sur les continents. Déjà, à cette époque, une foule d'animaux, comme les ostracodermes, « poissons cuirassés » sans mâchoires, les placodermes, premiers poissons à mâchoires, une multitude de brachiopodes et de nombreux autres organismes, qui nous ont laissé une riche moisson de fossiles, se trouvaient dans la mer. Mais alors que la vie existait depuis plus de trois milliards d'années, les continents étaient toujours vides et déserts. Seules les cyanophycées constituaient sans doute çà et là, dans les zones intermédiaires où il n'y avait jamais beaucoup d'eau, des dépôts boueux qui se desséchaient rapidement dès qu'ils se trouvaient exposés au soleil. La forte irradiation solaire détruisait leurs colorants photosensibles. Ces organismes végétaux ne pouvaient donc pas prétendre à une occupation vraiment durable des terres non immergées.

Au printemps, dans les endroits humides où la terre n'est pas cultivée, des algues bleues du genre des nostocs se développent et gonflent pour se flétrir à nouveau dès que le temps devient trop chaud et trop sec; cette tentative, qui peut paraître pitoyable de la part d'un organisme pluricellulaire initialement adapté à la vie aquatique, permet d'imaginer l'extrême difficulté du processus qui mena à la vie terrestre. Le nostoc se trouve dans une situation extrêmement instable; le fait qu'il survive encore sous sa forme actuelle et existe sans doute depuis déjà plus d'un demi milliard d'années frise le miracle. Comment est-il possible que la variété et la fécondité de la vie végétale sur la terre ferme soient dues tout entières à la survie fortuite de formes végétales à la structure aussi élémentaire? Assurément, pour beaucoup d'entre nous, le simple hasard ne semblera pas suffisant pour expliquer de manière satisfaisante une phase aussi décisive du développement de la vie. Laissons donc de côté le hasard avec le scepticisme qui s'impose et demandons-nous quels avantages pouvait présenter le passage à la vie terrestre.

Il nous faut d'abord accéder à une vision plus précise des conditions qui s'étaient instaurées dans la mer il y a environ quatre cent cinquante millions d'années. L'histoire géologique nous réserve en l'occurrence une surprise. Il y a six cent quatre-vingts millions d'années déjà, soit plus de deux cents millions d'années avant le « passage à terre », le milieu marin avait abrité un monde vivant très riche et très varié. Des restes fossiles de ces animaux vermiformes proches des méduses et des pennatulaires ont été retrouvés dans le nord de l'Australie et rassemblés sous le nom de faune d'Ediacara d'après l'appellation du site sur lequel ils ont été découverts. L'aspect le plus étonnant de cette faune est que nombre de ses formes ne peuvent être rattachées à aucun des groupes existant actuellement. Il y a même si peu de concordances qu'elles pourraient quasiment être venues d'un autre monde. Or, il a fallu attendre encore cent millions d'années pour qu'apparaissent les ancêtres les plus lointains des groupes du règne animal actuel. Entre les deux, s'ouvre un grand vide.

La faune d'Ediacara faisait certes partie de notre monde, mais elle fut presque totalement détruite. Selon toute apparence, à l'origine du développement qui a conduit aux formes vivantes actuelles il y eut une grande catastrophe. La vieille idée d'une évolution constamment harmonieuse qui aurait mené, lentement mais sûrement, à des formes d'organismes toujours plus complexes a été gravement ébranlée par la découverte de la faune d'Ediacara et son exploitation. Le paléontologue américain et spécialiste de l'évolution Stephen Jay Gould (1991) part du principe que ce cataclysme très lointain a entraîné la destruction d'environ 98 % des formes de vie qui s'étaient développées jusqu'alors. Ce qui ne peut se comparer à des espèces vivant actuellement ne peut pas non plus être reconstitué. C'est pourquoi nous ne savons presque rien du mode de vie de ces espèces.

Une chose est sûre cependant : il s'agissait déjà d'organismes pluricellulaires relativement complexes. Le passage décisif du mode de vie le plus élémentaire des unicellulaires aux organismes plus complexes devait donc bien s'être effectué avant le développement de la faune d'Ediacara. Ce passage revêt la plus haute importance pour la compréhension du processus de l'évolution. En effet, dès lors qu'il était effectué, la voie était tracée en quelque sorte pour l'évolution d'organismes supérieurs. On pourrait fort bien se représenter un monde du vivant exclusivement constitué d'organismes unicellulaires ou d'organismes comme les bactéries qui, de notre point de vue, ne représentent même pas des cellules complètes. Ce « monde » a fonctionné trois milliards d'années durant !

Comment se fait-il que se soit produite au cours du dernier milliard d'années la fusion en organismes plus complexes ? Et pourquoi ces organismes plus complexes se lancèrent-ils dans la course de l'évolution au lieu des bactéries et des unicellulaires qui avaient fait leurs preuves depuis longtemps ? Les organismes élémentaires avaient pourtant engendré des chaînes montagneuses entières sous les mers, les plus grands édifices jamais créés par des organismes vivants. Pour leur rendement dans le traitement des éléments naturels, bactéries et unicellulaires sont restés insurpassables. Ils peuvent vivre du fer ou du soufre, subsister avec ou sans oxygène, et même l'industrie chimique moderne des matières synthétiques n'a pas réussi jusqu'ici à produire des matières capables de résister totalement aux attaques des microbes. Des organismes à la vitalité si puissante, qui se reproduisent par simple partition et peuvent se multiplier en l'espace de quelques heures ou de quelques jours, qui sont pratiquement immortels, capables de vivre presque jusqu'à la température de l'ébullition comme à des températures inférieures à zéro, ne devaient pas nécessairement être remplacés par des formes « *supérieures* ».

Selon le principe darwinien d'aptitude, les bactéries et les autres microbes étaient absolument inégalables. Leurs capacités de reproduction dépassent celles de toutes les formes d'organismes supérieurs. Et ce qui aurait pu compenser le désavantage du point de vue de la reproduction lors du passage à la vie terrestre, à savoir l'absence de concurrence, ne valait pas pour le milieu marin. Il y avait là une vie microbienne très diversifiée lorsque se développèrent les premiers organismes pluricellulaires. Ce grand pas de l'évolution ne peut donc pas s'expliquer par le seul principe darwinien de l'aptitude maximale.

Prenons par exemple une cyanophycée unicellulaire. Certains connaissent sans doute cette algue bleue qui forme des dessins à la surface de l'eau. Les cyanobactéries se multiplient par division. Dès que la photosynthèse a fourni suffisamment de matière, les cellules se divisent et chacune des cellules filles poursuit son existence toute seule. Au bout de quelques heures, elles sont de nouveau prêtes à se diviser – et ainsi de suite. Une cellule en donne deux, qui en donnent quatre, lesquelles en donnent huit, seize, trente-deux, etc., la reproduction en masse est en train. L'eau de l'étang dans laquelle se déroule le processus se colore d'une teinte verte à reflet bleu (d'où la dénomination). Si, au contraire, comme chez d'autres représentants du groupe des cyanophycées, les cellules filles restent jointes, il se forme des chaînes ou des filaments. D'autres formes encore constituent des agglomérats plats ou en boule. Elles empruntent les trois modes de croissance fondamentalement possibles, en ligne droite – ce qui donne des filaments –, en surface – ce qui forme des plaques – et dans la troisième dimension, suivant les axes de l'espace pour donner une boule.

Une multitude de combinaisons entre les différentes formes de base juxtaposées sans transition engendre de merveilleuses figures que Ernst Haeckel qualifiait déjà de « chefs-d'œuvre de la nature ». Elles ont pour effet commun de restreindre la reproduction, la multiplication exponentielle étant d'autant plus freinée que les structures sont plus complexes. Si l'importance numérique de la descendance, autrement dit le taux de croissance, était décisive pour le test d'aptitude à la survie et déterminante dans le cheminement de l'évolution, les organismes vivants pluricellulaires, qui se reproduisent plus lentement, n'auraient logiquement pas dû se former.

La vie a manifestement suivi d'autres lois puisque, il y a sans doute plus de sept cents millions d'années, les cellules qui s'étaient divisées pour se reproduire ne se séparèrent plus, mais restèrent soudées pour former des boules ou des couches. Une tentative d'explication déjà ancienne du passage des organismes unicellulaires aux organismes pluricellulaires se fonde sur ces formations stratifiées ou sphériques : la boule, en se formant, se creuse d'un côté qui deviendra la partie inférieure ou intérieure d'une cavité. Cette « théorie de la gastrulation » suit le développement des œufs fécondés. Ils se séparent et forment une boule de cellules qui s'invagine et devient ainsi une « gastrula ». Elle présente un feuillet externe, un feuillet interne, et plus tard, chez les formes animales plus développées, un feuillet intermédiaire (exoderme, endoderme, mésoderme). A partir de ces différents feuillets s'établissent par la suite les organes externes et le système nerveux, la musculature et les organes internes, en particulier le tube digestif avec l'estomac et l'intestin. Pour la biologie de l'évolution, il importe beaucoup de déterminer lequel des deux ou trois feuillets de la gastrula est à l'origine de chaque nouvelle structure. Le développement embryonnaire serait-il une reprise accélérée des processus de l'évolution?

La question a suscité plus d'une polémique parmi les biologistes. On a eu tendance au début à simplifier abusivement en établissant un parallèle entre tel ou tel aspect du développement ontogénétique et des transformations phylogénétiques : l'ontogenèse était conçue comme une récapitulation rapide de la phylogenèse. Mais le développement ontogénétique, par exemple celui de l'embryon humain, ne se contente pas de répéter (récapituler) l'évolution phylogénétique, il révèle aussi que les différents stades de développement découlent les uns des autres. Un être humain en devenir n'apparaît pas sous la forme d'une version microscopique de nouveau-né, *a fortiori* d'adulte. Pour n'examiner qu'un aspect, l'embryon se trouve dans la poche des eaux, il flotte dans le liquide amniotique, et il a sur l'arrière de la tête quelque chose qui ressemble à des branchies. Peut-on interpréter ces éléments comme les signes, voire les preuves *a posteriori*, du passage phylogénétique de la vie aquatique à la vie terrestre?

Pour qui cherche des « preuves » de l'évolution, ces questions revêtent une importance centrale. Les branchies seraient assurément des formations inexplicables si nous ne connaissions pas le contexte phylogénétique. Mais ce n'est pas la question ici. Pour découvrir les causes des transformations biologiques et identifier ces prétendues percées, il faut poser le problème tout autrement. La comparaison fréquemment établie avec le développement de l'embryon permettra de s'en rendre compte. Celui-ci suit un programme prédéterminé qui conduit de l'ovule fécondé à l'organisme achevé, capable de se reproduire. Ce programme contient-il des étapes de développement qui nous fournissent des indices sur des progrès importants de l'évolution? Cela dépend des conditions dans lesquelles se développe l'organisme en formation. Ainsi le papillon ne descend en aucun cas d'un état intermédiaire qui serait celui de la chenille vermiforme. L'étape que représente la chenille constitue une forme particulière du développement de la larve et non une répétition de l'origine phylogénétique des papillons. De même le têtard de batracien ne peut pas être tout simplement assimilé à un « stade du poisson ». Dans tous les cas, un programme dirige toutes les étapes du développement et leurs transformations.

Avec l'évolution, les choses se présentent tout différemment. Lorsque les premiers organismes pluricellulaires se formèrent, il n'y avait pas de programme de cet ordre, rien qui prescrivît par avance la fusion. Bien au contraire.

Le programme des microbes vivant isolément ne pouvait produire que des organismes microbiens unicellulaires isolés. L'étude du développement ontogénétique révélera donc tout au plus des corrélations, mais elle ne saurait nous faire découvrir les causes des innovations évolutives. L'invagination du corps cellulaire (qui prend un peu la forme d'une méduse), telle que nous l'observons dans le développement ontogénétique, trahit, le cas échéant, le cheminement de cette évolution, mais ne dit rien sur son moteur, ses causes.

La mer des origines, où apparurent les premières formes de vie un peu plus évoluées, nous pose donc d'emblée deux énigmes qui ne semblent pas au premier abord présenter le moindre rapport entre elles : pourquoi ces éléments omnipotents qu'étaient les microbes ne suffirent-ils brusquement plus, alors qu'ils avaient été pendant trois milliards d'années porteurs de la vie et qu'ils l'étaient restés ? Comment expliquer que des groupements stables de cellules aient pu continuer d'évoluer pour donner des organismes pluricellulaires, alors que ces derniers avaient indubitablement un taux de reproduction inférieur à celui des microbes ?

Le phénomène paraît d'autant plus énigmatique que nous l'examinons de plus près. Des éponges, des méduses, des céphalopodes, des coraux, des échinodermes, toute une variété d'algues et d'autres formes animales et végétales moins connues apparurent si vite, juste après la première extinction massive des formes de vie originelles, que notre échelle géologique – à intervalles de quatre cents à cinq cents millions d'années – n'est pas assez détaillée pour pouvoir déterminer leur ordre de naissance respectif. Tous les grands groupes du monde animal que les zoologistes qualifient d'embranchements (phyla) apparaissent dans les vestiges fossiles à l'ère primaire (paléozoïque), il y a plus de quatre cents millions d'années. Le grand tournant a dû se situer il y a cinq cent quatre-vingt-dix millions d'années.

Même si à cette époque la majeure partie des nouvelles formes avaient subsisté, l'énigme resterait entière. Les plus grands embranchements du règne animal comme du règne végétal semblent jaillir du néant et, selon toute apparence, les différentes grandes lignées de l'évolution ne sont pas apparues progressivement, issues d'ancêtres distincts bien identifiables. Tout laisserait à penser que les embranchements se sont formés presque en même temps. Grandes étapes au départ et poursuite de l'évolution en douceur : telle serait plutôt l'image que nous nous faisons aujourd'hui du processus évolutif.

N'oublions pas qu'au départ les différences ne se manifestèrent pas de façon aussi criante qu'à une date ultérieure, l'évolution ayant continué de progresser. Les larves d'un grand nombre d'animaux marins qui se construisent une carapace ou une enveloppe rigide ressemblent fort à de minuscules méduses, voire à du plancton animal; ce sont de tout petits organismes vivants, transparents comme le verre, qui flottent dans l'eau. Si l'on essaie de reconstituer la variété d'animaux et de plantes dont les fossiles témoignent qu'ils vivaient en milieu marin il y a quatre cents à cinq cents millions d'années, on aboutit au tableau d'une vie sous-marine très riche, tout à fait comparable à celle que nous trouvons aujourd'hui dans les mers peu profondes. Cette faune très ancienne est certes composée différemment, mais par sa variété inattendue, elle est peut-être encore plus impressionnante que le monde animal sur une côte rocheuse de la Méditerranée ou sur la côte californienne. Céphalopodes, brachiopodes et escargots de mer dominaient la vie en eau profonde, tandis que, manifestement, l'eau peu profonde était densément peuplée de méduses. A cette faune qui vivait au milieu des algues s'ajoutaient de nombreux organismes vermiformes qui devaient être très analogues à certaines formes qui existent encore aujourd'hui. Admettons – rien de ce qui a pu être découvert n'interdit de le penser – que se soit instauré un mode de coexistence aussi équilibré qu'actuellement, on ne voit pas quelle raison aurait pu contraindre la faune à quitter une mer chaude et foisonnante de vie pour une terre inhospitalière. Cette supposition est pourtant manifestement fausse, puisque la vie a effectivement gagné la terre ferme.

En outre, les pionniers de l'occupation des continents ont surmonté toute une série de difficultés, qui ont précisément interdit aux habitants des mers les plus évolués le passage à la vie terrestre. Les formes qui réussirent il y a quatre cents millions d'années le passage à la vie terrestre ne furent pas celles qui se trouvaient alors à la pointe de l'évolution, mais celles qui n'étaient pas particulièrement spécialisées. Pouvaient-elles avoir conscience de leurs possibilités et des atouts qui leur promettaient le succès? Guère! Le processus de l'évolution ne se déroula jamais « pour » quelque chose, on ne connaît pas un seul cas d'aptitudes développées en vue d'une fin particulière. L'évolution a toujours dû s'accommoder de ce dont elle disposait, et notamment de nombreuses déficiences que l'on serait davantage tenté de considérer comme des dispositifs inadéquats que comme des solutions fonctionnelles. Nous reviendrons sur ce point, car de toutes parts l'idée s'est répandue d'une nature harmonieusement organisée et bien équilibrée. La réalité contredit lourdement ces idéalisations.

C'est un « dispositif inadéquat » de ce type qui fut l'obstacle le plus efficace à l'occupation des terres : il interdisait pratiquement le chemin qui eût été le plus simple et le plus direct pour y parvenir : la voie des fleuves et des rivières. Aux endroits où l'eau sortait des continents, les portes de ces continents s'ouvraient pour ainsi dire aux organismes vivants. Mais à part quelques exceptions insignifiantes, les êtres vivants ne purent pas utiliser ces voies qui leur étaient ouvertes. La raison en est simple, mais elle est de poids. Le contenu de la cellule, la solution aqueuse qui se trouve à l'intérieur, est de densité égale à celle de l'eau de mer. Sa composition chimique diffère certes de celle de l'eau de mer, mais la pression produite par les matières dissoutes dans l'eau qui se trouve à l'intérieur de la membrane cellulaire correspond exactement à la pression de l'eau de mer. Lorsque règnent à l'intérieur et à l'extérieur les mêmes conditions de pression, il ne peut pas y avoir d'apport notable ni de prélèvement notable de matières dissoutes et – ce qui est plus important encore – il ne pénètre pas davantage d'eau à l'intérieur de la cellule; inversement, il n'y a pas de déperdition d'eau.

Cet équilibre de pression est d'une importance vitale pour le fonctionnement de la cellule. C'est la condition *sine qua non* pour que la concentration de matières dissoutes, en particulier la concentration d'ions, reste adaptée aux besoins. S'il se crée une différence de pression, soit l'eau s'infiltre en excès à travers la membrane cellulaire qui doit demeurer perméable et fait éclater la cellule, soit, si la cellule perd trop d'eau parce qu'il règne à l'extérieur une trop forte concentration (d'ions) de sodium, elle se réduit et le contenu devient trop condensé. La pression qu'exercent les matières dissoutes dans l'eau est appelée pression osmotique. Il n'est pas facile d'échapper à cet impératif de la pression osmotique car la cellule doit rester perméable pour absorber les matières nutritives dont elle a besoin. Se couper du monde extérieur, par exemple en se transformant en spore, ne pourrait servir qu'à résister à des conditions d'environnement défavorables qui se prolongeraient.

En revanche, si une cellule adaptée à la concentration saline de l'eau de mer se retrouve en eau douce sans aucun mécanisme de protection, l'eau douce, bien plus pauvre en sodium, s'infiltre à l'intérieur de la cellule en quantité telle que celle-ci éclate. La différence osmotique entre l'eau douce et l'eau salée constitue une barrière d'une si grande efficacité que, sur la longue durée de l'évolution, seul un petit nombre d'organismes a réussi à la franchir. Cela suppose des mécanismes d'adaptation compliqués qui ne pouvaient pas s'acquérir par le moyen direct de l'adaptation. Le retour à la mer est moins difficile; des formes hautement développées comme les requins arrivent à assurer l'équilibre de pression par rétention de matières comme l'urée qui sont ensuite assimilées par le sang.

Le principal moyen d'accès à la terre ferme ne fut pas le cours des rivières et des fleuves, mais le passage direct des golfes peu profonds au milieu terrestre. Et les plantes ouvrirent la voie à la faune qui n'aurait eu aucun moyen d'existence sans production végétale.

Ce passage sur la terre ferme s'est effectué au silurien, période de l'histoire géologique qui s'est déroulée de quatre cent trente-huit à quatre cent huit millions d'années en arrière. La datation devient déjà nettement plus précise – même si la plus petite unité de mesure avoisine toujours le million d'années –, car les méthodes physiques d'évaluation sur la base des processus de désintégration radioactive offrent une meilleure échelle.

Cette conquête des terres fut marquée par une véritable extension de la végétation sur les continents, et non seulement par la formation passagère de minces couches de cellules végétales susceptibles de se maintenir dans les conditions d'humidité requises, comme c'était déjà le cas pour les algues bleues depuis des millions et des millions d'années.

Les plantes qui réalisèrent cette percée ne se multipliaient pas aussi rapidement que les algues bleues, mais se développaient en couches soudées. Elles n'investissaient pas immédiatement dans la reproduction l'excédent de matières produites. Elles n'auraient d'ailleurs pas été en mesure de le faire : elles ne pouvaient en effet tirer de l'eau environnante les quantités suffisantes de matières premières indispensables à la reproduction, comme le phosphore et certains composés protidiques, car à chaque poussée de croissance de leur population, la surface de leurs formations devenait comparativement plus réduite.

Les minuscules algues bleues sphériques ainsi que d'autres algues véritablement unicellulaires et les bactéries proches des algues bleues présentent la surface extérieure la plus étendue possible par rapport à leur espace intérieur. Dès le passage à la forme de bâtonnet, la surface diminue par rapport au volume. Plus le groupement de cellules est important, plus se réduit la proportion de surface extérieure pour chaque cellule. Celles qui se trouvent à l'intérieur de la formation, à l'intérieur de la boule ou entre la couche supérieure et la couche inférieure de la strate, n'ont plus de surface extérieure du tout. Par conséquent, l'absorption vitale de matière dissoute à travers la surface extérieure se réduit au fur et à mesure que se développent les formations groupées. Cela vaut avant tout pour les matières minérales dissoutes dans l'eau, les sels minéraux, mais aussi pour les éléments constitutifs des protides, les acides aminés.

Les cellules qui ne disposent pas d'une surface extérieure assez étendue doivent constituer elles-mêmes leurs acides aminés à partir de molécules d'azote. Cela consomme de l'énergie. Elles se procurent cette énergie par l'intermédiaire de la photosynthèse qui fonctionne précisément mieux en eau plate que dans les profondeurs des océans où pénètre moins de lumière. La photosynthèse ne livre toutefois que des hydrates de carbone. Au départ, ils étaient employés avant tout pour activer les échanges nécessaires à la division et la reproduction rapide de la cellule et former des membranes cellulaires. Division rapide signifie reproduction rapide.

Lorsque la raréfaction des composés de phosphore et des éléments nécessaires au patrimoine génétique fait que la reproduction ne peut pas s'effectuer au rythme où la photosynthèse fournit les matériaux nécessaires par ailleurs, il se crée un déséquilibre. Soit il faut une réduction de la photosynthèse qui l'adapte aux besoins, ce qui n'est pas particulièrement facile à obtenir dans les eaux peu profondes inondées de lumière, soit il se forme un excédent qui reste inutilisé. La plante doit se débarrasser de cet excédent, sans quoi la trop forte concentration de sucre produite par la photosynthèse à l'intérieur de la cellule exercerait un effet de conservation. Pour mesurer l'ampleur de cet effet, il suffit de penser à la confection des confitures. Les fruits, particulièrement périssables en l'absence de tout moyen de conservation, se conservent grâce à une proportion élevée de sucre (60 % du poids de fruits). Les moisissures ne peuvent dès lors se diffuser que très lentement, à partir de la surface, si les opérations ont été effectuées correctement.

Chacun sait comment les plantes ont résolu le problème du sucre. Ou bien elles transforment l'excédent en amidon qu'elles emmagasinent, concentrent encore plus fortement les molécules de sucre pour produire de la cellulose, et s'en servent pour alimenter leur croissance, ou bien elles sécrètent un suc constitué de sucre, le mucilage (mucopolysaccharide). Nous connaissons ce mécanisme chez les algues marines avec leur enveloppe visqueuse, l'algine, l'agar-agar et autres produits à base d'algues, riches en composés d'amidon et de sucre. Le mucilage présente l'avantage – nous le retrouvons exploité de façon analogue chez les escargots – de limiter ou de réduire considérablement la déperdition d'eau.

Les algues mucilagineuses sèchent lentement hors de l'eau. Elles avaient les dispositions appropriées pour le passage à la vie terrestre. L'intérieur de la cellule, protégé contre le dessèchement, pouvait maintenir la concentration de sucs nécessaire, tandis que, conjointement, la photosynthèse qui n'était plus freinée par les profondeurs de l'eau permettait une production accrue d'hydrates de carbone. La seule condition requise était que le support fût assez humide pour fournir la quantité d'eau nécessaire. L'intensification de la photosynthèse produit alors automatiquement les substances protectrices nécessaires. Elle assure en outre un renforcement permanent de la membrane cellulaire car les quantités de molécules de sucre nécessaires à la fabrication de cellulose y sont toujours disponibles et peuvent au besoin être reconstituées rapidement. L'extension de la surface des cellules ainsi obtenue recouvre si bien le fond qu'il perd de moins en moins d'humidité par évaporation.

La photosynthèse réclame de l'eau, et ce doublement. D'une part, dans une très faible proportion, pour le déroulement du processus lui-même; d'autre part, et c'est le plus important, pour le refroidissement. Sur la terre ferme, l'eau s'évapore au travers du corps végétal, c'est la transpiration, phénomène totalement inconnu en milieu aquatique. La régulation hydrique était le plus gros obstacle que devaient surmonter les plantes pour conquérir le milieu terrestre. Elles n'auraient jamais pu accomplir ce progrès de l'évolution s'il n'avait été lié à un avantage particulier, bien supérieur à tous ceux que pouvait offrir le milieu marin. Les composés minéraux, rares en milieu marin parce qu'ils ne s'y trouvent que dissous dans l'eau à un très faible degré, existent au contraire sur les continents sous forme concentrée : magnésium pour la photosynthèse, sels de phosphore et matières azotées, sodium, potassium, cuivre et les nombreux autres métaux appartenant à la vaste palette des éléments de trace ou de ce qu'on appelle les microaliments.

La terre est la source des matières nutritives minérales. Les plantes se rapprochèrent de cette source! L'eau ne constitue que le moyen de transport. En milieu marin, elles se comportaient de manière extrêmement passive et les matières nutritives demeuraient toujours aussi faiblement concentrées. Il fallait offrir à l'eau une surface maximale pour tirer de cette offre relativement restreinte des quantités de matière nutritive suffisantes, étant bien entendu que le rendement réduit de la photosynthèse à certaines profondeurs n'accroissait pas non plus très sensiblement les besoins. Cela vaut encore aujourd'hui pour la production végétale marine.

Bien que les mers recouvrent à peu près 70 % de la surface du globe, elles ne produisent même pas la moitié de la biomasse végétale. Et si l'on mettait entre parenthèses les régions très productives comme les mers littorales et les zones rehaussées, où les matières minérales sont bien plus concentrées que dans les profondeurs des océans, la part des océans diminuerait encore très nettement. Les forêts tropicales auraient alors à elles seules une production supérieure à l'ensemble de la vie végétale dans les grands fonds marins. Du strict point de vue des superficies, cela signifierait que 6 à 7 % de surface de forêt tropicale ont une production équivalant à 65 % de la surface du globe.

L'augmentation de cette productivité en milieu terrestre apparaît de façon encore plus évidente si l'on considère non seulement la surface productive, mais l'ensemble de l'espace dans lequel existe une production végétale. Dans les océans, c'est tout au plus les cent à deux cents premiers mètres de profondeur. Or, les mers tropicales ne dépassent généralement guère quarante mètres de profondeur. La productivité des terres est donc bien plus de dix fois supérieure, elle est de vingt à cinquante fois supérieure à celle des océans tropicaux chauds. Tous ces calculs resteraient néanmoins insignifiants si la conquête du milieu terrestre n'avait pas présenté des avantages dès ses premiers stades. L'ampleur des différences réelles de capacités expliquerait plutôt que le processus d'extension au milieu terrestre se soit poursuivi de façon aussi continue, qu'il n'ait pas stagné ni ne se soit arrêté à ses premières étapes. Il faut la corrélation des deux : déclenchement et poursuite du processus !

La transition fut assurée par les eaux littorales relativement riches en matières nutritives, non pas justement là où elles sont diluées par un apport d'eau douce, mais dans les zones à forte concentration de sels minéraux. L'évolution des conditions climatiques au silurien apporta une contribution des plus favorables. Il régnait alors un climat doux, presque également chaud sur toute la planète. L'Europe centrale était soudée à l'Amérique du Nord et ce double continent se trouvait situé dans la zone équatoriale chaude. D'immenses mers peu profondes recouvraient l'actuelle Asie dans la zone subtropicale où se formaient de puissants récifs coralliens. Ils témoignent de la chaleur du climat et de l'extension des mers plates à cette époque.

Des conditions favorables étaient donc réunies pour l'extension des plantes sur les continents. Il les fallait pourtant encore plus favorables, car la trop forte irradiation freinait l'évolution. La cloche d'ozone de l'atmosphère n'avait pas alors pris un développement suffisant pour arrêter efficacement les rayons ultraviolets. La vie en milieu marin était à cette époque nettement mieux protégée. Les premiers représentants du règne végétal qui gagnèrent les terres étaient assez frustes, ils poussaient lentement parce qu'ils n'avaient pas de système de refroidissement assez élaboré. Quelques millions d'années supplémentaires devaient s'écouler avant l'extension explosive des plantes terrestres, telle qu'elle se déroulerait à l'époque suivante, le dévonien. Entretemps, la vie marine engendra une fascinante variété d'espèces de cœlentérés, d'éponges, de coraux, de poissons et autres. Mais cette abondance masque les transformations fondamentales qui en furent à l'origine. La vie marine dans sa diversité des débuts du primaire était fondamentalement adaptée à un mode d'approvisionnement alimentaire que nous retrouvons encore aujourd'hui dans les récifs coralliens. La majorité des espèces se nourrissaient par filtration. Elles captaient par tous les moyens imaginables les plus fines particules de matière nutritive en suspension dans l'eau. Ce mode d'existence n'est absolument pas transposable à la vie terrestre.

Chapitre 4

L'IRRÉSISTIBLE CROISSANCE DE LA VÉGÉTATION

Au dénovien la terre avait une allure assez étrange : il y a quatre cents millions d'années, la verdure se répandit en masses de toutes parts. Les « forêts » naissantes étaient silencieuses et vides, sans le moindre mouvement. Seul le vent pouvait faire s'incliner légèrement les plantes encore assez raides. Dans la mer, au contraire, une faune bizarre s'épanouissait. Il ne semble pas qu'il y ait eu de plantes. La principale ressource alimentaire dont disposaient les animaux était des algues tellement microscopiques qu'elles n'ont pratiquement pas laissé de traces fossiles. On pourrait établir une comparaison avec la forêt pluviale actuelle des zones tropicales, où vivent très peu d'animaux, et son pendant, les récifs coralliens des mêmes zones tropicales, où prospère une foule d'animaux, alors qu'il n'y a apparemment pas de végétaux. Les plantes y sont représentées par des algues minuscules incorporées aux organismes des coraux au sein desquels elles exercent leur action chimique.

Vue de plus près, on constate que la forêt pluviale grouille, elle aussi, de petits animaux. Seulement, ils sont presque invisibles. Mais dans cette forêt tropicale, pratiquement toujours humide et chaude, avec l'aide des bactéries et des champignons, ils décomposent les matières végétales si vite que leur production et leur désagrégation se maintiennent dans un rapport équilibré. Nulle part on n'observe d'accumulation de matières non traitées et non exploitées. Nous reviendrons plus longuement sur ce point dans la troisième partie de ce livre. Contentons-nous d'ajouter ici qu'il n'en était pas ainsi au cours des millions et des millions d'années de l'ère primaire. La production du règne végétal ne trouvait pas de débouchés ni de consommateurs susceptibles d'en tirer parti.

Ce déséquilibre entre production et consommation est devenu particulièrement sensible cent millions d'années plus tard, au carbonifère. Au cours de cette période qui s'étendit de trois cent soixante à deux cent quatre-vingt-six millions d'années en arrière, les forêts marécageuses ont vu pousser des lycopodinées géants, des calamodendrons et de grandes fougères dont les restes non désagrégés ont formé les dépôts houillers que nous exploitons actuellement. De nombreux gisements de pétrole remontent également à cette époque. Comment cela s'est-il passé?

La cause fut sans doute la raréfaction des matières nutritives à la surface des sols. L'impulsion décisive fut ensuite donnée par une innovation qui améliorait grandement l'absorption de sels minéraux par les végétaux terrestres, et permettait ainsi aux plantes de s'élever du sol et d'atteindre une taille qu'elles n'auraient jamais pu atteindre auparavant. Ce fut la formation à l'intérieur de la plante de conduits acheminant l'eau. Ces canaux permettent à la plante de former de véritables racines, de les enfoncer dans le sol et de puiser par l'intermédiaire de ces racines l'eau et les sels minéraux qui ne sont pas encore remontés en surface. L'aspiration créée par l'évaporation, la transpiration, fait monter cette eau enrichie de sels minéraux vers le sommet de la plante où elle se répartit entre les ramifications encore simples. En s'évaporant, l'eau entretient le courant d'aspiration à l'intérieur de la plante, qu'elle protège en même temps d'un échauffement excessif, et les sels minéraux restent disponibles pour la production de matière végétale. La partie intermédiaire dans laquelle les conduits se trouvent réunis est devenue le tronc.

Ainsi se sont constitués sur les plantes terrestres – par opposition aux plantes aquatiques dans lesquelles le conduit d'eau ne joue aucun rôle – les trois organes principaux : la couronne, où se déroulent essentiellement les mécanismes de production, la tige ou le tronc par lesquels s'effectue le transfert, et les racines qui assurent l'alimentation en eau et en sels minéraux. C'est la perpétuelle augmentation de la productivité qui a permis cette évolution.

L'excédent de sucre résultant de la photosynthèse, qui fonctionnait de mieux en mieux, se transforma en cellulose. La cellulose, durcie par l'adjonction de matières complémentaires, permit à la plante de s'élever de plus en plus haut. Elle reçut donc davantage de lumière et parvint à un plus grand pouvoir d'évaporation qui accrut l'afflux de sels minéraux montant des racines. Et ainsi de suite. Ce fut le départ d'une course à la lumière et aux matières nutritives qui, considérée sur des millions d'années, donne vraiment l'impression d'une poursuite accélérée de l'évolution, bien que les plantes n'aient pas été capables – pas plus qu'elles ne le sont aujourd'hui – de se mouvoir directement.

Le déplacement vers la lumière et l'accès aux matières minérales ne leur étaient et ne leur demeurent possibles que par l'intermédiaire des processus de croissance. Tel est le handicap fondamental de la structure des organismes végétaux. L'aptitude à la photosynthèse détermine un mode d'existence fixe parce que le produit excédentaire qui en résulte rend les membranes cellulaires rigides.

La poursuite de l'évolution, forte de cette donnée, ne laissait aucune autre possibilité aux plantes. L'aptitude à s'approvisionner de façon autonome devait nécessairement conduire à l'abandon de la mobilité existant à l'origine et que nous trouvons encore aujourd'hui chez certains unicellulaires végétaux comme les « algues vertes » et le flagellé *Euglena viridis*. Ces unicellulaires munis d'un flagelle renferment de la chlorophylle et vivent donc de façon autonome (autotrophe), comme d'authentiques plantes. Néanmoins le flagelle leur assure le même mode de locomotion simple qu'aux autres unicellulaires exempts de chlorophylle. Seule la fabrication massivement excédentaire de produits de la photosynthèse, et en particulier de cellulose, a mis fin à la mobilité et contraint les organismes végétaux à une existence qui interdisait pratiquement tout déplacement et limitait les mouvements aux processus de croissance ou aux changements de pression à l'intérieur des cellules.

Le mode de vie des plantes terrestres évolua donc selon une orientation analogue à celle que nous pouvons observer chez les animaux de l'ère primaire restés en milieu marin où ils poursuivirent leur évolution. A quelques rares exceptions près, ces animaux filtrent leurs aliments. Ce régime suppose des matières nutritives qui se présentent sous la forme de particules fines, voire infiniment fines. Il en va de même pour les plantes. Elles filtrent dans l'air le gaz carbonique qui y est très faiblement concentré et est nécessaire à la photosynthèse. Leurs racines extraient du sous-sol, par un mécanisme analogue, les sels minéraux sous la forme de particules extrêmement fines. Les grandes quantités d'eau qui interviennent alors ne sont utilisées que comme moyen de transport et elles sont en même temps transformées. Pour les animaux aquatiques qui filtrent leur nourriture, l'eau est également le moyen d'accéder aux matières nutritives.

Les deux parties du monde vivant qui se séparent curieusement en cette ère lointaine de l'histoire géologique, un règne animal cantonné au milieu marin et un règne végétal incomparablement plus développé, présentent donc un point commun d'importance : la captation de nourriture ou de matières nutritives se fait par des mécanismes de filtration comparables. Et aucun de ces types fondamentaux n'est adapté à l'environnement de l'autre. Les coraux qui filtrent leur nourriture, les comatulidés, les coquillages ou les anémones de mer ne peuvent pas plus vivre sur la terre ferme que les arbres dans l'eau. Règne animal et règne végétal s'étaient donc séparés et leurs évolutions respectives s'étaient déjà fortement différenciées.

Le fait que se préparât alors le passage des animaux sur la terre ferme passait encore inaperçu à l'échelle des processus universaux, en ces temps qui se situaient de quatre cents à trois cents millions d'années en arrière. Sur la terre ferme, les plantes poursuivaient leur extension de manière absolument irrépressible. L'amélioration de leur système de circulation d'eau leur permettait désormais d'occuper même les zones qui n'étaient plus tout à fait humides. Elles purent quitter les lagunes et les marécages peu profonds qui se retrouvaient parfois à sec. Leurs racines atteignaient désormais l'eau des profondeurs du sol.

Par suite de toutes ces évolutions, ce qui était un inconvénient initial se transforma en considérable avantage. La concentration supérieure du liquide contenu à l'intérieur de la cellule, qui avait empêché la pénétration directe en eau douce, parce que les cellules auraient éclaté, se transforma avec le système de circulation d'eau et ses conduits en une sorte de pompe aspirante. La concentration plus forte du suc cellulaire à l'intérieur des racines draine automatiquement, par l'intermédiaire de la pression osmotique, l'eau du sol transportée vers le haut par les conduits qui la font remonter au-dessus de la surface. Au pompage activé par l'évaporation correspond, à la hauteur des racines, un mécanisme de pompage osmotique. C'est ainsi que l'eau douce, qui constituait initialement un péril mortel, est devenue à l'intérieur des sols un éléments vital pour les végétaux sur la terre ferme.

L'effet fut spectaculaire : les plantes foisonnèrent. Le rapport entre photosynthèse et respiration, production et consommation propre s'infléchit constamment au profit de la photosynthèse. Les plantes prirent donc des formes de plus en plus imposantes. Leur biomasse ne cessa d'augmenter – pendant des millions et des millions d'années. Pareille évolution devait nécessairement avoir des conséquences. La formule de la photosynthèse les exprime du reste clairement :

$$\text{absorption de gaz carbonique + eau} \xrightarrow{\text{lumière solaire}} \text{dégagement hydrate de carbone + oxygène}$$

L'augmentation de la biomasse (8 hydrate de carbone) va donc de pair avec une absorption plus importante de gaz carbonique prélevé sur les réserves, l'atmosphère, et produit un dégagement d'oxygène équivalant à la consommation de gaz carbonique.

Ce mécanisme qui fonctionne comme une pompe produit de l'oxygène jusqu'à ce que, le gaz carbonique se raréfiant, le rendement de la photosynthèse ne puisse plus augmenter. Nous connaissons cet état puisque c'est actuellement celui de l'atmosphère terrestre. Les végétaux terrestres produisent de l'oxygène et augmentent leur biomasse avec beaucoup plus d'efficacité que les plantes aquatiques, qui se développent rapidement mais disparaissent presque aussi rapidement. Au fil des millions d'années, la proportion de gaz carbonique s'est réduite à 0,03 % (soit un tiers de un pour mille), tandis que la teneur d'oxygène de l'atmosphère a dépassé les 20 % et que, pendant les phases de croissance intensive de la végétation au cours de l'ère primaire, elle a peut-être même frisé les 30 %.

Ces chiffres signifient d'abord que c'est certainement au cours de cette période que s'est constituée la cloche d'ozone dans les couches supérieures de l'atmosphère, car les réserves d'oxygène étaient alors suffisantes pour en permettre la formation; mais n'étant que relatifs, ils ne nous disent rien du véritable ordre de grandeur de ces transformations et de la production de la photosynthèse. Il faut que nous nous reportions à ce propos à des évaluations quantitatives grossières comme celles de Richard N. T.W. Fiennes (1976).

L'atmosphère contient actuellement environ 12×10^{20} grammes d'oxygène. Cette quantité gigantesque correspond à peu près à 235 grammes d'oxygène par centimètre carré de la surface de la terre. Les bactéries du soufre et du fer ont consommé, nous l'avons vu au premier chapitre, des quantités d'oxygène quatre à cinq fois supérieures, soit de 1 200 à 1 500 grammes par centimètre carré. La liaison purement chimique de l'oxygène avec des métaux (oxydation) a dû consommer encore des quantités d'oxygène considérables, correspondant environ à la réserve d'oxygène actuellement disponible. A l'inverse, différents processus qui se déroulaient au sein de l'écorce terrestre produisaient un dégagement important d'oxygène, de telle sorte que l'on arrive à un bilan global d'à peine 2 000 grammes par centimètre carré dégagés par les végétaux au fil du temps. Cela correspond à peu près à huit fois le contenu en oxygène de l'atmosphère actuelle.

Comme cette quantité est assimilée et maintenue en circulation par la végétation actuelle de la planète, on peut déduire de cette comparaison ce que devait être la supériorité de l'excédent à l'époque où se sont constitués les gisements de carbone et de pétrole. Sans cet excédent, l'humanité n'aurait jamais pu recourir à des combustibles fossiles. L'énergie qui alimente aujourd'hui nos véhicules et nos centrales thermiques ou celle que nous utilisons intensivement pour notre chauffage et pour la préparation de nos aliments provient de cette phase de l'histoire géologique où la croissance de la végétation prit des proportions colossales et où les processus de désintégration ne purent pas suivre le rythme de productivité de la photosynthèse.

Et pourtant les plantes de cette lointaine ère primaire étaient relativement peu productives par rapport aux forêts actuelles. Elles n'avaient même pas encore opéré cette invention, grandiose et prodigieusement rentable, que furent les feuilles. Il y avait certes des structures similaires, mais c'étaient des pousses en formation pennée, dures comme les feuilles de palmier ou les aiguilles des conifères. Les premiers conifères, ancêtres de ceux que nous connaissons, apparurent vers la fin du carbonifère. Les calamodendrons géants dominaient alors le paysage. Évincés par des plantes plus développés apparues par la suite, leurs descendants furent quasiment réduits à néant.

Les calamodendrons géants de deux mètres de haut peuvent encore aujourd'hui nous donner une idée de cette végétation opulente sur laquelle repose notre prospérité moderne. Les calamodendrons, les lycopodinées, et d'autres groupes de végétaux dont les derniers représentants subsistent encore aujourd'hui, poussent très lentement. Ils furent et sont encore évincés par des formes modernes plus luxuriantes. Le succès des nouvelles formes végétales, qui ne se répandirent largement que vers la fin du primaire et au tertiaire, est dû à la feuille caduque et non au développement de la fleur que l'on met toujours en avant et sur laquelle nous reviendrons plus longuement.

La feuille caduque, avec les vaisseaux ligneux qui conduisent directement l'eau depuis les racines jusqu'à la pointe des bourgeons, augmenta si bien le rendement de la photosynthèse qu'actuellement une forêt de feuillus en Europe centrale a en quatre mois de végétation active une productivité égale à une forêt de conifères de même surface qui reste active presque toute l'année, exception faite des véritables jours de gel.

La surface de la feuille capte bien plus efficacement la lumière et assure bien mieux l'évaporation de l'eau que les aiguilles. Cet accroissement du volume d'activité implique aussi que la feuille, dotée d'une rentabilité plus intense, vieillisse et se détériore plus tôt que l'aiguille ou la fronde pennée. Les plus productives doivent être renouvelées tous les ans. L'abaissement de la productivité, qu'on observe chez les arbres à feuilles persistantes, prolonge l'espérance de vie individuelle d'une feuille, mais n'empêche pas qu'elle doive être remplacée. L'augmentation du volume d'activité est donc on ne peut plus étroitement liée à l'activité des supports de la photosynthèse. Tandis que chez les conifères, à quelques rares exceptions près, comme le mélèze, une génération d'aiguilles subsiste pendant une période qui dure entre trois et cinq ans, chez les feuillus les plus performants, une génération de feuilles ne dure en règle générale qu'un an. L'accélération du roulement d'activité est donc bien la caractéristique la plus marquante des feuillus modernes; elle eut sur l'économie de la nature des répercussions bien plus profondes que l'apparition des fleurs.

En ce qui concerne les fleurs au sens strict, telles que nous les connaissons, il était encore bien trop tôt, elles n'auraient pas pu exister dans les forêts du dévonien, il y a quatre cents millions d'années. Il n'y aurait pas eu d'insectes pour visiter ces fleurs. Les animaux ne s'étaient pas encore établis sur la terre ferme.

Chapitre 5

LA VIE ANIMALE GAGNE LES CONTINENTS

Pendant des millions d'années, seuls les végétaux et les microbes vivaient sur la terre ferme, tandis qu'une faune très développée peuplait les mers. Puis, vers la fin du dévonien, il y a entre trois cent quatre-vingts et trois cent soixante millions d'années, les animaux gagnèrent à leur tour les continents. Ils étaient issus de deux groupes adaptatifs tout à fait différents : les articulés et les vertébrés.

Les premières formes qui effectuèrent le passage à la vie terrestre ne gagnèrent pas directement la terre ferme. Elles ne faisaient certainement pas partie – comme nous l'avons déjà vu – des groupes les plus évolués du milieu marin à cette époque. Au contraire : les origines du tout premier groupe nous ramènent à des formes insignifiantes, comme l'onychophore *Peripatus* qui ressemble à un ver et subsiste encore aujourd'hui. Le péripate déplace son corps cylindrique sur des moignons de pattes et il avance en explorant son environnement à l'aide de deux antennes qu'il porte sur sa partie antérieure.

Les derniers vestiges de ce groupe vivent dans les couches humides des sols de la forêt tropicale et dans les zones subtropicales et tempérées de l'hémisphère Sud. On distingue une centaine d'espèces. Lorsque ces animaux furent découverts en 1826, on les prit pour des limaces. En fait, ce sont les derniers descendants d'une catégorie qui se situe entre les annélidés et les articulés, autrement dit les insectes, les myriapodes et les arachnidés. « Oubliés de l'évolution », comme l'estiment à juste titre de nombreux biologistes, ils se sont révélés extrêmement précieux et instructifs pour la reconstitution du passage à la vie terrestre. Le trait distinctif, caractéristique déjà de leurs ancêtres et condition décisive de la conquête des terres, est leur régime nutritif : ils ne s'alimentaient pas par filtration mais sur un mode « prédateur » !

Des organes mandibulaires recourbés, de forme encore très élémentaire, leur permettent de capturer des proies solides. Les moignons de pattes leur assurent, sur un substrat dur, une locomotion mieux dirigée que la reptation du ver. Le nom scientifique l'illustre : *peripatos* signifie en grec le « promeneur », et le péripate est effectivement, parmi les vers, le plus habile promeneur ! L'histoire de ce petit organisme est la clef de ce grand pas que fut le passage à la vie terrestre. Il est lié à la pesanteur.

Dans l'eau, celle-ci n'a jamais fait obstacle à aucune innovation. Seules les structures d'une extrême lourdeur, comme les opercules géants de coquillages dont les dimensions atteignaient le mètre, pouvaient créer des difficultés du fait de la pesanteur. Sinon, l'eau « porte » le poids, parce qu'elle est elle-même relativement pesante. Un cuirassé navigue parce que les quantités d'eau qu'il repousse sont encore plus lourdes que lui. Sur la terre, il en va tout différemment, comme chacun sait. Le poids spécifique de l'air n'atteint au niveau de la mer que 1/775 de celui de l'eau. Pour donner un ordre de grandeur, l'eau est donc environ mille fois plus dense que l'air, où l'action de la pesanteur joue pleinement.

Un corps que l'eau a porté, et du même coup soutenu, se trouve soumis à sa propre pesanteur dès lors qu'il échoue sur la terre ferme. Lorsque des baleines s'échouent, elles risquent fort d'être étouffées par leur propre poids. Et même si, pour les petits organismes, le poids ne constitue pas en lui-même un problème, chacun de leurs mouvements suppose une dépense d'énergie incomparablement plus grande dans l'air que dans l'eau. Presque tous les mouvements exigent de vaincre la force de la pesanteur; et dans les cas où elle aide, au contraire, par exemple pour un mouvement vers le bas, elle demandera un effort d'autant plus intense dans la direction opposée.

Les plantes ne sont pas non plus épargnées : toute croissance en hauteur augmente leur poids et par là même la pression à laquelle doivent résister les membranes cellulaires ou les structures de soutien. Lorsque se développèrent dans les forêts du carbonifère les lycopodinées, les calamodendrons et autres végétaux de cette époque, ils durent payer leur tribut à la pesanteur. Ces plantes de dix, vingt, et même soixante mètres de hauteur durent constituer des troncs tout à fait comparables à ceux des arbres de nos forêts ou des arbres géants de la forêt vierge. Ils étaient soumis à la loi fondamentale de la pesanteur qui veut que le diamètre du tronc augmente en fonction de la hauteur.

Revenons aux animaux et à leurs premières tentatives vers la terre ferme. Les plus lointains ancêtres du péripate portaient des ébauches de pattes. Mais ces dernières s'étaient constituées dans un tout autre contexte. Elles servaient initialement à se fixer sur le substrat lorsque les mandibules en forme de griffes avaient saisi une proie. En effet, chacune des pattes en miniature porte deux griffes recourbées. Les soies raides d'ancêtres encore plus lointains n'étaient pas aussi fonctionnelles. Le mode de nutrition des escargots ne suppose pas non plus l'existence de pattes. Soit ils adhèrent au substrat avec le mucus collant qui recouvre leur pied et raclent ainsi lentement leur nourriture, soit ils excrètent une substance vénéneuse qui paralyse leur proie, la tue ou la désagrège. Les escargots n'attaquent pas directement. Les seiches attrapent certes la proie avec leurs bras tentaculaires, mais elles le faisaient initialement en eau libre où il n'y avait pas lieu de se fixer sur quoi que ce soit et où cela n'aurait été d'aucun profit. Des espèces spécialisées comme les pieuvres, qui s'abritent dans des trous de roche, illustrent les avantages de la fixation. On ne pouvait donc attendre des mollusques, l'autre grand embranchement des invertébrés marins, aucun progrès notable dans la conquête des terres.

Leur organisation ne s'y prêtait guère. Et même les escargots terrestres, qui apparurent beaucoup plus tard, conservèrent un mode de vie très semblable à celui de leurs parents aquatiques. Ils pratiquent le type de locomotion le moins efficace de tous en rampant à un rythme ralenti sur leur propre trace de mucus.

Les nageurs en eau libre et les animaux qui se nourrissent par filtration avaient encore moins de possibilités de modifier leur structure et leur mode de vie comme il aurait fallu le faire pour peupler les terres. Si la plupart des embranchements du règne animal de cette époque n'ont pas réussi le passage à la vie terrestre, c'est donc logique. Les deux qui l'effectuèrent avec succès virent s'ouvrir à eux un monde nouveau.

Un troisième élément favorisa ce grand départ des lointains ancêtres du péripate. Leur corps était déjà entouré d'une enveloppe assez élastique qui allait bientôt se renforcer et s'améliorer. Cette enveloppe est constituée d'une protéine dont les fibres s'entrecroisent et dont les propriétés élastiques, la dureté et la résistance chimique se rapprochent de celles de la cellulose. Mais sa nature chimique est totalement différente. Le matériau de base n'est pas constitué de molécules de glucides mais de protides. Il s'agit de la chitine – cette « matière plastique naturelle » qui présente bien des traits communs avec nos matières plastiques actuelles et qui a été l'une des principales conditions du développement radicalement explosif des insectes.

Sans la chitine, le succès évolutif des articulés mobiles aurait été difficilement imaginable en milieu terrestre. En effet, cette substance n'assure pas seulement la rigidité, elle offre une protection efficace contre la déperdition d'eau. Comme les plantes établies sur la terre ferme, les organismes animaux provenant du milieu marin étaient exposés au risque de dessèchement. L'amélioration du fonctionnement de la photosynthèse avait permis aux plantes de perfectionner l'étanchéité et de développer une résistance à la pesanteur. Mais que pouvaient espérer les animaux en arrivant sur la terre ferme? Les matières premières nécessaires à la photosynthèse, gaz carbonique et eau, y sont disponibles. Elles suffisent à produire des sucres, et par conséquent de l'amidon et de la cellulose. En revanche il n'y a pas de conditions extérieures assurant directement la constitution d'une enveloppe assez épaisse de chitine.

La chitine ne se fabrique pas par photosynthèse. Elle s'obtient à partir des éléments constitutifs des protéines, les acides aminés, qui ne sont pas faciles à se procurer. On peut dire en simplifiant qu'ils sont issus de deux sources : les végétaux et les microbes. Les protéines animales correspondent au stade d'exploitation ultérieur des protéines végétales ou microbiennes. La clef du problème est quand même là : le grand nombre d'animaux extrêmement variés qui vivent en milieu marin et se nourrissent par filtration assurent une offre de protéines animales particulièrement abondante dont les péripates, apparemment insignifiants, pouvaient tirer parti.

En effet la majorité des animaux qui vivaient dans la mer étaient rivés sur place – non pas tout à fait immobiles, mais aussi fixes que les plantes. Même s'ils étaient constitués d'eau à 80 % ou plus, et jusqu'à 98 % dans le cas extrême des baleines, ils constituaient par ailleurs une masse suffisante de protéines; plus que n'en contiennent beaucoup de plantes.

Les éléments arrachés par les vagues et les courants marins aux colonies animales suffisent pour approvisionner en protéines de simples vers. D'autres animaux marins se protègent également de l'extérieur par une enveloppe de protéine rigide. Mais à la différence par exemple des gorgonaires, qui en font partie, ou des mollusques bivalves qui se construisent une enveloppe de protéine autour de leur coquille de calcaire, et des escargots de mer qui développent aussi une couche de chitine protectrice, la conchioline, les « vers partageaient avec les péripates » l'avantage de pouvoir exploiter en même temps la locomotion.

La suite de l'évolution des articulés, l'immense groupe des insectes et les arachnidés, conserva cette structure. On peut la définir en simplifiant beaucoup par les traits distinctifs suivants : enveloppe extérieure de chitine rigide recouvrant une musculature tubulaire, la moelle épinière, le système nerveux central en position ventrale par rapport au tube digestif, avec une division du corps en segments successifs, héritage « du temps des vers ». La suite de l'évolution, pour brutale qu'elle ait été, reste marquée par ces caractéristiques. Les péripates qui investissent la terre ferme vont se transformer en myriapodes rigides enveloppés dans des capsules annulaires où, à l'exception de la tête et de la partie postérieure, un segment jouxte l'autre. Chacun de ces segments porte des pattes. On pourrait séparer les uns des autres ces petits « disques », ou segments, ils seraient tous exactement identiques.

Au sein du groupe correspondant à l'étape suivante de l'évolution, la répétition de segments identiques est beaucoup moins marquée. Nous trouvons les descendants de ces premiers articulés dans l'eau : ce sont les crustacés. Les décapodes ont cinq segments principaux et d'autres pour la partie caudale, tandis qu'on observe chez les crevettes un raccourcissement plus marqué et un développement croissant de la tête qui porte des organes sensoriels de plus en plus perfectionnés : antennes pour l'exploration tactile de l'environnement le plus proche; yeux qui, de simples organes distinguant la clarté de l'obscurité, se transforment en structures complexes permettant une vision précise des images; organes mandibulaires soutenus dans leur activité par les pinces des pattes antérieures. Les autres pattes soulèvent le corps de plus en plus loin du sol, réduisant ainsi les frottements. Toutefois, ce qui en mer, favorisé encore par la force portante de l'eau, donne des formes géantes demeure en milieu terrestre de taille modeste. C'est le cas des scorpions qui présentent une certaine ressemblance extérieure avec les crustacés marins, mais surtout des insectes.

Chez eux le nombre de segments porteurs de pattes s'est réduit à trois : ce sont donc tous sans exception des hexapodes. Il n'y a pas d'insectes octopodes. La présence de quatre paires de pattes caractérise l'autre groupe d'articulés vivant en milieu terrestre (qui s'est également très vite développé) : les arachnidés.

Chez ces derniers, la fusion entre les différents segments va encore plus loin, de sorte qu'ils ne se composent plus que de deux parties, un céphalothorax qui porte l'appareil mandibulaire et quatre paires de pattes, et l'abdomen qui ne porte pas d'organes locomoteurs. Le corps des insectes est divisé en trois parties : la tête porte les antennes et les mandibules provenant de la transformation complète de deux paires de pattes, tandis que les trois autres paires de pattes sont fixées aux trois segments soudés pour former le thorax dont les deux postérieurs portent chacun, chez la plupart des insectes, une paire d'appendices supplémentaires, les ailes. Ces dernières sont plus ou moins fortement développées ou transformées, et constituent une particularité des insectes. Le groupe frère des arachnidés ne présente aucun élément qui ressemble à des ailes.

Pourquoi cette digression zoologique? Pour montrer essentiellement que la structure fondamentale des premiers articulés qui s'établirent sur la terre ferme, la structure de base du péripate du dévonien, offrait certes quelques possibilités pour la suite de l'évolution, mais qu'elle imposait aussi de pesantes contraintes. En effet, l'enveloppe isolante de chitine qui avait constitué un avantage pour le passage à la vie terrestre se révéla vite une véritable camisole de force. L'animal enfermé dans son enveloppe de chitine ne peut plus grandir, à moins de faire éclater l'enveloppe et de s'en extraire. La couche de chitine n'est pas extensible et ne permet au corps qu'elle recouvre de grandir que tant qu'elle est encore molle, avant son durcissement. Dans la période de mue, la carapace de chitine perd son pouvoir protecteur. Il faut que le processus se déroule très rapidement; or la nouvelle enveloppe de chitine qui se forme sous l'ancienne ne laisse qu'une petite marge de croissance. A l'air, la chitine sèche et durcit vite. Lorsque la mue se produit dans l'eau, la chitine conserve plus longtemps sa souplesse, et les animaux en question deviennent plus gros. Les espèces de ce type, comme les araignées de mer ou les crabes géants, que nombre d'entre nous considèrent comme des monstres, ne seraient pas viables en milieu terrestre.

Une tortue atteint la taille des crabes géants de mer. Mais cela ne dit rien contre les restrictions imposées à la croissance. Car la tortue n'a pas besoin de s'extraire de son enveloppe comme les articulés munis d'une carapace externe. Le prix de la progression rapide en milieu terrestre fut pour les articulés leur petite taille. Dès l'époque du grand essor des forêts, au carbonifère, ils se heurtèrent à leurs limites naturelles. Certes on vit apparaître, dans cet environnement où ils n'avaient aucun ennemi, des insectes gigantesques – comme la libellule *Megagneura* dont les ailes déployées avaient une envergure de soixante-dix centimètres. Mais leur poids ne pouvait guère dépasser cent grammes. Les « insectes géants » actuels atteignent à peine la moitié de ce poids et leur longueur ne dépasse pas trente centimètres. La grande majorité des insectes ont des dimensions de l'ordre du centimètre.

On observe à peu près la même chose chez les araignées, parentes plus développées des insectes. Seul un très petit nombre d'entre elles parviennent à la taille d'une paume de main. Les myriapodes, les scorpions, les uropyges et les autres groupes d'articulés vivant en milieu terrestre se situent dans le même ordre de grandeur. Une araignée de trente centimètres d'envergure pattes écartées nous semble un animal géant, et nous la considérons comme dangereuse, parce que nous savons que les insectes et les araignées sont normalement plus petits. Néanmoins, comparés aux vertébrés, et même à certains escargots, ils sont de taille réduite. A aucun stade de l'histoire de la terre ils n'ont dépassé les limites résultant des propriétés mécaniques de la chitine. Ils étaient certes en mesure de vivre dans les forêts du carbonifère, mais comme les insectes et autres articulés vivant aujourd'hui dans la forêt pluviale des tropiques, ils n'utilisaient qu'une part dérisoire de la biomasse produite par ces forêts. Les insectes n'influèrent pas sur la quantité de charbon et de pétrole qui resta excédentaire.

Les arachnidés étaient apparus en interaction étroite avec les insectes. La structure et le mode de vie des espèces qui existent encore aujourd'hui ne laissent pas subsister le moindre doute sur ce point. Ils furent les premiers utilisateurs des nouvelles ressources alimentaires offertes par la multiplication des insectes. On ne trouve pas d'espèce végétarienne parmi les arachnidés! L'essentiel de leur régime alimentaire est constitué des protéines des insectes. Ils liquéfient à l'aide de ferments digestifs les organes internes des insectes bien empaquetés dans leur enveloppe de chitine et ils absorbent par succion la « soupe » de protéines et de graisses animales ainsi formée. Ils sont incapables de mâcher leurs aliments. Contrairement aux insectes, ils ne pouvaient donc tirer aucun profit des plantes de la forêt vierge des origines du monde. Cet environnement assura toutefois aux arachnidés, qui chassaient activement, la possibilité de se cacher pour guetter les insectes passant à leur portée; ceux qui se construisent des nids trouvèrent aussi des structures commodes pour accrocher leurs toiles. La soie dont sont tissés ces filets est faite de composés de protéines prélevés sur les proies. Ainsi l'excédent de protéines est-il essentiellement employé, chez les araignées, à la fabrication de leurs toiles.

La constitution des articulés se révèle rétrospectivement une réussite, surtout chez les représentants les plus développés de cette structure, insectes et arachnidés. Actuellement, 70 à 95 % de l'ensemble des espèces animales font partie de la classe des insectes. Les groupes d'articulés les plus anciens comme les myriapodes n'y occupent pas une place très importante. Pourquoi donc les insectes ont-ils connu un tel succès? Succès quant à la diversification des espèces, mais non quant à l'influence sur la productivité débordante des forêts du dévonien et du carbonifère! Est-ce à cause de leur petite taille qu'ils ne pouvaient pas maîtriser la masse végétale? Est-ce à cause des plantes elles-mêmes?

En ce qui concerne les méthodes de défense chimique, les arbres du carbonifère ancien étaient incomparablement plus démunis que ceux d'aujourd'hui. Ils étaient de structure bien plus élémentaire. Néanmoins ils produisaient déjà sans aucun doute quelque chose qui a été à la base de la formation de la houille et du pétrole : les hydrates de carbone. Une grande partie de la production était transformée en cellulose et en lignine du bois. Seuls quelques rares insectes vivant encore de nos jours sont en mesure de désintégrer ces composés du carbone en leurs éléments utiles. Pratiquement, il n'y a que les bactéries qui en soient capables. Et pour ce faire elles ont besoin de certaines protéines, les enzymes, comme la cellulase qui décompose la cellulose pour en tirer les composés de carbone à forte teneur énergétique. Ces bactéries prospèrent dans les sols chauds et humides, à l'intérieur de la couche d'humus, et non à l'extérieur, autour des végétaux qui s'élèvent bien au-dessus de la surface des sols comme les arbres.

Seuls certains insectes, essentiellement les termites et les fourmis qui cultivent des champignons, ont réussi, avec l'aide de leurs symbiotes, à exploiter la cellulose et le bois. Même les microbes qui se trouvent dans la panse des ruminants ou dans l'intestin d'autres mammifères captent l'énergie contenue dans la masse d'aliments végétaux avant qu'elle ne soit transformée en humus. La substance de soutien que constituent la cellulose et la lignine, qui durcit le bois, n'a donc pas pour seule fonction de permettre à la plante de croître en hauteur, elle lui permet aussi de se protéger contre une exploitation trop intensive par les insectes. Il faut en tenir compte pour comprendre le rôle des insectes à l'ère primaire.

Mais pourquoi leur action sur la production végétale demeura-t-elle si limitée? La réponse à cette question nous ramène plus près de notre point de départ et elle prépare le terrain pour la deuxième grande migration vers la terre ferme qui se produisit à cette époque. Tant qu'il n'y avait pas sur la terre de protéines animales susceptibles d'attirer les ancêtres des insectes (qui devaient avoir à peu près l'allure du péripate), qu'est-ce qui pouvait donc les intéresser? La formation de l'enveloppe de chitine, la cuticule, suppose une certaine proportion de protéines dans l'alimentation. La locomotion entraîne une dépense d'énergie. Le règne végétal en pleine extension n'aurait certainement pas pu satisfaire à ces deux exigences. En règle générale, la cellulose ne se digère pas, sa teneur en protéines est si faible que seuls les gros animaux qui absorbent des quantités équivalentes de matière végétale peuvent en vivre directement, ou bien alors ils doivent développer des « stades digestifs » permettant d'accumuler des réserves. Dernier point et non des moindres : les arbres du dévonien ou du début du carbonifère devaient être bien trop durs pour que les appareils mandibulaires encore faibles des premiers articulés terrestres aient pu les entamer.

Il faut que la voie ait été ouverte d'une autre manière. Ceux qui apportèrent leur concours existent toujours, et pour beaucoup d'insectes leur aide reste indispensable. Ils s'agit des bactéries qui produisent des protides. Elles prospèrent en décomposant les matières végétales. Les tubificidés et les larves rouges de certains groupes de moustiques – dont les tendipédidés qui ne piquent pas – illustrent encore aujourd'hui le fonctionnement de cette exploitation. Les tubificidés représentent le stade « vermiforme ». En fait, ils font partie des vers du groupe des oligochètes qui se situent tout au début de l'évolution des articulés.

Les larves de tendipédidés correspondent aux formes anciennes d'insectes qui se nourrissaient de détritus végétaux. Les unes comme les autres ne se nourrissent pas vraiment de matière végétale, mais essentiellement de protides d'origine bactérienne. En effet, les matières végétales sont décomposées par les bactéries, tandis que ces dernières constituent – processus trop souvent négligé – des protides réutilisables. Elles procèdent à une opération identique dans son principe à la transformation du lait en fromage ou à l'utilisation de levain pour fabriquer le pain. L'accession à la terre ferme fut rendue possible grâce à ces ressources alimentaires et non par suite de l'exploitation directe des plantes.

C'est aussi la raison pour laquelle les organismes qui avaient développé des appareils mandibulaires appropriés pour brouter les prairies bactériennes se trouvaient avantagés. A l'origine, l'appareil mandibulaire des insectes est broyeur-masticateur. Les masses de cellulose contenues dans la matière végétale ne sont pas utilisées directement par les insectes, ou ne le sont que pour une très faible part.

Il faudra encore attendre assez longtemps pour que s'établissent les spécialisations complémentaires, comme le développement d'organes mandibulaires de piqûre ou de succion permettant à ceux qui en étaient porteurs d'accéder aux sucs de la plante. L'excédent de sucres qu'ils puisent avec leur trompe est à nouveau excrété en excès. Chez un grand nombre d'insectes qui absorbent des sucs végétaux, le sucre reste inutilisé ou n'est utilisé qu'*a posteriori* par d'autres animaux, fourmis, abeilles ou colibris qui boivent des sucs à base de sucre dans les zones tropicales américaines. En revanche, les insectes isolent dans le suc végétal les acides aminés dont ils ont besoin pour la production des protides à l'intérieur de leur organisme et la construction de leur enveloppe de chitine. Bref, le rendement de la photosynthèse n'est exploité que dans une modeste proportion.

Les principaux insectes utilisateurs de nectar, les hyménoptères sociaux, dont font partie les fourmis et les abeilles, n'existaient pas au tout début. Ils relèvent de l'évolution la plus récente dans le monde des insectes. Au contraire, les blattes et leurs descendants, les termites, remontent à une date très ancienne de la phylogenèse et correspondent aux premiers stades d'évolution chez les insectes. Ils exploitent très largement et même presque exclusivement les microbes pour se nourrir. On pourrait vraiment résumer l'évolution comme suit : les articulés conquirent la terre ferme grâce à l'aide et au « travail préalable ».

L'autre grand groupe de nouveaux arrivants, qui très vite « misa sur la masse », ne trouva plus un monde vide quand il gagna les terres. Son origine s'inscrit dans la lignée des poissons et il avait en commun avec les articulés un besoin relativement élevé de protides. Si nous n'avions pas de témoignages fossiles et que nous en soyons réduits au raisonnement et à l'imagination de biologistes compétents, à vrai dire, nous ne saurions pas représenter très différemment le « chaînon manquant ».

En effet, si le péripate correspond assez à la forme initiale d'articulés qui passa à la vie terrestre, la ressemblance entre une espèce de poissons qui existe encore aujourd'hui et la forme originelle qui quitta la mer pour gagner les terres, il y a bien trois cent soixante millions d'années est encore plus frappante. C'est au point que l'animal vivant actuellement, le crossoptérygien *Latimeria chalumnae* ne se distingue pratiquement pas de la forme fossile dont nous avons de nombreux exemplaires.

Ces poissons, que nous pouvons qualifier à juste titre de « fossiles vivants », se déplacent sur les rochers, avec leurs amorces de nageoires en forme de moignons de pieds, comme sur de petites pattes, à plus de cent mètres de profondeur, le long des côtes abruptes des Comores dans l'océan Indien.

Le biologiste munichois Hans Fricke les a observés et filmés à partir d'une embarcation sous-marine. Il y a environ trois cent soixante-dix millions d'années, des parents de ces crossoptérygiens quittèrent de plus en plus nombreux l'eau peu profonde des lagunes chaudes et commencèrent à chercher leur nourriture sur la terre ferme. A cette époque, le niveau de la mer baissa considérablement et nombre d'habitants des eaux littorales se virent contraints de se recycler. La plupart retournèrent dans les eaux plus profondes ou s'éteignirent. Seul un petit nombre, dont les crossoptérygiens, réussit le passage à la vie terrestre. Les côtes offraient suffisamment de ressources alimentaires, les insectes riches en protides n'étant probablement pas encore comparativement très rapides.

Là encore, le succès fut le résultat de deux propriétés qui n'avaient pas du tout été développées spécialement en fonction de la vie terrestre : la dureté d'une peau constituée de matières protidiques résistantes et des nageoires, semblables à des moignons de pattes, sur lesquelles le corps pouvait s'appuyer. La forme primitive de leurs membres permettait à ces animaux massifs – ils pesaient plus de dix kilos – de se déplacer hors de l'eau. Leur peau constituée de matières protidiques les protégeait d'un dessèchement trop rapide. Depuis des millions d'années déjà, cette enveloppe dure avait fait ses preuves en milieu marin. Il s'agissait de la kératine, caractéristique des vertébrés, matière première de la corne, qui recouvre aussi notre peau et dont sont constitués les poils, les plumes, les ongles, les écailles et les griffes.

Les descendants des crossoptérygiens, devenus finalement complètement terrestres, étaient structurés de tout autre façon que les articulés établis sur la terre ferme bien avant eux. Leur corps n'était pas enfermé dans une gangue rigide semblable à une cuirasse, mais porté et soutenu par une armature osseuse. Aucune enveloppe extérieure, aucun carcan ne les empêchait désormais de prendre des dimensions plus importantes. Leur taille pouvait croître au fur et à mesure qu'augmentait la puissance de leur musculature. On ne sut que bien plus tard, pratiquement au bout de trois cents millions d'années, quand les dinosaures eurent atteint leur forme géante, jusqu'où pouvait aller cette croissance.

On estime que l'un des premiers représentants des vertébrés terrestres qui réussit le passage du milieu aquatique à la terre ferme fut l'ichtyostéga, animal d'un mètre de long, qui rappellerait un peu une énorme salamandre. Ce ne fut certes pas l'ancêtre direct des amphibiens, mais ce maillon de la chaîne évolutive prouve une fois de plus que les principales propriétés qui permirent l'exploitation de nouvelles possibilités ne résultaient pas d'innovations mais étaient des caractéristiques et des propriétés issues du mode de vie antérieur.

Ainsi le crâne de l'ichtyostéga présente encore la structure d'un crâne de poisson, et sa colonne vertébrale n'est pas encore suffisamment ossifiée pour porter le corps sans autre soutien. Il s'appuyait surtout sur les côtes. Sa locomotion ne pouvait pas être très différente d'une reptation, car les pattes occupaient une position bien trop latérale sur le corps. Le passage à la vie terrestre a dû être un handicap considérable, mais il en valait la peine...

En effet, dans l'eau la concurrence était grande et les proies étaient tantôt rapides, tantôt, comme dans le cas des espèces fixes, barricadées dans d'imprenables bastions recouverts de piquants; au contraire, on trouvait sur la terre ferme une foule d'insectes, riches en protides, qui selon toute vraisemblance ne sécrétaient pas encore de substances vénéneuses ni défensives. Comme ils ne se nourrissaient pas directement de plantes, et que ces dernières, autant que l'on puisse en juger d'après les espèces actuelles, n'auraient certainement même pas été en mesure de fabriquer des substances nocives, eux ne devaient pas contenir non plus de poisons. Les insectes les plus primitifs qui subsistent aujourd'hui sont presque sans exception inoffensifs. Nombre d'entre eux, surtout aux stades où ils n'étaient pas encore capables de voler, n'avaient même aucune possibilité de se dérober rapidement à l'ennemi.

Nous avons donc tout lieu de penser que la végétation du dévonien et les forêts du carbonifère, l'époque immédiatement postérieure, regorgeaient de protides contenus dans le corps des insectes. Et les premiers vertébrés terrestres se sont nourris essentiellement de ces protides, comme le prouve leur denture. Les formes végétariennes n'apparurent qu'à une date ultérieure, et alors seulement se développèrent des lignées adaptatives qui exploitèrent sur le mode prédateur les nouvelles possibilités offertes précisément par la vie de vertébré.

Une période de changements rapides s'amorçait. La nouvelle lignée phylogénétique des vertébrés semblait révéler des potentialités insoupçonnées. De nombreux groupes firent leur apparition, se développèrent pendant quelques millions d'années pour disparaître ensuite sans laisser de descendance. D'autres eurent plus de succès et amenèrent de nouvelles percées. D'eux proviennent les amphibiens actuels et les reptiles, qui revêtirent une importance encore plus considérable pour la suite. Mais nous abordons là le début d'une ère nouvelle de l'histoire de la terre, l'époque des sauriens et des dinosauriens, ère secondaire ou mésozoïque.

Un événement, découvert très récemment, marque ce tournant. A cette époque, il y a deux cent quarante-huit millions d'années, les continents se rapprochèrent pour former un seul continent universel, la Pangée. Le phénomène était causé par la dérive constante des plaques qui recouvrent l'écorce terrestre. Un climat chaud et sec se généralisa; en effet, les anciennes terres non immergées qui ne coïncident que partiellement avec les futurs continents glissèrent comme des icebergs qui se seraient soudés et se retrouvèrent côte à côte tout près de l'équateur.

Autour des pôles, la dérive occidentale peut faire circuler les courants marins sans formation de glace. Le grand continent Pangée, qui recouvre à peine un tiers de la surface du globe, reçoit certes des précipitations sur ses bords, mais à l'intérieur, les immenses étendues continentales se dessèchent de plus en plus. Il n'y a toutefois pas encore de hautes chaînes montagneuses pour faire écran aux précipitations, de sorte que la pluie pénètre encore loin à l'intérieur des terres.

Du fait de la situation équatoriale du continent géant, le climat reste chaud. Autour de vastes mers peu profondes se forment aussi des forêts marécageuses et une bordure de végétation; la sécheresse progresse néanmoins. Le temps des immenses forêts marécageuses du carbonifère est révolu. Au cours des nuits sans nuages, la température se refroidit à l'intérieur des masses continentales. On voit apparaître des espèces d'arbres qui résistent mieux à la sécheresse.

L'un d'eux, le gingkobiloba, avec ses feuilles bilobées sera le précurseur écologique des feuillus. Lui aussi semble un vestige oublié de l'évolution. Les conifères voient le jour et vers la fin de cette époque du mésozoïque qui dura presque deux cents millions d'années, naissent les premières plantes à fleurs. Parmi les reptiles, on assiste aux évolutions les plus diverses. Extérieurement, le trait le plus marquant est l'augmentation de taille. Le mésozoïque est l'ère des reptiles par excellence. Vers la fin de cette époque, ils avaient produit des formes géantes telles que la terre n'en avait jamais porté et n'en porta plus jamais après leur disparition.

Selon certains, il semblerait que deux rejetons du sous-embranchement des reptiles se soient toutefois promis de supplanter les dinosaures et leurs parents, ou du moins est-ce l'impression que l'on peut avoir rétrospectivement. Mais cette impression est assez vraisemblablement fausse. Jamais une innovation de l'évolution n'a pu « se promettre » d'obtenir ou de modifier quelque chose. Au contraire, presque toutes les branches latérales qui auraient pu donner naissance à de nouvelles évolutions ont échoué et se sont éteintes. C'est notre perspective qui nous fait croire à des succès. Vu d'« en bas », c'est-à-dire du début du mésozoïque, toutes les chances étaient manifestement du côté des reptiles. Leurs multiples progressions, leurs efforts pour explorer des terres nouvelles ne pouvaient apparemment que renforcer la supériorité de leur groupe et non la remettre en question comme on le constate rétrospectivement. L'univers des reptiles était bien plus divers qu'aujourd'hui et offrait une grande multiplicité de formes.

Leurs descendants, qui doivent aujourd'hui encore être comptés parmi les reptiles équivalent, au regard de leur ancienne variété, à un statut de fossiles vivants : versions naines de la grandeur et de la puissance d'antan.

Ces produits triomphants de l'évolution ont peuplé la terre pendant plus de cent millions d'années et influencé durablement la nature, mais ils ont ensuite disparu sans laisser de survivants notables. Depuis leur découverte, cette énigme stimule aussi bien la recherche que l'imagination. Qu'était donc cet univers d'il y a cent millions d'années, où la terre était peuplée d'animaux géants pour qui l'appellation de « reptiles » semblerait plutôt une plaisanterie de mauvais goût? Pourquoi se sont-ils éteints?

Chapitre 6

LE MONDE ÉTRANGE DES DINOSAURES

Les dinosaures sont les plus gros animaux terrestres que notre planète ait jamais portés. Pendant cent millions d'années environ, soit cinq fois la durée d'existence du genre humain, ils ont constitué la forme la plus hautement développée de la vie animale.

Au cours des derniers millions d'années qui précédèrent leur disparition totale, les conditions extérieures se modifièrent progressivement à leur désavantage. Mais leur extinction survint aussi brutalement qu'une catastrophe. Il n'y eut pas de transition. Une foule de recherches récentes, voire très récentes, viennent confirmer la façon dont les géologues distinguent les différentes phases de l'histoire de la terre : il y a à peu près soixante-cinq millions d'années, un événement a dû se produire qui a changé la marche du monde. Une rupture sépare radicalement l'ère secondaire, ou mésozoïque, du cénozoïque qui débute avec le tertiaire.

La netteté et la brutalité de cette séparation sont restées jusqu'à ces tout derniers temps une énigme de l'histoire géologique. Elle semble désormais résolue. Cette découverte capitale est liée à un métal noble très rare : l'iridium, qui présente des propriétés analogues à celles du platine. Dans les sédiments qui permettent une datation géologique, l'iridium ne se trouve généralement qu'à l'état de traces. Toutefois, dans une couche très délimitée, qui remonte à soixante-cinq millions d'années, sa teneur s'élève brusquement à un niveau plusieurs centaines de fois supérieur à la normale. Cette couche marque très exactement le passage de la fin du cétacé du mésozoïque au début du tertiaire et du cénozoïque.

Il s'est alors produit un événement extraordinaire dont témoigne la hausse exceptionnelle en taux d'iridium. Cette piste nous conduit dans le cosmos, car l'iridium se trouve plus fréquemment au sein des météorites que sur la terre. Ce moment n'a pas représenté simplement la fin d'une évolution qui avait débuté à l'ère primaire ou à l'ère secondaire et s'était poursuivie sous d'autres formes à l'ère tertiaire. Il y eut à cette période critique une véritable « coupure de la faune », dont la composition – les vestiges l'attestent – fut radicalement changée.

Les géologues du XIXe siècle n'expliquaient pas autrement la succession des périodes géologiques. Et les phases de l'histoire de la terre, du fait de ces « coupures », ne correspondent pas à des « chiffres ronds ». Les séries de chiffres aisément repérables, fondés sur le système décimal, ne sont plus que la toise sur laquelle se détachent les séquences marquantes au terme desquelles se sont chaque fois produits des changements brutaux. Ces jalons de l'histoire géologique se situent précisément il y a soixante-cinq millions d'années comme nous venons de le dire, il y a cent quarante-quatre millions d'années, à la limite entre le crétacé et le jurassique, il y a deux cent treize millions d'années entre le jurassique et le trias, il y a deux cent quarante-huit millions d'années entre le trias et le permien qui fait partie de l'ère primaire, et ainsi de suite. La division entre les différentes phases ressemble, à l'échelle près, à celle de l'histoire humaine dont les séquences ne « tombent pas juste » non plus et ne font pas forcément des dizaines, des centaines et des milliers d'années.

Les découvertes récentes sur la proportion nettement plus forte d'iridium à la limite entre le crétacé et le tertiaire ont orienté les recherches dans une nouvelle direction : la transformation de la faune, extrêmement soudaine, à l'échelle des processus géologiques, il y a soixante-cinq – ou plus exactement 64,7 – millions d'années, laisse penser qu'est survenu alors un événement particulier. Certes la conquête des continents d'abord par les plantes, puis par les animaux, avait eu des répercussions durables sur la suite du processus de l'évolution. Mais elle s'était prolongée sur de longues périodes. A la limite du crétacé et du tertiaire il se passa quelque chose d'un tout autre ordre, un événement dont la soudaineté n'apparaît pas uniquement dans l'optique de l'histoire géologique.

Et cet événement eut sans doute un lien direct avec la disparition des dinosaures puisque les hypothèses selon lesquelles leur extinction résulterait de processus à long terme – hyperspécialisation, difficulté des petits à s'extraire de la coquille d'œufs énormes, éruptions volcaniques ou dérive des continents – ne sont pas vraiment convaincantes. Ces processus lents auraient dû en bonne logique laisser subsister à l'époque suivante du tertiaire, voire jusqu'à nos jours, au moins quelques-unes des formes de dinosaures alors si diversifiées et si répandues.

Certains groupes de reptiles, comme les crocodiles et les tortues, ont subsisté en gardant une taille relativement importante. En revanche, des sauriens, il n'est resté que des formes toutes petites. La lignée phylogénétique des dinosaures a entièrement disparu. Si nous laissons de côté les liens phylogénétiques, les choses se présentent quelque peu différemment : n'ont survécu au tournant du tertiaire que les animaux terrestres d'un poids inférieur à dix kilos. Seuls les animaux aquatiques, y compris ceux qui ne séjournent que par intermittence dans l'eau, comme les crocodiles et les grosses tortues d'eau, échappent à cette limite des dix kilos.

Les dinosaures ne furent pas les seuls à disparaître. La faune marine aussi connut de profondes transformations. Certaines familles de planctons s'éteignirent presque aussi brutalement qu'une série d'espèces végétales terrestres. Bref, toutes les découvertes évoquent le tableau d'une terrible catastrophe qui se serait abattue sur notre planète. Aussi l'expression « coupure de la faune » est-elle tout à fait justifiée. Le règne végétal ne fut pas touché aussi profondément, mais il se modifia néanmoins fortement par la suite.

En 1980, le géologue américain Louis Alvarez étonna les scientifiques qui se penchaient sur le problème en avançant une thèse qui fit sensation. La clef lui en avait été fournie par les découvertes d'iridium. Des phénomènes considérés jusqu'alors comme n'ayant aucun rapport entre eux semblèrent du même coup corrélés. Ne pouvait-on imaginer que soit tombée sur la terre à cette époque, il y a soixante-cinq millions d'années, une énorme météorite, météorite qui aurait déclenché une vague de destruction et de dévastation entraînant non seulement la disparition des dinosaures mais aussi celle de nombreuses autres espèces d'animaux et de plantes, dont nous avions des vestiges fossiles, mais dont l'extinction restait jusqu'à cette date sans explication plausible?

Alvarez et ses collaborateurs mirent au point, en 1984, un scénario qui est devenu un modèle exemplaire pour la recherche en sciences naturelles. Ils se sont fondés sur la réflexion suivante : en admettant que la grande mort de la fin du crétacé ait été provoquée par l'impact d'une météorite, cette météorite devait être assez grosse pour que ses effets soient ressentis sur toute la terre. Mais il fallait aussi qu'ils permettent la survie des groupes dont était issue l'évolution ultérieure. Ils devaient donc se distinguer très nettement de ceux des éruptions volcaniques, particulièrement catastrophiques.

De chacun de ces points fondamentaux on peut déduire des considérations secondaires plus précises. Cette explication se distinguait radicalement des tentatives précédentes parce qu'elle permettait d'énoncer des pronostics vérifiables indépendamment des témoignages fossiles et de prédire par exemple qu'on trouverait encore dans les minces couches d'iridium enrichi d'autres traces de l'impact météorique, en particulier de minuscules sphères de cristaux de quartz qui auraient été modelées ou déformées d'une façon particulière sous l'effet du choc. On a effectivement trouvé dans les couches d'iridium des petites boules de verre quartzeux, qui n'ont bien entendu aucun rapport avec les fossiles de dinosaures.

L'hypothèse d'Alvarez contenait en outre un certain nombre de pronostics et de postulats de ce type qui restaient à vérifier. Ce fut donc un merveilleux programme de recherche, qui tint en haleine une bonne part des spécialités des sciences naturelles toute la décennie suivante. Les investigations se poursuivent encore aujourd'hui et ne cessent de fournir des données extrêmement intéressantes et fructueuses. Géologues, chimistes, météorologistes, paléontologues, biologistes et autres représentants de toutes les disciplines des sciences de la nature y participent, et leurs travaux sont motivés et soutenus par ce projet central de recherche. Quelle est plus précisément cette hypothèse?

D'après les calculs du groupe de Louis Alvarez, la météorite en question aurait dû avoir environ dix kilomètres de diamètre. Il y a sur notre planète toute une série de cratères qui s'inscrivent dans cet ordre de grandeur, de sorte que les dimensions ne dépassent pas vraiment le cadre du possible. Toutefois, aucun des cratères connus ne peut correspondre à l'époque considérée. Mais vu que les océans couvraient 70 % du globe, les continents ne représentant que 30 % de sa surface, l'impact n'a pas nécessairement porté sur un continent. De récentes découvertes sembleraient indiquer un point d'impact qui se situerait dans la zone des Caraïbes.

Vraisemblablement, cette météorite géante se pulvérisa en partie lors de son entrée dans l'atmosphère et de la poussière météorique donna la couche d'iridium qui se retrouve manifestement sur toute la terre. L'impact produisit les petites boules de quartz déformées. La chaleur résultant du frottement déclencha, un peu à la manière de la météorite qui tomba le 30 juin 1908 en Sibérie sur la région pierreuse de la Toungouska, de vastes incendies de forêts. La météorite de la Toungouska explosa avant de heurter la terre et laissa derrière elle une multitude de petits impacts sur une surface d'environ huit mille kilomètres carrés. Une onde sismique fit trois fois le tour de la terre, et des nuages composés d'une poussière excessivement fine furent projetés jusqu'à une hauteur de cinquante kilomètres. Une météorite de dix kilomètres de diamètre devait logiquement avoir produit un dégagement de chaleur bien plus important et par conséquent des incendies géants. D'où l'on pouvait encore déduire que l'on retrouverait dans la couche d'iridium d'infimes traces de suie, suie qui après être montée dans l'atmosphère se serait progressivement déposée. On a également trouvé ces traces de carbone.

Les conséquences sur l'équilibre naturel de la planète sont encore plus saisissantes. La chaleur de frottement doit avoir produit, par combustion de l'azote, des oxydes azotés qui, associés au soufre brûlé dans les incendies (composés organiques de soufre), durent provoquer à l'échelle universelle des pluies acides de la plus grande envergure. En effet, les oxydes de soufre et l'azote s'associent dans l'eau pour former de l'acide sulfurique et de l'acide nitrique. Or l'acidification des couches supérieures des océans ne pouvait pas être sans conséquences pour le plancton et en particulier pour ceux de ses représentants qui constituent un fin squelette calcaire. Là encore, il est apparu que les découvertes concordaient avec les pronostics des déductions théoriques.

Les répercussions sur la vie terrestre furent sans doute plus importantes. La chute d'une météorite de cette taille produisit nécessairement une poussière telle que la terre entière en fut obscurcie. En 1815, les cendres de l'éruption du Tambora en Indonésie causèrent en Amérique du Nord, c'est-à-dire presque de l'autre côté du globe, une « année sans été » et presque sans récolte. On peut imaginer les effets beaucoup plus puissants que dut avoir la chute d'une météorite géante sur la production universelle.

La pulvérisation partielle ou presque totale de la météorite aurait dû créer tout autour de la terre une couche de poussière telle que la lumière du soleil ne puisse pratiquement plus la pénétrer. En admettant même que la catastrophe de cette pluie météorique n'ait duré que quelques jours et que le nuage de poussière ne se soit maintenu qu'un an dans l'atmosphère, cela n'a pas pu ne pas provoquer la suppression quasi totale de la production végétale. Avec l' « extinction de la lumière », le processus de la production biologique était paralysé. On pouvait imaginer que, du fait de la répartition des températures, l'effet d'obscurcissement ait été ressenti surtout dans les zones tropicales, subtropicales et tempérées, et moins marqué dans les régions polaires et sur leurs marges. Là encore, les recherches l'ont confirmé. Dans les régions déjà assez froides comme la limite de l'Alaska, quelques dinosaures survécurent sans doute à la catastrophe; ils ne s'éteignirent qu'après les débuts de l'ère tertiaire dans cette région extrême pour des organismes aux besoins énergétiques considérables.

La production végétale se trouvant interrompue de façon aussi cataclysmique, les chaînes alimentaires devaient nécessairement être brisées. Les dinosaures herbivores, affamés, mouraient et, à leur suite, les dinosaures prédateurs qui dépendaient d'eux : cela provoqua toute une série de répercussions écologiques. Seuls furent épargnés les organismes vivants dont le métabolisme et le mode de vie permettaient de subsister longtemps sans se nourrir, de se mettre en quelque sorte « en attente », ou de vivre de détritus. L'ultime possibilité consistait à fuir un certain temps les zones de dévastation. Mais seuls les volatiles étaient apparemment en mesure de le faire.

Les découvertes paléontologiques coïncident presque trop bien – du point de vue des adversaires d'Alvarez et de sa « théorie de l'impact » – avec cette hypothèse. Les crocodiles et les tortues que nous connaissons encore aujourd'hui peuvent subsister très longtemps sans nourriture. Ces animaux restent parfois six mois ou plus sans manger. De nombreux crocodiles passent tout simplement les périodes difficiles à somnoler dans des trous qu'ils se creusent eux-mêmes sur les rives des fleuves en attendant des temps meilleurs. Les grandes tortues des Galapagos ou des Seychelles servaient jadis de provisions vivantes aux pirates. Elles étaient transportées pendant des mois dans la cale des bateaux et survivaient sans qu'on ait à les nourrir ni même pratiquement à leur donner de l'eau.

Les oiseaux et les mammifères ont également survécu – non pas, bien entendu, les espèces que nous connaissons actuellement, mais leurs lointains ancêtres. Dès le crétacé, les oiseaux avaient développé leur aptitude de voler. Quant aux premiers mammifères, assez proches de la musaraigne, ils vivaient essentiellement dans l'obscurité où ils capturaient des insectes à tâtons, aidés d'un odorat déjà extrêmement développé. Le fait qu'un grand nombre de plantes à graines ait résisté sans trop de pertes n'a rien non plus d'étonnant : les graines peuvent rester en attente pendant des années. D'une façon générale, les petits animaux ont des besoins alimentaires moindres que les grands. Il est donc logique également que des petits sauriens ou des représentants d'autres groupes, comme les amphibiens, aient survécu à ce qui semblait presque la fin du monde. Il y eut certainement des endroits retirés et des recoins moins touchés par la catastrophe. L'expérience des grands incendies de forêts montre que les gros animaux y meurent presque tous, tandis que de nombreux animaux de petite taille trouvent des refuges pour se sauver.

L'hypothèse de Louis Alvarez réunit donc en sa faveur un grand nombre d'arguments. De plus, les découvertes confirmant l'intervention d'une catastrophe ne cessent de se multiplier. En elle-même, celle-ci n'est donc plus controversée. En revanche, des recherches intensives sont toujours menées pour déterminer si tous les effets qui ont été découverts – présence d'iridium et de sphères de quartz, dépôts de carbone dans la zone critique – n'auraient pas aussi bien pu être causés par des éruptions volcaniques de plus en plus violentes.

Entre-temps, la réflexion s'est poursuivie chez tous ceux qui participaient à ces recherches. Si la thèse de l'impact météorique était exacte, ne pouvait-on penser que des destructions massives de ce type aient déjà eu lieu plus tôt et qu'elles aient été à l'origine des subdivisions des grandes ères de l'histoire géologique?

Comme nous l'avons vu au chapitre 3, la toute première période de la vie animale a connu une extinction encore plus radicale, dont furent victimes 90 % et peut-être 98 % des formes de vie originelles. Vinrent ensuite toute une série de ruptures plus ou moins marquantes que les géologues et paléontologues utilisèrent pour subdiviser les ères géologiques. Daniel Raup (1986), de l'université de Chicago, a fait la synthèse des découvertes et est parvenu à la conclusion – qui n'est pas incontestée – que les phénomènes d'extinction massive survenaient avec une régularité suffisante pour exclure l'idée d'une succession fortuite. Tous les vingt-six millions d'années, on observe des changements sensibles, encore plus marqués si l'on prend des intervalles plus longs – comme un rythme mystérieux qui s'emparerait de la planète. L'ampleur des transformations de la faune varie en conséquence. Peut-on dès lors parler de périodicité ?

Les astronomes sont alors intervenus : ils savent depuis longtemps que notre système solaire traverse, à peu près à ces intervalles, le nuage d'Oort, qui contient une forte densité d'astéroïdes, autrement dit de corps planétaires qui peuvent se transformer en météorites géantes lorsqu'ils sont attirés par le champ magnétique d'une planète bien plus grosse, comme la terre. Au sein de notre propre galaxie, on trouve une ceinture de débris planétaires autour de l'orbite de Mars. C'est ainsi que naquit l'idée de « Némésis » (Raup, 1986).

La Némésis, étoile de mort, provoque constamment de nouvelles destructions sur la terre par la chute de météorites géantes. Les astronomes prennent tout à fait au sérieux cette thèse qui semble relever de la pure spéculation intellectuelle. Nous ne savons pas encore grand-chose des trajectoires des comètes ni des probabilités de leur collision, mais leurs traces sont indéniables. Une pluie de petites météorites ou de poussière de météorites s'abat sur nous presque quotidiennement. Tant qu'il n'y avait pas d'enveloppe d'oxygène autour de la terre, ces météorites ne pouvaient pas se consumer. Au cours des millions d'années d'existence de notre planète, elles ont étonnamment contribué à en augmenter la masse. Il suffit de jeter un coup d'œil à travers une lunette astronomique pour constater que la lune est couverte de cratères. La terre serait, elle aussi, couverte de ce type de cicatrices si l'érosion ne les avait pas effacées au fil du temps.

Les influences cosmiques existent. Elles sont incontestables. On en a simplement trop négligé les effets. Louis Alvarez et ses collaborateurs ont eu le mérite d'établir les liens entre des disciplines aussi éloignées que l'astronomie, la géologie et la biologie de l'évolution.

Chapitre 7

LA FIN DES REPTILES GÉANTS

La disparition des dinosauriens n'occupe pas uniquement la recherche, elle excite davantage encore les imaginations. On a longtemps manqué d'étude approfondie concernant le mode de vie de ces animaux. On se contentait de dire que ces reptiles géants, de la taille d'une maison, avaient été de paresseux colosses. Dans les marécages à la végétation abondante, la force porteuse de l'eau compensait le poids de ces herbivores gigantesques. Lorsqu'ils s'éteignirent, la boue conserva leur corps, ce qui nous a permis de trouver des vestiges fossiles remarquablement bien préservés.

Il y avait toutefois à l'ère primaire, outre les véritables formes géantes, toute une variété de reptiles. Leur éventail comportait aussi des formes de petite taille, comparables à celles des lézards que nous connaissons aujourd'hui. Deux groupes de reptiles, qui ne faisaient pas partie des dinosauriens selon la classification zoologique et qui furent les précurseurs de deux groupes ultérieurs du règne animal, atteignirent aussi leur épanouissement à cette époque : les ptérosauriens et les ichtyosauriens. Les premiers avaient une envergure bien plus grande que les oiseaux actuels, les autres correspondaient à nos dauphins et autres mammifères marins.

Outre les reptiles, prédominants par la multiplicité des espèces et l'étendue des formes, il existait deux embranchements de vertébrés terrestres encore insignifiants et manifestement de moindre importance parmi tous les êtres qui peuplaient alors la planète : les mammifères et les oiseaux. Leurs lignées apparurent à l'ère des sauriens. Ils sont issus de formes très anciennes et n'étaient pas plus étroitement apparentés aux dinosauriens.

Lorsqu'on découvrit les premiers ossements fossiles de dinosaures géants, on eut peine à croire que des animaux terrestres de pareille dimension aient jamais pu exister. Les représentants des genres *Diplodocus*, *Apatosaurus* et *Brachiosaurus*, qui mesuraient de vingt à vingt-cinq mètres de long, devaient peser entre trente et cinquante tonnes. Ils étaient donc cinq à dix fois plus lourds que les plus gros de tous les animaux terrestres actuellement vivants : les éléphants d'Afrique. Le brachiosaure atteignait jusqu'à treize mètres de hauteur, soit deux fois plus qu'une girafe. Enfin, le *Tyrannosaurus rex*, roi des sauriens féroces – puisque telle serait à peu près la traduction du nom scientifique –, fut le plus grand carnivore que la terre ait jamais porté. Cet animal géant pouvait saisir entre ses mâchoires des proies mesurant jusqu'à un mètre de long. Ses plus grosses dents mesuraient plus de quinze centimètres. Comment ne pas être tenté d'interpréter un pareil gigantisme comme un « excès » de l'évolution?

On a longtemps cru que la taille des dinosauriens leur avait été fatale. L'idée que leur fin brutale ait très vraisemblablement été causée par la chute d'une météorite géante est toutefois inconciliable avec cette thèse.

Revenons un peu sur leurs origines. L'histoire des dinosauriens remonte à peu près à deux cent vingt millions d'années, à la fin du trias (Lucas, 1990). C'est alors que quelques éléments de la masse continentale de la Pangée commencèrent à se détacher. Il régna longtemps un climat humide et chaud. Les tortues, les plésiosauriens, les crocodiles, les ptérosauriens, des reptiles qui se rapprochaient déjà des mammifères et sans doute aussi la lignée de sauriens, dont sont issus les oiseaux, se développèrent à cette époque.

D'après l'état actuel de nos connaissances, une météorite géante se serait également abattue sur la terre avant le développement des reptiles. On a même trouvé dans la province du Québec, au Canada, un cratère qui correspondrait à cet impact : c'est le cratère de Manicouagan, de soixante-dix kilomètres de diamètre, vieux de deux cents à deux cent vingt millions d'années.

L'ère des dinosaures aurait-elle donc débuté par un choc aussi catastrophique que celui qui y mit fin? Nous manquons encore de preuves scientifiques à l'appui de cette hypothèse. En revanche il est absolument sûr que les reptiles connurent leur plein essor il y a deux cent dix millions d'années, et que pendant cent cinquante millions d'années ils déterminèrent la composition de la mégafaune sur la terre.

En vérité, cette prédominance des dinosauriens est assez curieuse, si on se les représente comme des colosses quasi inertes. Des animaux plus petits et plus agiles, comme les mammifères qui vécurent pendant des millions et des millions d'années dans l'« ombre » des dinosaures, auraient pourtant bien dû, au fil du temps, repousser la domination des reptiles, puisqu'ils étaient « meilleurs » et plus actifs. Après la chute des dinosaures, ils constituèrent effectivement la nouvelle lignée triomphante de l'évolution. Mais alors, qu'en est-il du refoulement par la concurrence? L'écologie nous apprend que lorsque les ressources se font rares, ce ne sont pas nécessairement les plus grands ni les plus forts qui l'emportent dans la lutte pour la subsistance. C'est même le plus souvent l'inverse. Pourquoi donc les mammifères et les oiseaux, qui devaient être les « meilleurs », n'ont-ils pas eu raison de leurs parents sauriens, moins évolués, avant leur extinction presque magique il y a soixante-cinq millions d'années? Leurs « avantages » s'étaient pourtant développés depuis longtemps.

Manifestement, l'analyse darwinienne des processus de l'évolution ne s'applique pas à ce cas. Si le meilleur avait été l'ennemi du bien, les grands reptiles auraient dû quitter la place depuis longtemps, car les oiseaux et les mammifères existaient déjà à leur époque. L'élimination par la concurrence ne peut pas prendre cent millions d'années, même lorsque les améliorations apportées par certains éléments sont chaque fois de petite envergure.

Peut-être les dinosaures n'étaient-ils pas tellement inférieurs aux oiseaux et aux mammifères qui nous paraissent plus modernes. Des recherches récentes (Bakker, 1987) ont montré que les os de dinosauriens présentaient une composition interne et une certaine infrastructure fine qui ne se trouvent par ailleurs que chez les mammifères homéothermes, et non chez les reptiles à sang froid. Certains dinosauriens n'étaient peut-être pas du tout des « reptiles à sang froid ». Ne serait-ce qu'à cause de la masse de leur corps, les formes les plus volumineuses auraient dû être au moins en partie, sinon en majeure partie, à sang chaud. En effet, chez un animal de grande taille, la chaleur produite à l'intérieur du corps ne peut pas se dégager à l'extérieur assez rapidement pour qu'il en résulte un équilibre de température durable par rapport à l'environnement.

Il n'y a donc rien d'aberrant à se représenter les grands sauriens comme des animaux puissants, à bien des égards équivalant aux mammifères actuels. Les découvertes réalisées sur les lieux de ponte des dinosauriens ont révélé en outre des comportements sociaux extrêmement différenciés. Cette nouvelle présentation des dinosauriens est surtout le fait de Robert Bakker de l'université du Colorado.

Si toutefois il se vérifie que les dinosaures n'étaient pas de paresseux géants, mais de gros animaux très actifs, la vieille idée d'une extinction progressive de ces espèces devient encore moins compréhensible. Tant qu'on a pu considérer qu'ils correspondaient à une impasse de l'évolution, leur fin allait de soi. Le seul fait intriguant était leur niveau d'adaptation au moment de la disparition. La thèse de la météorite résout les deux problèmes d'un coup : aucune supériorité dans les conditions existantes ne constituait une garantie de survie contre les catastrophes cosmiques. Le moment de la chute fut déterminé de l'extérieur, sans corrélation interne avec le stade d'évolution des dinosauriens.

Mais alors, à quoi bon une pareille taille, si ce n'était pas tout simplement une impasse de l'évolution? S'était-elle uniquement instaurée ainsi, sans être liée à aucun avantage particulier?

Nous prendrons pour examiner cette question une découverte qui paraît en elle-même étonnante : chez de nombreux dinosauriens herbivores de grande taille, comme l'apatosaurus et le diplodocus, le corps semble disproportionné par rapport à la tête. Ces animaux gigantesques avaient des têtes si petites, en effet, qu'on les a longtemps prises pour les restes d'une autre espèce de sauriens beaucoup plus petits. Pourtant les petites têtes appartiennent à ces grands corps géants. Et la disproportion est d'autant plus flagrante qu'il s'agit d'herbivores. En effet, les grands herbivores actuels, tout comme leurs parents et précurseurs de l'ère glaciaire où il existait des espèces encore plus grosses qu'aujourd'hui, se caractérisent par une tête massive, de larges dimensions, avec de lourdes et puissantes mâchoires. Leurs dents ont la forme de meules et sont creusées de sillons permettant à l'animal de broyer les végétaux qu'il broute.

Les animaux qui se nourrissent de matière végétale ont besoin de grandes quantités de nourriture, bien plus importantes que celles que doivent ingérer les carnivores, car les végétaux sont pauvres en protides. Le plus souvent, pour exploiter la nourriture qu'ils absorbent, ils ont en outre besoin d'aides qui se présentent sous la forme de microbes vivant en symbiose dans l'estomac, de structure complexe (chez les ruminants), ou dans le gros intestin. En admettant même que les dinosaures herbivores soient parvenus à un taux d'exploitation de la matière végétale supérieur à celui des herbivores actuels, ce qui est fort invraisemblable, ils devaient cependant absorber d'énormes quantités de végétaux.

Un gros éléphant de deux à trois tonnes mange de cent à trois cent soixante kilos de matière végétale par jour. Il peut passer jusqu'à dix-huit heures de sa journée à manger. Le bol alimentaire parcourt ensuite dans l'organisme une quarantaine de mètres d'intestin, et la nourriture n'est qu'à moitié digérée à sa sortie.

Un dinosaure, dix fois plus lourd, avait donc sans doute besoin d'une quantité de nourriture au moins dix fois supérieure, puisque c'était un reptile et qu'il devait exploiter encore moins bien que l'éléphant la nourriture qu'il absorbait. Le « bénéfice » de l'augmentation de taille – un corps deux fois plus grand n'a pas tout à fait besoin du double de nourriture à cause du rapport favorable entre surface et volume – devait être compensé par la « perte » due au fait que la digestion des reptiles ne fonctionne pas aussi bien que celle des mammifères. Seul un volume de base nettement inférieur, comme chez les reptiles actuels dont les besoins atteignent à peine 10 à 20 % de ceux des mammifères de même taille, aurait pu entraîner une réduction efficace des besoins alimentaires.

En comptant largement, on peut estimer que le dinosaure devait avoir besoin d'une quantité de nourriture végétale quotidienne se situant entre une demi-tonne et une tonne pour alimenter ses vingt tonnes de poids vivant. Dans ces conditions il ne devait pas être en mesure de faire de grands bonds, ce que sa structure physique ne lui permettait guère, de toute façon. Ce calcul approximatif nous ramène-t-il donc malgré tout aux lents colosses quasi immobiles ?

Si nous prenons comme point de comparaison l'éléphant, dont la digestion n'est pas très efficace, la réponse ne fait aucun doute : c'est « oui », mais c'est l'inverse si nous considérons les mammifères plus modernes. Ils ont besoin d'une quantité moindre de nourriture, car les microbes contenus dans leur système digestif améliorent la valeur nutritive de l'alimentation végétale. Aurions-nous trouvé la clef de l'énigme que pose la taille des dinosaures ? Ces énormes corps constituaient-ils en fait des chambres de fermentation à l'intérieur desquelles des bactéries ou des microbes unicellulaires produisaient les protides et les acides gras dont se nourrissaient les colosses ? Nous l'ignorons, parce que les os fossilisés ne nous fournissent guère d'informations sur ce point. Mais une tête aussi petite ne laisse pratiquement aucune autre explication plausible : un apatosaurus ne peut pas avoir absorbé par son larynx et fait descendre tout le long de son interminable cou une demi-tonne à une tonne de nourriture végétale par jour. La denture montre en outre qu'en aucun cas la nourriture ne pouvait être broyée assez efficacement pour que l'animal en tirât, sans l'aide de microbes, une quantité suffisante de matières nutritives.

Une chambre de fermentation est d'autant plus efficace qu'elle est grande lorsque la matière traitée n'est pas, ou pratiquement pas, divisée en petits morceaux. Ne serait-ce que pour cette raison, l'augmentation de taille devait représenter un avantage. A cela s'ajoute un autre élément : contrairement à ce qu'implique la thèse du gigantisme handicapant, une grande taille offre, surtout pour un approvisionnement alimentaire très affecté par les variations saisonnières, un avantage de survie décisif.

Les plus grands « champions de jeûne » parmi les reptiles, les tortues et les crocodiles, illustrent à nos yeux cette fonction. Ils n'atteignent pas des formes gigantesques dans les zones tropicales constamment humides et chaudes, mais sur les îles les plus éloignées du monde, comme les Galapagos ou l'atoll d'Aldabra, et dans les régions où alternent saison humide et saison sèche, en bordure des tropiques. Là où des saisons sèches très marquées réduisent à néant la végétation, là où les cours d'eau tarissent et où les lagunes s'assèchent, un corps de grande taille représente un avantage décisif pour passer les périodes difficiles.

Même les plus grands animaux qui aient jamais existé, les gigantesques cétacés, obéissent à ce principe. Ils se nourrissent pendant la moitié de l'année, ou seulement quelques mois, dans les régions hautement productives des mers polaires en bordure des calottes de glace, ou plongent, comme le cachalot, dans les grands fonds marins, puis ils migrent vers les mers tropicales ou subtropicales et y séjournent, des mois durant, sans absorber de nourriture. C'est là qu'ils mettent au monde leurs petits et s'accouplent à nouveau. Mais il n'y a pas dans ces mers de nourriture qui leur convienne. Pour un métabolisme de base relativement faible, qui est un trait caractéristique des reptiles, l'évolution vers le gigantisme présente encore des avantages supplémentaires, car les réserves qu'il permet de constituer suffisent pour une période quatre à cinq fois plus longue que chez les mammifères à sang chaud.

On peut donc très bien interpréter la tendance de l'évolution vers des formes de grande taille comme une adaptation aux variations climatiques saisonnières. Ce que nous savons de la situation climatique à l'ère primaire s'accorde parfaitement avec cette hypothèse. Au crétacé, le climat devint plus sec sur une grande partie de la terre, mais il resta chaud. Ainsi que l'on peut en juger par les zones où leurs populations sont aujourd'hui les plus denses, ce sont pour les reptiles des conditions propices. Ils tirent de la chaleur du soleil une partie de l'énergie dont ils ont besoin pour déployer leur activité, et économisent de l'énergie lorsque la température de leur organisme s'élève ou s'abaisse avec la température ambiante. Le maintien de l'organisme à température constante demanderait un surcroît d'énergie. Le fait que chez les plus grosses espèces la masse du corps fasse office d'accumulateur de chaleur ne contredit pas les observations précédentes. Il augmentait la marge d'activité et permettait très vraisemblablement aux plus grosses espèces herbivores de se nourrir aussi à la fraîcheur de la nuit, sans quoi elles ne seraient jamais parvenues à absorber les quantités de végétaux nécessaires. Quant à l'activité des microbes dans les chambres de fermentation, elle ne pouvait qu'être favorisée par une plus grande stabilité de la température du corps, quoiqu'une température constante ne soit toutefois pas nécessaire.

Le maintien d'une température élevée était bien plus important pour les sauriens carnivores, qui ne pouvaient bénéficier du plein rendement de leur musculature qu'à partir d'une température de 35 à 40 °C. La viande qu'ils absorbaient devait toutefois leur assurer une digestion bien plus rapide et plus efficace que celle des herbivores. Il n'y a donc pas de raison de supposer que le *Tyrannosaurus rex*, ou d'autres dinosaures carnivores plus petits mais tout aussi impressionnants, se soient exclusivement nourris de cadavres. Leur taille était tout à fait adaptée à celle de leurs proies éventuelles. Les herbivores sont les seuls animaux disproportionnés et ils sont bien plus instructifs en ce qui concerne la marche générale de l'évolution.

Ainsi nombre de dinosaures herbivores présentaient-ils des formations bizarres comme des cornes sur la tête (tricératops), sur le corps ou sur la queue (ankylosaurus, stegosaurus). Il s'agissait de véritables formations cornées, mais il y avait aussi des formations osseuses, compactes ou poreuses, qui laissent à l'imagination une liberté quasi illimitée. Ces appendices servaient-ils de défense contre les dinosaures carnivores? Servaient-ils à capter la chaleur comme les formations triangulaires que l'on observe sur la crête dorsale du stegosaurus? Quelles qu'aient été leurs fonctions secondaires, l'existence de ces éléments laisse supposer que le matériau nécessaire à la constitution de ces formations cornées ou osseuses était disponible. Une protection cornée destinée à la défense de l'animal serait largement inutile si sa formation restait incomplète par manque de matière première. On oublie trop souvent la distinction fondamentale entre cause et effet, ou on ne veut pas en tenir compte.

Les herbivores actuels présentent pour certains des formations cornées ou osseuses particulières qui nous fournissent des indications intéressantes. Plus la nourriture est riche en protides, plus les formations cornées se développent, et plus elle est riche en matières minérales, plus les formations osseuses sont puissantes et vigoureuses. Les splendides cornes des bouquetins et des mouflons américains des montagnes Rocheuses, comparées aux formations atrophiées d'espèces voisines vivant dans les plaines plus pauvres en matières nutritives, illustrent cet état de choses aussi clairement que les bois du wapiti et du renne de la toundra et des vallées montagneuses du Grand Nord au regard des petits bois du cerf de marécage, du poudou ou du cerf de Virginie.

Valerius Geist (Canada, 1987) a étudié ces rapports et Tim Clutton-Brock (1989, université de Cambridge) a même pu prouver que chez le cerf rouge la femelle était capable de déterminer suivant la vigueur des bois la qualité des ressources alimentaires offertes par le territoire, et qu'elle élisait de préférence pour se reproduire les mâles qui dominaient les meilleurs territoires. On trouverait chez les mammifères une foule d'exemples de cet ordre.

Même chez les reptiles existant aujourd'hui, une nourriture riche en protides favorise la formation d'excroissances et d'aiguillons cornés. L'épaisse carapace de corne et les plaques osseuses, qui se trouvent au-dessous de cette carapace chez les tortues terrestres, sont dues au fait que l'animal consomme très peu de protides pour son activité motrice, de sorte que l'excédent de protides et le calcium qui s'y trouve associé sont absorbés dans la formation de la carapace. Une étude plus approfondie de ces mécanismes nous entraînerait toutefois trop loin.

Retenons simplement ici que le gigantisme ne saurait nous fournir d'explication correcte de l'évolution biologique. Les dinosaures n'ont certainement pas disparu parce qu'ils étaient devenus trop gros. Au reste, il y avait dans la fascinante variété de cette catégorie du règne animal beaucoup d'espèces de petite taille ou de taille moyenne qui auraient pu échapper au piège du gigantisme, si tant est que ce fût un piège. Une catastrophe destructrice demeure donc la seule explication plausible de leur fin. Peut-être leur rapide essor, au début de l'évolution des reptiles, était-il également dû à une catastrophe du même ordre, responsable cette fois-ci de la disparition, il y a deux cent vingt millions d'années, de leurs prédécesseurs, les batraciens. Deux catastrophes extérieures auraient donc encadré le début et la fin de la prédominance des reptiles. Le premier événement avait libéré la scène pour une « nouvelle entrée », celle des reptiles, le second fit tomber le rideau sur eux pour laisser place à de nouveaux acteurs.

Chapitre 8

L'ESSOR DES OISEAUX

La grande époque des dinosaures était encore à venir lorsque, sur une côte plate de la mer du jurassique, au beau milieu de la Bavière actuelle, un animal d'une taille équivalente de celle du pigeon tomba dans une faille et y fut conservé. Grâce à la nature particulière du sol de la région, composé de « schiste lithographique » à grain très fin, nous ont été conservées non seulement l'empreinte des os mais aussi celle de formations cornées qui se trouvaient sur les pattes antérieures et sur la queue. Sans ces empreintes, cette découverte fossile aurait sans doute été classée dans l'un des groupes de dinosaures de petite taille dont nous avons de nombreux vestiges fossiles bien conservés. Mais le calcaire schisteux de Solnhofen révéla ce qui allait devenir un élément clef pour la reconstitution de la chaîne évolutive : le petit reptile avait des plumes! C'était donc un oiseau.

Il y a plus de cent quarante millions d'années, était donc apparu un organisme qui allait entraîner, près de cent millions d'années plus tard, une grande percée de l'évolution. Le trait le plus étonnant de ce reptile du jurassique était effectivement la présence de plumes, et même de plumes structurées de telle sorte qu'elles devaient selon toute apparence permettre de voler. L'*Archeopteryx lithographica*, puisque tel est le nom scientifique que reçut l'ancêtre des oiseaux, savait voler.

Si cette aptitude au vol produisit un effet sensationnel, c'est que l'archéoptéryx remontait à une époque où l'espace aérien était occupé par d'autres animaux également capables de voler, les ptérosauriens, qui s'intégraient parfaitement à l'ère des dinosaures. Ces derniers avaient des ailes membraneuses, semblables à celles de la chauve-souris, avec une immense envergure de plus de dix mètres. Sans doute s'accrochaient-ils, comme les chiroptères, la tête en bas, à des falaises rocheuses car, à terre, ils n'auraient pas eu suffisamment d'air entre leurs ailes et le sol pour prendre leur envol. Ce devait être de prodigieux planeurs. Selon toute vraisemblance, ils se nourrissaient essentiellement de poissons qu'ils pêchaient avec leur long bec à la surface de l'eau. Ils pouvaient bouger les ailes, en modifier la surface et la force porteuse, mais seulement dans les limites permises par la membrane alaire. Ces animaux s'éteignirent après avoir parcouru pendant des millions et des millions d'années l'espace aérien du mésozoïque. Leur évolution se situe à l'époque où nous notons également l'apparition des ancêtres des oiseaux. Etait-ce à cause d'eux, à cause de ces sauriens volants, que le succès des oiseaux se fit si longtemps attendre?

Laissons de côté cette question pour le moment et examinons de plus près le premier oiseau. En tant que maillon manquant de la chaîne, ce *missing link*, que l'on recherchait toujours avec plus d'obstination depuis la publication par Darwin de son œuvre capitale sur l'origine des espèces, correspond presque trop idéalement aux représentations théoriques. Il réunit, imbriquées comme dans une mosaïque, à la fois des propriétés propres aux reptiles et des propriétés caractéristiques des oiseaux.

Les caractères distinctifs qui rattachent l'archéoptéryx au groupe des reptiles sont les mâchoires munies de dents, la petite calotte crânienne qui s'élargit à peine vers l'arrière, les griffes non rétractiles, les côtes non soudées au bréchet et une longue queue comptant un grand nombre de vertèbres. Les traits qui le rattachent aux oiseaux sont, outre les plumes, la « bonne » position des doigts des pattes postérieures, un pubis tourné vers l'arrière et des clavicules soudées en fourchette (furcula).

Il faudrait encore ajouter à cela des os creux. On ne pouvait souhaiter découverte plus fructueuse. Les premiers vestiges avaient été découverts en 1860, 1861 et 1877, par conséquent au moment précis où parut l'ouvrage de Darwin [1] (1859). Un squelette découvert en 1855 n'a été identifiée comme archéoptéryx qu'en 1970.

Après quelques controverses de départ sur la classification de ces découvertes et en dépit de soupçons récurrents donnant à entendre qu'il pourrait s'agir de faux, l'archéoptéryx est devenu l'un des éléments centraux de l'histoire des vertébrés supérieurs. L'authenticité des pièces est prouvée. Elles illustrent merveilleusement la conception darwinienne d'une transformation progressive des espèces par la sélection naturelle qui commande et active le processus de l'évolution (Hecht *et al.*, 1984). L'archéoptéryx semble même illustrer de façon exemplaire la marche de l'évolution et la façon dont elle remplace pièce à pièce l'ancien par le nouveau. Les grandes transformations ne se produisent pas d'un coup, elles sont le résultat de modifications infimes, presque imperceptibles. S'il n'y avait pas eu les empreintes de plumes, les paléontologues auraient encore rangé sans aucun doute l'oiseau des origines parmi les reptiles, comme ce fut le cas pour le premier squelette, découvert en 1855, qui se trouve aujourd'hui au musée de Haarlem. On ne vit pas d'emblée les innovations qu'il présentait, ni leur importance pour la suite de l'évolution. Pour les partisans d'une lente évolution due à l'interaction des mutations génétiques et de la sélection environnementale, l'archéoptéryx devait être l'exemple idéal. L'euphorie que déclencha sa découverte n'a donc rien d'étonnant, pas plus que la place qui lui fut immédiatement assurée dans tous les manuels.

Et pourtant, il faut émettre quelques réserves. Non que l'authenticité de l'archéoptéryx pose en elle-même quelque problème, mais parce que l'interprétation nous y mène. Sans preuve irréfutable à l'appui, on a classé l'oiseau des origines comme forme intermédiaire entre les

1. *L'Origine des espèces*, rééd. coll. de poche GF-Flammarion, trad. française E. Barbier, texte établi par D. Becquemont, présentation de J.-M. Drouin (1992).

reptiles et les oiseaux dans le schéma de l'évolution lente et progressive des espèces, en l'isolant complètement de l'environnement au sein duquel il vivait, et des nombreuses autres formes d'environnement au sein desquelles les descendants de cet animal durent faire leurs preuves. Indépendamment de la question, en elle-même intéressante, de savoir si l'archéoptéryx a été l'ancêtre direct des oiseaux modernes ou si une autre lignée proche de la sienne, a conduit aux oiseaux, comme le pense plus d'un spécialiste, la conception traditionnelle de l'évolution élude un problème : alors que pendant un certain temps – cent millions d'années – la branche des oiseaux ne s'était quasiment pas manifestée, elle s'épanouit ensuite, presque tout d'un coup, et sur un mode explosif, au tertiaire. Si l'archéoptéryx présentait déjà les principaux caractères évolutifs en question, pourquoi les animaux à plumes devaient-ils donc rester aussi longtemps encore exclus de l'évolution?

Considérons de nouveau ce curieux oiseau des temps les plus anciens. Nous ne nous arrêterons pas seulement cette fois aux caractéristiques du squelette, mais envisagerons aussi les fonctions qui en découlent : l'archéoptéryx était-il capable de voler? Oui, incontestablement, car l'empreinte des plumes correspond tout à fait à une structure permettant d'assurer le vol.

Sur les ailes, le vexille antérieur des plumes est plus étroit et plus rigide que le vexille postérieur, plus large. Les rectiles présentent au contraire la structure symétrique des plumes en éventail. Si ce n'était pour le vol, ces dispositions n'auraient aucun sens. D'un autre côté, il n'est pas possible que l'oiseau des origines ait très bien volé, ni qu'il ait été très endurant. Il manque à son bréchet la crête sternale sur laquelle se fixent les grands muscles des ailes. A l'intérieur du crâne, le cervelet est encore aussi faiblement développé que chez les reptiles, de sorte qu'il n'y avait pas de système de commande assez élaboré pour contrôler le vol et les enchaînements moteurs complexes qu'il implique.

Il n'empêche que les plumes, surtout lorsqu'elles se présentent aussi clairement que sur l'empreinte de l'archéoptéryx, sont faites pour voler. Une formation aussi compliquée n'apparaît pas comme ça. D'où sont issues les plumes et pour quoi sont-elles faites si elles ne peuvent pas, ou pas vraiment, servir à voler? La solution de l'énigme du passage phylogénétique des reptiles aux oiseaux nous pose là une nouvelle énigme, encore plus difficile à résoudre.

Les plumes apparurent très certainement il y a bien plus longtemps, car chez l'archéoptéryx elles ont déjà atteint pratiquement la perfection. Elles ont permis le développement d'une aptitude au vol beaucoup plus perfectionnée, et de loin, que celle à laquelle étaient parvenus les ptérosauriens et les chiroptères.

Mais les plumes ne révèlent véritablement leurs propriétés extraordinaires que lorsqu'elles sont entièrement développées. Ce qui nous convenait si bien dans l'interprétation du processus évolutif chez l'archéoptéryx cache un obstacle incomparablement plus difficile à vaincre. Ce n'est pas le fait que les formes intermédiaires soient nécessaires pour assurer la continuité du processus évolutif qui cause les plus grandes difficultés, mais le problème des aptitudes de ces formes intermédiaires. Qu'est-ce que l'archéoptéryx était capable de faire? Etait-il oiseau? Si oui, en quoi résidait sa supériorité à une époque où il y avait pléthore de reptiles volants? Etait-il au contraire encore plutôt reptile, avec une aptitude au vol relativement réduite : dans ce cas, où était l'avantage? N'a-t-il survécu avec sa lignée que par pur hasard, ainsi que le pensent d'éminents biologistes de l'évolution, parce que dans la loterie de la vie, les dés lui ont été favorables, ou bien peut-on trouver à la formation des plumes et la longue période qui précéda leur utilisation des raisons plus plausibles que le jeu aveugle du hasard? C'est là toute l'énigme de la plume d'oiseau et c'est en même temps une question centrale du processus évolutif.

Il serait temps de considérer autre chose que les plumes. L'archéoptéryx avait aussi un pubis tourné vers l'arrière et un orteil opposé, deux propriétés le désignant comme un coureur bipède. Les membres postérieurs sont attachés au bassin de telle sorte que l'animal devait forcément avoir le corps vertical, nettement soulevé du sol. Etant donné cette constitution, l'oiseau des origines ressemble bien plus à un pigeon qu'à un pic qui grimpe au tronc des arbres. Si l'aptitude à voler et la formation de plumes avaient été héritées d'ancêtres grimpeurs comme on l'a supposé à l'origine (Padian, 1986), les griffes au bout des ailes auraient certes pu avoir une certaine utilité, mais les longues pattes n'en auraient été que plus gênantes. Un reptile qui grimpe aux arbres a en outre les pattes disposées latéralement par rapport au corps, de sorte que la queue sert de surface d'appui et de soutien. On l'observe très bien chez les agames grimpeurs. Les articulations de l'archéoptéryx ne correspondent pas du tout à un mode de vie de grimpeur. Elles correspondraient plutôt, par leur structure, à celui des petits sauriens qui évoluaient au sol sur deux pattes, comme certains lézards qui existent encore aujourd'hui. Leurs pattes antérieures sont plus ou moins atrophiées, en tout cas nettement moins développées que les pattes postérieures.

Le long cou ne correspond pas non plus à la structrure des grimpeurs ; tous les oiseaux grimpeurs actuels ont, par rapport aux oiseaux de taille équivalente vivant au sol, un cou relativement court, et nombre d'espèces ont développé des orteils pivotants permettant une prise plus solide. Les rectrices servent d'appui et sont donc effilées à leur extrémité, à tel point que le tuyau ressort. On remarque au contraire chez l'archéoptéryx que la queue était composée de plumes larges et arrondies qui ne présentent pas trace d'usure plus accentuée à leur extrémité.

Revenons-en au cou relativement long de cet animal. Beaucoup d'oiseaux coureurs se distinguent précisément par la longueur de leur cou, mais aussi par l'aptitude très diversifiée à employer ce long cou pour se procurer leur nourriture. Ils compensent aussi le handicap que représente la station sur deux pattes alors que, contrairement à ce qui se passe chez l'homme, qui peut se servir de ses mains, les ailes ne peuvent pas intervenir dans la quête de nourriture. Les oiseaux grimpeurs qui exploitent les ressources alimentaires de l'écorce développent de longs becs pointus. L'archéoptéryx a une tête plutôt courte avec des dents en pointe de cône.

Bref : la découverte de griffes à l'extrémité des ailes avait trop hâtivement fait conclure à une corrélation avec les plumes. Dans leur quête de nourriture, les reptiles grimpeurs ne cessent de retomber des troncs, ou bien ils sont forcés de s'en laisser retomber. Selon l'idée que l'on se faisait de cette évolution, les écailles agrandies devaient freiner la chute, et plus elles s'étendaient et s'écartaient en éventail, plus elles facilitaient le glissement qui finirait par se transformer en mouvement actif du vol. Dans cette optique, les griffes auraient été des dispositifs permettant un mode de fixation analogue à celui des chauve-souris. Mais ces dernières s'accrochent la tête en bas et se laissent ensuite tomber dans une membrane tendue en forme de parachute. Chez les chiroptères, en fait, le vol commence par une brève chute.

Mais si l'on prend en considération en même temps les autres propriétés de l'archéoptéryx, il semble pratiquement impossible que l'aptitude des oiseaux se soit développée aussi directement. Et du même coup, l'évolution des plumes en corrélation avec le vol devient assez douteuse.

On crut avoir trouvé la solution lorsque la première théorie de l'origine du vol chez les oiseaux, connue sous le nom de « théorie arboréale » et entrée sous ce nom dans les ouvrages spécialisés (Feduccia, 1980) parce qu'elle considérait que les oiseaux étaient issus de reptiles arboricoles, a été remplacée par la seconde, dite « cursoriale » (= course). Les caractères physiques s'expliquent beaucoup mieux suivant la seconde. On ne conteste plus aujourd'hui que les oiseaux soient issus de « reptiles coureurs » : la transformation des pattes postérieures en pattes coureuses a sans aucun doute été la condition initiale de la suite de cette évolution et il est sûr que les oiseaux ont suivi cette voie.

Malheureusement, cette filiation n'explique pas mieux la formation des plumes, elle paraît même encore moins convaincante. En effet la présence de formations cornées qui ne permettaient pas encore de voler, mais ne cessaient de se développer aux extrémités antérieures et sur les autres parties du corps devaient pour commencer ralentir considérablement la course. L'augmentation de surface et la multiplication des aspérités entraînent automatiquement une résistance à l'air. L'augmentation de surface qui doit aboutir à la création de surfaces porteuses opère inévitablement un effet de freinage tant qu'elle n'atteint pas les dimensions à partir desquelles elle rend possible l'envol. Ce qui, lors de la chute de l'animal situé sur un arbre et même avec une faible augmentation de surface, créait déjà un effet de freinage comparable à celui d'un parachute et aurait donc contribué à la poursuite de l'évolution, devait exercer un effet de ralentissement égal dans le cas du développement des ailes à partir de la course. Un oiseau plumé, privé de ses rémiges, est incapable de voler. Et les rémiges n'assurent la possibilité de voler qu'à partir du moment où elles ont atteint un certain développement. La conception darwinienne du lent progrès de l'évolution se rapproche dangereusement ici de « bonds » auxquels la nature ne devrait pas être soumise.

Ces considérations et les problèmes qu'elles soulèvent sont très caractéristiques du « regard rétrospectif » consistant à faire comme si l'aboutissement du moment avait été le but de l'évolution. En effet, sans éprouver le besoin de le justifier plus précisément, nous nous conformons à l'idée courante suivant laquelle les plumes se seraient développées en rapport direct avec l'aptitude au vol. Or cette aptitude caractérise certes de nombreuses espèces d'oiseaux, mais pas toutes.

La caractéristique universelle des oiseaux est le plumage. Ainsi existe-t-il une foule de groupes de la catégorie des oiseaux (ordres, familles, genres) dont l'ensemble ou une partie des membres sont incapables de voler. C'est le cas de toutes les autruches, y compris les kiwis de Nouvelle-Calédonie, de tous les sphénicidés et de nombreux représentants de la famille des rallidés pour ne citer que les plus importants. Il existait au tertiaire des oiseaux géants de huit à neuf mètres de hauteur qui n'étaient bien évidemment pas en mesure de voler!

Les rallidés et les manchots sont particulièrement intéressants. Les premiers parce que les espèces qui volent et celles qui sont incapables de le faire se retrouvent très proches à l'intérieur de leur groupe. Celles qui se sont établies sur de très lointaines îles océaniques y ont manifestement perdu très vite une aptitude au vol dont elles n'avaient plus l'utilité, et beaucoup d'autres rallidés évitent de prendre leur envol alors qu'ils seraient parfaitement en mesure de le faire. Nous ne savons pas du tout si tous les oiseaux actuels descendent d'oiseaux capables de voler.

Mais il est sans doute encore plus intéressant de noter que si l'on raisonne en fonction du poids, de la biomasse, la majeure partie des oiseaux ne volent pas. On néglige généralement les millions de manchots de l'hémisphère Sud parce qu'ils se situent aux confins du monde – suivant un point de vue eurocentrique. Il y a cinq cents ans, quand les struthionidés – les autruches – étaient bien plus nombreux qu'aujourd'hui et, un peu plus tôt encore, quand de grandes îles comme la Nouvelle-Zélande et Madagascar étaient encore peuplées d'échassiers géants (dinornis, « géant moa » et pied d'éléphant), l'affirmation selon laquelle la majeure partie de la biomasse représentée par les oiseaux sur notre planète appartenait à des ratites aurait très certainement été exacte. Or, que sont un millier d'années par rapport aux cent quarante millions d'années par lesquels nous avons la certitude qu'il existe des animaux à plumes?

Il n'est pas inutile d'examiner de plus près une plume d'autruche, par exemple une plume de nandou sud-américain. Elle est toute différente de ce que nous avons coutume de désigner sous le nom de plume : elle ne présente pas de hampe centrale avec des vexilles lisses, mais deux hampes à peu près de même longueur flanquées de formations qui ressemblent plutôt à des soies. Jamais des éléments de ce type ne permettraient de voler. Chez les kiwis, les plumes ressemblent bien plus à des poils qu'à de véritables plumes. Enfin, même chez un oiseau « normalement » apte au vol, la majeure partie des plumes ne servent pas. L'ensemble des petits éléments, plumules, duvet, soies et toutes les formations cornées que produit la peau de l'oiseau et qui relèvent du plumage, est sans rapport avec le vol. Même les plumes de la queue, dites rectrices, n'y seraient pas absolument nécessaires puisque, sans elles, la plupart des oiseaux continuent de voler, certains même très bien, comme les corneilles.

Plusieurs petits éléments du plumage, il est vrai, prêtent à l'aile de meilleures propriétés aérodynamiques. Mais les chiroptères apportent la preuve qu'on peut aussi « faire sans eux ». La nécessité de lissage du dessus et du dessous de l'aile sous l'effet des courants aériens dépend beaucoup de la vitesse de vol. Elle ne pourrait donc être intervenue qu'*a posteriori*, les oiseaux ayant déjà commencé à se soulever du sol. Sur des milliers de plumes – plus de vingt mille chez les grosses espèces comme le cygne – une cinquantaine seulement servent directement à voler : les rémiges primaires et les rémiges secondaires. En y ajoutant les plumes couvrantes qui comblent le vide entre les tuyaux de ces rémiges primaires et secondaires, on arrive au maximum à un total d'une centaine de plumes. Nous avons donc toutes les raisons d'envisager d'autres hypothèses. Plumes et aptitude au vol n'ont pas nécessairement été corrélées dès le départ.

L'étude de l'évolution des plumes nous fournit d'autres indices : elles se constituent à partir de papilles proéminentes de la peau qui excrètent et utilisent pour former les plumes le même matériau que celui qui constitue les écailles et les carapaces des reptiles : la corne. Les plumes sont faites de kératine. En ce sens, plumes et écailles sont des formations homologues. Au contraire, les ailes des oiseaux et celles des chiroptères sont des formations analogues parce que d'origine différente, bien qu'assurant la même fonction.

Il faut donc partir des écailles des reptiles pour percer le secret des plumes de l'oiseau. Le développement des plumes chez les petits oiseaux à peine sortis de l'œuf ou juste avant qu'ils quittent le nid – chez les espèces qui le quittent à un stade de développement avancé – nous apporte d'autres indications. Il permet de constater que les plumes se forment sur des aires particulières appelées ptérylies, séparées par les aptéries dépourvues de papilles plumaires. Les ptérylies se trouvent sur la tête, sur le bas du dos et sur les ailes, disposées de telle sorte qu'elles recouvrent le dos lorsque l'oiseau est en position repliée. Il y a aussi des ptérylies sur les flancs, mais le ventre lui-même reste nu.

Chez les représentants de groupes d'évolution phylogénétique plus récente, se développe d'abord un plumage duveteux qui n'a manifestement rien à voir avec le vol. Il réchauffe l'organisme et contribue au maintien d'une température constante dans le corps. Etant donné que tous les oiseaux sortent d'un œuf et qu'aucun d'entre eux n'est même passé à une ébauche d'évolution comparable à celle des mammifères, l'équilibre thermique revêt chez eux une importance capitale.

Ce sont des animaux à sang chaud, mais ils ne le sont pas dès le départ. Il faut un certain temps pour que le petit corps de l'oiseau sorti de l'œuf soit en mesure de produire une quantité de chaleur interne suffisante pour maintenir constante la température de son organisme sans apport extérieur complémentaire. Comme cette température est très élevée chez les oiseaux de taille petite ou moyenne et qu'elle dépasse en règle générale les 40 °C, la régulation thermique constitue un aspect tout à fait capital de la vie des oiseaux. Les oiseaux d'un niveau d'évolution supérieur ne se contentent pas de couver les œufs en permanence jusqu'à leur éclosion, ils protègent aussi les petits sous leurs ailes aussi longtemps que ces derniers ont besoin de chaleur extérieure.

Les groupes plus anciens dans l'histoire de la phylogenèse, comme les galliformes, en particulier les mégapodiidés et les tétraoninés, couvent ou maintiennent leur couvée dans de véritables « couveuses » de terre ou de végétaux en voie de putréfaction, qui produisent de la chaleur jusqu'à ce que les petits atteignent un développement assez poussé et quittent le nid. Les petits portent déjà sur les ailes une voûte de plumes. A peine sortis de l'œuf, ils marchent et sont susceptibles le cas échéant de décoller du sol pour de petits vols planés. Or ce qui semble illustrer l'évolution de l'aptitude au vol peut nous fournir en fait la clef de la fonction initiale des plumes. Elles améliorent la régulation thermique de l'organisme. Les plumes réchauffent mieux que les poils ; on ne peut rien imaginer de plus chaud qu'un édredon de duvet. Avec leur habit de plumes, les oiseaux réussissent à atteindre et à conserver une température moyenne supérieure à celle de tous les autres organismes vivants. Toutefois les plumes n'assurent leur fonction qu'à la condition de rester sèches. Mouillées, les plumes du meilleur duvet se collent et perdent leur efficacité. Cela vaut naturellement aussi pour les poils du pelage.

Mais nous touchons précisément là une grosse différence, qui semblerait même une erreur constitutionnelle. Les oiseaux n'ont pas sur les plumes de glandes sébacées comme les mammifères en ont à la base des poils. Leur plumage n'est donc pas naturellement imperméable. Il faut qu'il soit graissé et chargé d'électricité statique pour que les barbules des plumes s'écartent. On mesure là tout le poids de l'héritage reptilien. Il a fallu des millions d'années pour que leur corps plein de glandes atteigne un degré d'isolation qui leur permette de conquérir un environnement sec. Les amphibiens restèrent, parce que leur peau ne réussit pas à produire la protection nécessaire. Pour ces formations prodigieuses que sont les plumes, il n'était certes plus besoin de glandes sécrétant de l'humidité mais de graisses. Le plumage enduit d'une pellicule de graisse devient imperméable et protège le corps de la déperdition de chaleur. La réplique à ce défi fut une nouvelle formation, la glande uropygienne, qui sécrète des huiles et une matière cireuse permettant d'assurer les propriétés isolantes.

Ces évolutions mettent en lumière les difficultés auxquelles se trouvent exposés les petits nouvellement sortis de l'œuf qui ne sont pas – ne peuvent pas être – protégés assez longtemps. Les tétraoninés, comme le grand tétras ou le tétras-lyre, et même d'autres galliformes ou groupes d'oiseaux dont les petits sortent tôt du nid, subissent de loin les plus lourdes pertes parmi les petits du fait de l'humidité et du froid. A ce stade, les petites ailes protègent de la pluie et de l'humidité comme une cape au-dessus du corps qui pourrait être levée immédiatement lorsqu'il ferait assez sec. Car il ne faut pas non plus que l'organisme soit surchauffé. La température interne est trop proche de la limite mortelle des 43 °C. La protection imperméable d'écailles agrandies, qui s'effrangent progressivement sur les côtés et changent de forme, revêt une grande importance, même pour une faible extension.

A ce stade extrêmement sensible où le petit est à peine sorti de l'œuf se cache le talon d'Achille de l'évolution des oiseaux. Ce qui explique la variété inouïe des soins donnés à la progéniture. La température élevée du corps, et le mode de fonctionnement pulmonaire très particulier dont elle s'accompagne, exigent que le développement extérieur s'effectue à des températures favorables qui se situent autour de 37 °C. L'embryon en voie de développement ne peut supporter de « suréchauffement » éventuel (au-dessus de 40 °C) que très brièvement. Mais sorti de l'œuf, il doit atteindre par lui-même ces températures élevées. Ce passage transitoire fait partie des stades critiques du développement des vertébrés homéothermes.

Les mammifères ont aplani cette difficulté : ils ont adopté une température interne inférieure, le développement de l'embryon en symbiose avec le corps maternel permettant d'assurer les conditions énergétiques nécessaires. Il n'en va pas de même chez les oiseaux : leur embranchement a suivi d'autres voies. Ils ont du même coup obtenu l'avantage d'assurer par leur propre force musculaire, sans refroidissement extérieur notable ni déperdition d'eau par évaporation, le mode de locomotion qui consomme le plus d'énergie : le vol. Il n'en est pas de plus dispendieux! Un colibri dépense jusqu'à vingt fois plus d'énergie qu'une petite chauve-souris; or cet oiseau réussit à parcourir plusieurs milliers de kilomètres sans s'arrêter.

Une trop forte déperdition calorique dans la phase transitoire où l'organisme commence à produire sa propre chaleur serait mortelle – et elle l'est assez fréquemment, comme le prouve le fort taux de mortalité à cette étape du développement. Il y a donc dans cette séquence de la vie de l'oiseau une mortalité supérieure à la moyenne, dont la réduction revêt une considérable valeur de survie. Rien n'a changé sur ce point depuis le passage de la température variable à la température constante de l'organisme, le passage de l'état de reptile à celui d'oiseau. C'est là un facteur qui a joué très longtemps, qui joue encore et qui n'a pas le moins du monde perdu de son intensité ni de son importance pour la survie des oiseaux. Les plumes servent de protection contre la chaleur et contre l'humidité chez tous les oiseaux, aptes ou inaptes au vol.

Le vol n'est intervenu que comme effet secondaire. Il use tant de forces et consomme tant d'énergie que selon toute vraisemblance les conditions déterminantes ont en fait été l'élévation de la température interne constante et la restructuration du poumon en système de sacs aériens permettant une exploitation de l'oxygène de l'air inspiré cinq fois plus efficace que celle du poumon des mammifères. Comparée à ces transformations internes, la production des plumes constituait un processus relativement simple. Il fallait qu'elle ait été effectuée pour que puissent avoir lieu les transformations beaucoup plus profondes affectant le fonctionnement de l'organisme dans son ensemble. Cela nous est confirmé par le fait que l'archéoptéryx présentait certes des plumes et des ailes, qui lui permettaient de voler, mais n'avait pas encore de centre de commande très élaboré dans la région du cervelet.

Il restait un très long chemin à parcourir sur la voie de l'évolution phylogénétique avant d'en arriver aux oies, qui survolent à plus de huit mille mètres d'altitude les sommets de l'Himalaya, en poussant de grands cris, pour aller atterrir dans les plaines du nord de l'Inde où elles passeront l'hiver. Ce qu'elles réalisent ne peut se comparer aux exploits humains. L'alpiniste qui, bénéficiant de la meilleure condition physique et mettant en jeu toutes ses forces et sa vie même, a vaincu l'Everest a dû se trouver assez décontenancé lorsqu'il vit et entendit ces oies, pour autant que ses sens aient encore été en mesure de lui communiquer cette information. Séjourner dans l'air raréfié de l'atmosphère à huit mille mètres d'altitude est déjà une gageure, y voler par sa propre force musculaire et lancer en outre de puissants appels lointains frise à nos yeux le miracle.

Du point de vue de leur performance, ce ne sont pas les mammifères, mais les oiseaux qui se trouvent à la pointe de l'évolution. Ils ont les meilleurs systèmes circulatoire et respiratoire, un sens de l'orientation dont la qualité nous demeure incompréhensible et leur permet de traverser les continents et les mers en sachant très précisément où ils vont et même de faire le tour du globe, enfin ils peuvent s'adapter aussi bien aux terres glacées de l'Antarctique qu'aux régions chaudes de la zone tropicale et subtropicale. Le manchot empereur couve dans la nuit polaire glacée à des températures de moins 40 °C et le pluvian d'Egypte, qui est un petit oiseau, à des températures de plus de 40 °C. De tous les êtres vivants, les oiseaux sont ceux qui atteignent les plus grandes vitesses de vol, et on trouve parmi eux les plus petits organismes homéothermes, avec des espèces de colibri de la taille d'un bourdon. Ils doivent cette position dominante sur l'échelle des performances à une conquête spécifique : la plume!

Nous nous sommes efforcé d'en retracer la formation. Ses origines sont assez clairement établies; la thèse selon laquelle elle constituait initialement une protection contre l'humidité et la déperdition de chaleur semble plausible et confirmée par les fonctions que l'on peut encore observer aujourd'hui. Nous disposons aussi d'une explication possible et, en l'état actuel des connaissances, pratiquement incontestée, pour l'évolution du vol. Mais il reste un point mystérieux : pourquoi les oiseaux ont-ils mis si longtemps à exploiter leur supériorité? Même si l'on tient compte des transformations extrêmement complexes des organes internes, cent millions d'années sont tout simplement trop longs. Pendant ce temps, les dinosauriens s'épanouirent pour disparaître à nouveau, et beaucoup d'autres choses se passèrent encore sur la scène de l'évolution.

Or, il doit y avoir des raisons pour que les oiseaux aient tant tardé à faire valoir leurs avantages. Ecartons d'emblée l'hypothèse que cela pût être lié aux dinosauriens. Ces colosses ne pouvaient pas empêcher les oiseaux d'utiliser l'espace aérien. Et il y devait bien y avoir assez de lieux de ponte abrités où les dinosauriens n'auraient su les atteindre. Nous ne nous interrogeons pas non plus sur les oiseaux incapables de voler qui vivaient un peu à la manière des autruches. Ils arrivent à s'en tirer aujourd'hui en dépit de la présence des mammifères concurrents. Les grands oiseaux inaptes au vol étaient bien plus nombreux au tertiaire qu'aujourd'hui, même si la variété des grands mammifères était encore plus grande. Et en admettant que la concurrence au sol ait joué un rôle, elle aurait dû plutôt inciter à occuper l'espace aérien.

L'autre possibilité mérite une réflexion plus approfondie : l'essor des oiseaux aurait-il été entravé par les ptérosauriens? Les témoignages fossiles le nient : les ptérosauriens avaient disparu depuis longtemps quand s'amorça l'évolution des oiseaux. Et surtout, ce que nous savons des performances des oiseaux exclut cette hypothèse. Les plumes, leur température interne élevée assurant de hautes performances physiques et la structure élaborée des poumons n'auraient pas pu s'établir si les ptérosauriens avaient limité les oiseaux dans leur développement.

La réponse nous est donnée par un des secteurs les plus négligés du processus de l'évolution, celui des conditions environnementales, et plus précisément de l'alimentation.

La percée évolutive des oiseaux fut permise par un tout autre groupe d'organismes, qui avait déjà assumé un rôle de pionnier lors de la conquête du milieu terrestre. Ce devait être aussi le cas pour l'évolution des oiseaux. Répétons-le encore : le vol est le mode de locomotion qui consomme le plus d'énergie. Le vol battu actif, le vol de propulsion, suppose donc une alimentation appropriée. Ce qui permet accessoirement le vol glissé ou plané, qui demande beaucoup moins d'énergie, ne suffit plus pour le vol battu actif. Ce dernier nécessite un carburant de haute valeur énergétique, en particulier des graisses. En outre, le développement du plumage exige un régime alimentaire comportant une certaine quantité de protides. Les deux choses ne se trouvent réunies en proportion convenable que chez un groupe du règne animal, les insectes.

L'essor des oiseaux est indissociable de l'évolution explosive des insectes lorsque l'épanouissement – le plus littéral – des plantes florifères leur ouvrit tout un univers gorgé de nectar et de pollen à forte teneur protidique. Dès lors que nous considérons ce cadre écologique, nous voyons se déployer sous nos yeux toute une série de causes et d'effets. Pendant presque toute la durée du secondaire, le règne végétal fut dominé par des fougères, des gymnospermes et autres groupes de plantes très anciennes qui ne présentaient pratiquement aucun intérêt pour les insectes.

Les dinosauriens herbivores devaient encore se contenter pour l'essentiel de la matière végétale à faible valeur nutritive qu'ils tiraient d'espèces proches des conifères. Ils devaient remplacer la qualité par la quantité, mais si elle n'avait pas été améliorée par l'intervention des microbes, cette masse de matière végétale n'aurait pas non plus suffi.

Vers la fin du secondaire, à la suite de profonds bouleversements des conditions environnementales, de nouveaux groupes de végétaux firent leur apparition : les angiospermes qui avaient développé la formation complète de la fleur. La feuille large, qui se renouvelait rapidement, devint l'élément déterminant de l'extension de la végétation sur notre planète. A la fin du crétacé, ces groupes de végétaux étaient déjà majoritaires sur de grandes parties des continents. Après la disparition des dinosauriens et le passage à l'ère tertiaire, les angiospermes l'emportèrent largement et refoulèrent les gymnospermes de toutes parts. La grande époque des insectes commençait. Ils entrèrent en effet dans un rapport d'interaction étroite avec les fleurs qui leur offraient des ressources alimentaires et que, en contrepartie, ils fécondaient. Ce transfert de pollen améliora considérablement la précision de la fécondation des végétaux.

Les plantes florifères développèrent des pétales qui jouaient le rôle de signaux, et des parfums qui attiraient les insectes de façon toujours plus sélective, entraînant en retour un transfert très exact des pollens utiles. Le monde des insectes ne se composait plus seulement d'espèces lentes, rivées au sol, qui se nourrissaient de détritus végétaux ou dont les larves vivaient en eau douce, dans les ruisseaux, les rivières et les marécages, mais d'espèces toujours plus agiles, qui volaient jusque dans la couronne des arbres et dont les larves se logeaient de plus en plus souvent dans le feuillage. Les petits sauriens qui poursuivaient ces insectes se retrouvaient fréquemment dans la situation d'un lézard à qui il ne reste plus qu'à regarder s'envoler la mouche qu'il guettait. Ce fut la grande chance des oiseaux.

Leur aptitude au vol leur permettait de tirer parti de l'expansion prodigieuse des insectes qui présentaient un double intérêt : leur valeur énergétique et leur teneur en protides. Le vol constitua effectivement le moteur de la suite de l'évolution des oiseaux. La grande séparation suivante s'opéra au début du tertiaire après l'extension considérable des forêts. Des formes arboricoles originelles, encore assez lourdes, auxquelles se rattachent, parmi les familles d'oiseaux existant encore à l'heure actuelle, les coraciadidés, les coucous et quelques autres groupes, se détacha une branche qui allait bientôt peupler la cime des forêts d'innombrables espèces : les oiseaux chanteurs.

Leur spécialisation d'insectivores fut encore plus marquée que chez leurs prédécesseurs. Leurs caractères distinctifs extérieurs consistent en une forme particulière des pattes, de petites ailes arrondies qui leur permettent d'améliorer leur technique de vol et un développement accéléré des petits dans des nids très habilement construits. Mais la dénomination d'oiseaux chanteurs trahit en même temps une autre évolution interne : la formation d'un larynx de forme particulière, le syrinx, qui permet de produire une variété de sons beaucoup plus étendue. C'était un moyen d'améliorer la communication à travers l'épaisseur du feuillage.

Un sous-groupe, isolé sur la plaque continentale qui dérivait vers l'ouest et devait constituer l'Amérique du Sud actuelle, resta coupé de l'évolution des oiseaux chanteurs de l'ancien monde. Ce sont les « oiseaux crieurs » d'Amérique du Sud (sub-oscines), dont l'évolution parallèle illustre bien la tendance initiale. Les deux forment, avec quelques groupes quantitativement négligeables, les passériformes, toute dernière pousse de l'évolution des oiseaux qui doit plus particulièrement son développement à l'exploitation des petits insectes. La tendance évolutive se traduit par une forte diminution de la taille, le poids s'abaissant jusqu'à ne plus être parfois que de cinq grammes. L'activité du métabolisme atteint ensuite une telle intensité que la teneur en protides et en graisse des petits insectes ne suffit plus.

Les colibris qui ne se rangent pas dans la catégorie des oiseaux chanteurs ont pourtant poussé encore plus loin la miniaturisation, intégrant à leur alimentation les plus petits de tous les petits insectes.

Ces oiseaux nains sont issus de la lignée des voiliers. Parmi tous les oiseaux, ce sont eux qui possèdent l'aptitude au vol la plus développée. On a mis assez longtemps à en comprendre l'utilité : elle leur sert à chasser les plus petits insectes. Ces bouchées de protides sont si difficiles à se procurer que même le mode de locomotion le plus coûteux de tous, y compris les plus rapides vols de chasse du faucon, en vaut la peine. Les colibris alimentent en outre séparément, ce qui semble à peine croyable, leur métabolisme de base, pour lequel ils ont besoin essentiellement de protides, et leur métabolisme de fonctionnement, qu'ils approvisionnent à partir du nectar et de la rosée mielleuse, dont ils tirent un sucre à forte teneur énergétique.

En résumé : pendant près de cent millions d'années, l'embranchement des oiseaux ne trouva pas les ressources alimentaires qui lui auraient été nécessaires pour se procurer les deux composantes dont il avait besoin, à savoir les graisses pour l'approvisionnement énergétique et les protides pour le métabolisme et plus précisément la formation des plumes. Tant que ces ressources alimentaires particulières manquaient, les oiseaux ne pouvaient tirer parti de leur supériorité comme ils le firent dès le moment où la grande poussée de l'évolution des insectes, déclenchée par celle des plantes florifères, créa des conditions nouvelles. Jusqu'à cette date, les oiseaux restèrent insignifiants et vécurent en quelque sorte dans l'ombre des ptérosauriens. Mais un deuxième embranchement, apparu nettement plus tôt que celui des oiseaux, et dont nous faisons partie nous-mêmes, était demeuré, plus nettement encore, dans l'ombre des reptiles prédominants : les mammifères. Pour eux aussi, l'heure allait venir.

Chapitre 9

L'ESSOR DES MAMMIFÈRES

L'éozostrodon, qui mesure une dizaine de centimètres de long et ressemble fort à une musaraigne, est l'un des premiers représentants incontestés des mammifères. Cette sorte de « souris » vivait au trias, il y a plus de deux cents millions d'années. Les plus lointains ancêtres de l'ordre des mammifères remontent donc à une époque qui vit aussi l'apparition des dinosaures. On appelle cotylosauriens le groupe de reptiles les plus anciens dont la division a donné naissance aux tortues, aux oiseaux, aux dinosauriens, aux crocodiles, aux ptérosauriens et aux ichtyosauriens, ainsi qu'aux mammifères. Même si l'on a coutume de les placer à la pointe du règne animal, ils devraient en réalité venir après les oiseaux, car ils correspondent à une branche bien plus récente de la lignée des sauriens.

A en juger par la denture, l'éozostrodon avait un mode de vie qui ne différait guère de celui des musaraignes « modernes ». Et même par la suite, dans la mesure où nous en avons le témoignage fossile, les futurs mammifères n'eurent aucun défaut à compenser pour parvenir à percer. Comme le retard de cette percée se présente de façon analogue sur bien des points à ce que nous avons vu chez les oiseaux, nous n'aurons pas besoin de repartir d'aussi loin. Une chose est sûre : les mammifères ont vécu, encore bien plus longtemps que les oiseaux, dans l'ombre des dinosaures, et ils ne se développèrent fortement qu'après la disparition de ces derniers, faisant de l'ère tertiaire l'ère des mammifères.

Si leur histoire a commencé par un animal de la taille d'une musaraigne, on peut néanmoins supposer à juste titre que les insectes ont également joué un rôle important dans l'évolution des mammifères. Toutefois celle-ci s'est plus nettement orientée vers des formes de vie correspondant à celles des anciens gros reptiles qu'à celles des oiseaux. Les différences ne sont donc pas seulement d'ordre graduel. Revenons-en aux origines : pas plus que ceux de l'archéoptéryx les caractères anatomiques des mammifères n'apparurent d'un coup : ils se formèrent par étapes. Rétrospectivement, on pourrait dire qu'ils disposèrent pour cela d'un temps assez long. Il n'est cependant pas facile de déterminer à partir des fossiles à quelle date s'établirent des propriétés comme la viviparité et le développement des glandes mammaires pour l'allaitement de la progéniture, propriétés qui influent sur les capacités de vie et de survie de façon plus durable que les particularités du squelette.

L'allaitement constitua incontestablement l'une des étapes les plus décisives de l'évolution vers l'état de mammifère car le lait contient, combinés de façon optimale, tous les éléments nécessaires à la croissance et au développement. En même temps, il ne renferme aucune substance nocive, rien qui soit inutile ou encombrant et avec quoi les petits seraient aux prises s'ils devaient chercher seuls leur nourriture dès la mise bas. Le problème se pose chez les oiseaux. Deux groupes seulement font exception : les columbidés et les flamants. Les pigeons nourrissent leurs petits avec un « lait de pigeon » très nourrissant, produit par la muqueuse du jabot, et les flamants avec une sécrétion du jabot qui ressemble au sang. Chez toutes les autres espèces, soit les parents doivent chercher pour leurs petits des aliments qui leur conviennent, soit les petits doivent s'accommoder d'emblée de ce qui sera leur nourriture d'adultes. Beaucoup commencent à chercher eux-mêmes leur nourriture dès qu'ils sortent de l'œuf (nidifuges).

Mais un organisme animal qui vient de sortir de l'œuf ou qui vient à peine de naître et qui doit encore se développer considérablement ne peut pas se contenter de n'importe quelle nourriture. L'alimentation directe limite donc l'éventail des ressources alimentaires utilisables. Cela apparaît aussi très clairement chez les oiseaux qui ont des régimes alimentaires spécialisés à l'extrême. Ainsi les indicateurs africains se nourrissent de la cire produite par les abeilles sauvages. Leurs petits, en revanche, ne pourraient pas en vivre. Il faut donc que ces oiseaux se transforment en parasites de couvée et fassent élever leurs petits par d'autres qui leur fournissent une nourriture appropriée.

Le coucou gris de nos régions se trouve dans une situation analogue. Il se nourrit de chenilles piquantes, très velues et souvent plus ou moins venimeuses. Les poils restent collés à la muqueuse stomacale. De temps en temps l'animal doit s'en débarrasser et les régurgite. Un approvisionnement du même ordre aurait certainement pour le jeune coucou des conséquences fatales. Ce que tolère l'oiseau adulte ne réussirait pas aux petits. Le parasitisme s'impose donc nécessairement car sur ses faibles pattes le jeune coucou n'est pas en mesure d'atteindre les branches extérieures où il trouverait une meilleure nourriture. Celle-ci se trouve dans le domaine des oiseaux chanteurs, que le coucou utilise comme parents adoptifs. Quoique moins délicate, la situation n'est pas très différente pour les nombreux oiseaux qui se nourrissent de graines mais doivent chercher péniblement des insectes pour alimenter leurs petits. Les protides contenues dans l'organisme des insectes sont indispensables à la croissance des jeunes oiseaux qui ne supporteront que plus tard le régime granivore riche en amidon.

En ce qui concerne l'alimentation des petits, les mammifères sont à l'abri de ce genre de difficultés : leur lait contient tout ce dont les petits ont besoin. Ce n'est à vrai dire que la prolongation extérieure de l'alimentation interne par le cordon ombilical.

Cette forme perfectionnée d'alimentation de la progéniture implique naturellement une forte dépense d'énergie.

La production de lait coûte de l'énergie et absorbe des matières nutritives; le développement de l'embryon à l'intérieur du corps de la mère représente une charge supplémentaire, ne serait-ce que pour l'organisme maternel. A cela viennent s'ajouter les « dépenses de fonctionnement » entraînées par le maintien d'une température interne élevée et constante qui se situe chez beaucoup de mammifères entre 36° et 39 °C et qui est fixée très précisément. Pour le métabolisme de base, on peut tabler sur des valeurs à peu près équivalentes de celles des oiseaux, car les mammifères, surtout les plus petits, ne bénéficient pas d'une aussi bonne isolation thermique. La protection extérieure est assurée par une couverture de poils qui n'a régressé dans la suite de l'évolution que chez un très petit nombre d'espèces. La souplesse et l'imperméabilité de ce pelage sont assurées par des glandes sébacées. La couverture de poils caractérise à peu près les mammifères, même si elle est moins typique que les plumes pour les oiseaux.

Comme le plumage, elle est issue de dispositifs producteurs de corne, dispositifs qui remontent au passé reptilien et aux écailles des ancêtres reptiles. Toutefois les poils poussent constamment, alors que la plume, une fois formée, fonctionne un an ou plus, avant d'être remplacée. Le changement de plumage, la mue, joue chez les oiseaux un rôle incomparablement plus important que le changement de poils chez les mammifères qui constituerait plutôt une simple adaptation quantitative aux conditions atmosphériques hivernales ou estivales. La fourrure n'a pas non plus de fonction comparable à celle du vol pour les plumes.

Pendant près des trois quarts de leur existence qui remonte à plus de deux cent vingt millions d'années, les mammifères demeurèrent assez discrets par rapport aux reptiles. Cela s'explique aisément : ils avaient développé un mécanisme de régulation thermique qui leur permettait de maintenir leur organisme à une température constante; leur fourrure faisait fonction d'isolant. Toutefois, loin d'être agiles comme les reptiles, qui de la marche sur deux pattes évoluaient vers le mode de vie des oiseaux, les ancêtres les plus reculés des mammifères étaient assez massifs. On ne peut guère, comme pour les oiseaux, expliquer l'origine des mammifères par les rapports qu'ils auraient entretenus entre régulation thermique, température constante élevée, d'une part, et motricité rapide, besoins d'énergie importants, capture de proies rapides à forte teneur énergétique, d'autre part.

Et, de fait, les conditions qui avaient accompagné l'évolution des mammifères depuis le début et au cours des cent premiers millions d'années de leur existence n'avaient rien à voir avec celles qu'avaient connues les oiseaux. Leur adaptation s'était orientée dans une direction bien différente. Tout au long du mézosoïque, ils firent de la nuit leur champ d'action. Ils évitaient ainsi les sauriens diurnes qui avaient besoin de l'irradiation solaire pour se réchauffer. Un indice très significatif vient étayer cette thèse : chez les mammifères, l'odorat joue d'une façon générale un rôle plus important que la vision. Les oiseaux sont des animaux « visuels », les mammifères des animaux « olfactifs ».

Les témoignages fossiles nous en apportent également la preuve, car les zones du cerveau dont dépendent respectivement la vision et l'odorat ne sont pas situées du tout au même endroit. Au cours de l'évolution, le cerveau des oiseaux augmente en se déplaçant vers l'arrière, c'est-à-dire vers les centres de commande du cervelet, tandis que chez les mammifères le cerveau olfactif, avec la forte accentuation de la partie nasale du crâne, passe au premier plan.

L'odorat atteint sa plus grande efficacité dans un environnement « obscur », lorsqu'il s'agit par exemple de creuser dans la terre ou dans le noir, mais il se prête moins à l'orientation à distance. L'autre solution pour s'orienter dans ces conditions est bien connue : c'est l'émission d'ultrasons que pratiquent les chiroptères et quelques autres petits mammifères. Seuls un très petit nombre d'oiseaux ont développé un mécanisme d'orientation par ultrasons, tant la vision prédomine chez eux. Les capacités de l' « œil d'oiseau » dépassent de très loin celles des meilleurs yeux de mammifères.

Mais l'exploration du milieu nocturne ne pose pas uniquement des problèmes d'orientation. Le meilleur odorat ne sert à rien si celui qui le possède s'engourdit dans le froid de la nuit et devient incapable de bouger et de réagir. Il faut que l'organisme reste assez chaud pour que les muscles et les sens continuent de fonctionner. Cela consomme de l'énergie.

L'isolation assurée par le pelage aide certes un peu, mais elle ne suffirait pas à empêcher le refroidissement s'il ne venait s'y ajouter une production interne de chaleur. Les petits organismes riches en graisses, comme les vers ou les larves d'insectes qui vivent dans les couches supérieures des sols, font un excellent « matériau de chauffage » quand on les trouve. Le perfectionnement de l'odorat et l'augmentation du rapport de la chasse se complètent et se conditionnent mutuellement. Si un cochon, lorsqu'il fouille le sol, ne trouvait sa nourriture que par hasard, il serait condamné à mourir de faim, à moins que le sol ne regorge de ressources ! Une quête bien orientée réduit la difficulté et économise des dépenses ; elle améliore donc le bilan énergétique. Au mésozoïque, alors que les continents se trouvaient encore presque entièrement soudés en une masse unique sous les latitudes équatoriales, étant donné les températures élevées de la journée, les mammifères n'auraient pas eu de grandes chances de succès. Leur fonctionnement interne convient bien mieux aux températures fraîches ou froides qu'à des températures trop chaudes. Sous un climat tropical, la production interne de chaleur devient vite un handicap, qui doit être compensé par des dépenses de refroidissement incomparablement plus élevées, ou contraint à une activité non pas supérieure mais réduite.

Nous permettra-t-on une brève digression sur les conditions actuelles? Plus encore que pour les oiseaux, nous commettons en ce qui concerne la zone de répartition des mammifères l'erreur de croire que notre définition des conditions environnementales favorables vaudrait pour la majorité des mammifères. Or, c'est tout le contraire : les plus grandes populations de mammifères réunissant la biomasse la plus importante se trouvent premièrement dans les mers et non sur les continents, et deuxièmement dans les régions froides et non dans les zones tropicales ou subtropicales. Même en nombre de têtes, le phoque crabier (*Lobodon australis*) qui représentait une population de cinquante millions d'animaux autour de l'Antarctique et atteint encore aujourd'hui un ordre de grandeur comparable, dépassait déjà à lui seul les immenses troupeaux de bisons de la prairie nord-américaine. Peut-être les hommes, qui seront bientôt au nombre de six milliards, feront-ils les premiers concurrence aux grandes populations de mammifères réunies dans les régions froides ou glaciales du globe.

Le climat chaud de l'ère secondaire n'aurait pas permis la prédominance d'animaux à sang chaud dotés d'une épaisse fourrure. Du reste l'avantage d'un métabolisme de base élevé disparaît vite pour des températures extérieures supérieures à 15 °C. Sous un climat tropical, la marge de compensation et d'équilibre où il n'y a plus de déperdition de chaleur de l'intérieur vers l'extérieur est vite dépassée. Pour la plupart des mammifères de plus grande taille, la zone thermique dite neutre se situe entre 25 et 30 °C. Lorsqu'elle n'est pas employée à des activités de haute performance comme le vol par propulsion, qui demande une intense force musculaire, la production interne d'énergie n'est avantageuse que pour des températures nettement inférieures. Ne serait-ce que pour cette raison, il n'y a pas lieu d'accorder dans nos réflexions une place prépondérante à l'idée d'une confrontation avec les dinosaures – en tant que concurrents ou ennemis des mammifères. Certes les dinosauriens les mieux établis interdirent à quelques lignées marginales de mammifères de pénétrer dans leurs domaines et d'empiéter sur leurs zones d'adaptation. Mais dans l'ensemble, cette concurrence ne peut guère avoir freiné l'évolution des mammifères.

Bien qu'ayant déjà considérablement évolué, ceux-ci ne prirent leur plein essor qu'après le tournant du tertiaire, une fois que les conditions de vie sur la planète eurent radicalement changé. Le fait qu'ils aient survécu à la grande coupure de la faune, il y a soixante-six millions d'années, alors qu'ils n'étaient en mesure ni de voler ni de se réfugier, comme sans doute certaines lignées privilégiées des oiseaux, dans des zones moins touchées, leur valut une supériorité décisive. Cette supériorité compta au moment de la catastrophe et elle compta aussi au cours de la période qui suivit, lorsque l'obscurcissement du ciel créa un hiver généralisé dont les répercussions ressemblèrent sans doute fort à celles d'un hiver nucléaire.

Leur excellent odorat permettait aux mammifères d'atteindre une nourriture qui continuait d'exister même en l'absence de production végétale notable, parce que les proies en question vivaient de déchets végétaux et non pas de plantes fraîches. Les vers, les escargots ou les larves d'insectes n'avaient pas disparu. Leur régulation thermique interne permit également aux mammifères de garder leur motricité. Pas plus que les neiges glaciales de la toundra aujourd'hui, le froid ne parvenait alors à les paralyser.

Après la catastrophe, le monde était véritablement devenu autre. Les plantes florifères, qui avaient déjà pris une extension considérable vers la fin de l'ère secondaire et avaient déjà entraîné la multiplication des variétés d'insectes, l'emportèrent cette fois définitivement. Elles avaient survécu à l'obscurité qui avait fait suite à la catastrophe de la fin du crétacé grâce à leurs graines. Les insectes devinrent plus nombreux que jamais, accélérant d'autant l'évolution des oiseaux. Mais il se produisit alors une séparation décisive. Tandis que les oiseaux, essentiellement « visuels », restaient liés aux moments clairs de la journée où ils chassaient les insectes et les capturaient dans les couronnes des arbres ou en l'air, les mammifères avaient l'avantage de pouvoir exploiter les ressources de la nuit.

Les formes proches de la musaraigne prirent un nouveau départ. D'elles sont issus les concurrents nocturnes des oiseaux, les chiroptères. Insectivores dès l'origine, ils le sont restés, comme les musaraignes, ainsi que la deuxième lignée phylogénétique importante, celle des « animaux supérieurs », les primates, et leur branche sud-américaine, les singes du Nouveau Monde (à quelques rares exceptions près). S'ils mangent des feuilles ou des fruits, ce n'est qu'occasionnellement à titre complémentaire. Seuls les singes du Nouveau Monde les plus récents dans l'évolution phylogénétique se nourrissent exclusivement de feuilles.

Mais l'extension des insectes n'est pas la seule caractéristique évolutive du début du tertiaire. Le règne végétal saisit les occasions nouvelles qui lui étaient offertes. Ce furent d'abord les forêts puis les prairies qui s'étendirent, mettant à la disposition des herbivores une biomasse de plus en plus importante. Or, aucun des herbivores géants de la famille des sauriens n'avait survécu à la catastrophe. La fin des dinosauriens marqua donc le grand début des mammifères, qui produisirent très rapidement des formes herbivores capables de tirer parti des conditions nouvelles qui leur étaient offertes. Ces espèces devinrent des animaux diurnes. Ce fut l'apparition des animaux de pâture qui parcouraient la prairie sur leurs pattes rapides, tandis que d'autres lignées reprirent le chemin des mers où les concurrents avaient également laissé place libre.

Les ongulés produisirent les siréniens, la lignée des ursidés les pinnipèdes. Les cétacés distancèrent les autres mammifères marins et prouvèrent la supériorité de l'organisation des mammifères. Le progrès de la vie ne se fit donc jamais en ligne droite, pas même chez les mammifères.

Il y eut des détours et des impasses en grand nombre, sans parler de la grande rupture de la fin du secondaire. Beaucoup d'éléments laissent penser qu'une catastrophe cosmique, la chute d'une météorite géante, ouvrit la voie à l'évolution des mammifères. Sans ce bouleversement radical des conditions de vie sur notre planète, leurs formes se seraient sans doute multipliées, mais leur activité serait restée nocturne. Et dans ce cas il n'y aurait pas eu non plus d'évolution conduisant à l'homme, car nos plus lointaines origines dans la lignée des mammifères remontent à l'éozostrodon, et il fallut cent soixante millions d'années pour qu'un animal encore tout proche de la musaraigne, ressemblant extérieurement à un écureuil (toupaïe), amorçât l'évolution des primates.

A la pointe de cette évolution se trouve aujourd'hui le premier de tous les primates, l'homme. Fut-il, et toute l'évolution fut-elle avec lui, un pur produit de hasards et de contingences? La « loterie de la vie », pour reprendre l'expression de Stephen Jay Gould, se présenterait-elle tout autrement si tout recommençait? Quels sont les moteurs de l'évolution? Nous approchons du problème central. Mais il reste deux obstacles à franchir avant de poursuivre notre cheminement. L'un est constitué par les phénomènes d'extinction qui semblent presque plus caractéristiques du processus évolutif que la survie, l'autre résulte de l'interaction avec l'environnement.

L'évolution se déroule dans la biosphère. Il faut encore que nous étudions l'origine et la structure de cette biosphère avant de pouvoir nous consacrer à notre problème principal. Car c'est dans la biosphère que se trouve ce dont les organismes ont besoin – et elle exerce un effet rétroactif sur eux. Charles Darwin l'avait très bien vu lorsqu'il formula sa théorie de la sélection naturelle. Mais l'environnement ne se contente pas de sélectionner, il apporte quelque chose – et il soutient certains processus! L'image du filtre au travers duquel chuteraient les organismes mal adaptés alors qu'il retiendrait et perpétuerait les plus aptes s'applique tout au plus aux petites modifications qu'opère le processus évolutif. Elle n'est d'aucune valeur pour expliquer les grands changements. L'évolution darwinienne par petites étapes successives n'aurait eu pour produire de véritables nouveautés ni assez de temps ni des conditions extérieures assez constantes. Elle agit au niveau de l'espèce et conserve plus qu'elle n'invente. Le hasard créateur est trop rare!

Chapitre 10

LES PHÉNOMÈNES DE MORT ET D'EXTINCTION

La plupart des espèces apparues au cours de l'évolution n'existent plus aujourd'hui depuis longtemps. Elles se sont éteintes. Si nous connaissions l'histoire de toutes les espèces qui ont existé et que nous tentions d'en faire le bilan, la conclusion ne laisserait aucun doute : l'extinction est la règle, la survie l'exception.

Les fossiles nous permettent d'évaluer grossièrement le nombre d'espèces disparues depuis les origines de la vie : il est de 99 %, peut-être même plus. Cela n'est pas dû uniquement à des phénomènes ponctuels d'extinction massive, mais aussi et surtout au fait qu'au cours des périodes intermédiaires, qui représentent des millions et des millions d'années d'évolution « normale », des espèces disparaissent.

L'arbre phylogénétique des organismes vivants n'est donc pas un arbre plein de vigueur qui ne cesserait de s'élever et de produire de nouvelles branches, mais plutôt, comme le dit encore Stephen Jay Gould (1991) un buisson emmêlé. Rien d'étonnant à ce que ce dernier interprète, avec bien d'autres paléontologues, la survie des malheureux restes comme un heureux hasard! La survie serait effectivement aussi imprévisible qu'une loterie : on n'obtiendrait jamais deux fois le même résultat. Tous les nouveaux départs se passeraient autrement, parce que l'enchaînement de hasards favorables ne se reproduit tout simplement pas!

Nous aurions beau reconstituer rétrospectivement cet arbre, nous n'aurions pas pour autant la moindre chance de prévoir ce que serait la suite d'un nouveau départ. L'évolution à laquelle nous devons nous-mêmes notre existence dépend de tant d'impondérables que Gould parle de l' « homme hasard ».

L'évolution conçue comme une loterie n'est pas conciliable avec un principe de finalité. A cet égard la position de Stephen Jay Gould ne diffère en rien de la conception que l'on peut déjà considérer comme traditionnelle parmi les biologistes de l'évolution et qui est celle de Charles Darwin. L'élément troublant réside dans une autre implication : concevoir l'évolution comme une loterie, c'est remettre aussi en question les causes de l'apparition et du développement de certaines formes adaptatives. Et il y a là véritablement une différence radicale par rapport à la position de Darwin.

Les « gagnants » de la loterie du vivant auraient survécu non parce qu'ils représentaient des formes mieux adaptées, mais précisément à cause du caractère aléatoire de ce processus. Par conséquent, non seulement les petites étapes de l'évolution, les mutations mais même les grandes lignées et leur survie seraient le fait du hasard.

La logique qui se fonde sur la relation de cause à effet et sur l'idée d'un conditionnement des phénomènes naturels va à l'encontre de cela. C'est pourquoi les phénomènes d'extinction touchent à un problème clef de la théorie de l'évolution. On ne peut pas vraiment comprendre le phénomène de la survie tant qu'on n'a pas mieux compris celui de la disparition. Nous nous aventurons là sur un terrain délicat, mais nous ne pouvons pas éviter ce problème central.

L'extinction porte sur toute une espèce. Elle résulte de la mort de tous ses représentants. Il faut donc que nous étudions pour commencer la mort individuelle.

Prenons notre propre exemple, celui de l'espèce humaine. Bien entendu, plus de 99 % des êtres humains sont éteints, parce qu'ils sont tout simplement morts.

Admettons que l'espèce humaine existe depuis environ cent quatre-vingt mille ans et que l'espérance moyenne de vie se soit située autour de trente ans comme c'est encore le cas aujourd'hui pour la plus grande partie de la population mondiale : il est bien évident que la grande majorité des hommes sont morts depuis longtemps. L'explosion démographique des dernières décennies fausse le rapport en faveur de ceux qui sont (encore) vivants aujourd'hui. Mais elle ne change fondamentalement rien au fait que la durée de vie d'un être humain est limitée et que cela vaut aussi pratiquement pour tous les autres êtres vivants. La différence entre un arbre qui peut vivre plusieurs millénaires et n'importe quel petit animal qui survit à peine quelques jours ne joue aucun rôle par rapport aux longues périodes de l'histoire géologique. Mis à part les micro-organismes quasiment indestructibles et quelques autres organismes encore très élémentaires qui se reproduisent par division cellulaire, la mort est une issue inéluctable pour tous les êtres vivants. Elle fait partie de la vie!

Si nous admettons dès lors très simplement que toute espèce a une durée d'existence limitée dans l'histoire géologique, où une espérance moyenne de vie lui est donnée comme elle est donnée à l'individu, le problème de l'extinction n'est plus qu'un faux problème. Nous savons bien que l'espérance de vie individuelle varie considérablement entre les différentes espèces animales ou végétales. Avant de s'effondrer de vieillissement, les arbres vivent plusieurs siècles, voire plusieurs millénaires s'ils ne subissent pas trop de dommages. Les tortues peuvent vivre plus de cent ans. L'homme, s'il n'est pas prématurément touché par la maladie, ne subit pas de trop lourdes atteintes extérieures à sa santé ni ne périt de mort violente, parvient sans peine à un âge de soixante-dix ou quatre-vingts ans, plus de cent ans même dans des cas exceptionnels, les chevaux dépassent rarement trente ans, les chiens et les chats n'atteignent généralement pas même cet âge. Les vers et certains insectes aquatiques vivent plusieurs années, d'autres insectes ne subsistent même pas un an, et ainsi de suite.

L'immense variété des espèces peut se classer par tranches d'espérance de vie qui ne sont que très grossièrement en rapport avec la taille. Les énormes éléphants ne vivent pas beaucoup plus vieux que l'homme, et les plus petites tortues vivent très nettement plus longtemps qu'eux. Même dans le règne végétal, nous connaissons des espèces qui vivent très peu de temps, des espèces annuelles ou bisannuelles, mais aussi des espèces qui deviennent très vieilles. Là non plus, ce n'est pas uniquement une question de taille, même si la taille requiert un temps de croissance correspondant. En tout cas, la gamme d'espérances de vie est assez étendue pour que l'on puisse établir un rapport avec les phénomènes de survie et d'extinction dans le cadre de l'évolution. Il suffit de superposer assez habilement l'échelle du temps géologique et celle du temps historique de la vie individuelle. Considérées sous cet angle, la naissance et la mort ne seraient rien d'autre que le devenir et la disparition à l'échelle de l'histoire de la planète.

On peut même pousser plus loin le rapprochement. Chaque individu constitue une version unique de son espèce, au moins chez les êtres vivants d'organisation complexe. Aucun être humain une fois mort ne réapparaîtra jamais sous la même forme avec la même disposition du patrimoine génétique, le même génotype. Les dizaines de milliers de gènes dont nous sommes porteurs offrent une trop grande multitude de combinaisons possibles. Nous le savons tous, et personne ne pense qu'il puisse vraiment exister deux êtres humains identiques. Avec un individu disparaît donc toujours aussi une combinaison unique de dispositions génétiques. Toute mort marque à vrai dire la fin d'une certaine lignée génétique. Même lorsque l'individu qui disparaît s'est abondamment reproduit, il n'a fait que fonder ainsi de nouvelles lignées génétiques, qui se sont détachées de la sienne. La reproduction directe ne serait possible que par division et duplication – sans modification du patrimoine génétique.

L'objection facile, suivant laquelle la mort individuelle ne constituerait pas une perte parce que la reproduction assurerait la perpétuation de la vie dans la lignée en question, ne correspond pas à la réalité profonde du phénomène. Il faut donc se contenter en un premier temps de constater que la vie « s'offre le luxe » de la mort.

Peut-elle aussi se permettre l'extinction dans le cadre de l'évolution? Le seul fait de notre existence et de celle de millions d'autres espèces semble au premier abord le prouver sans contestation possible. Bien sûr, la vie dans son ensemble peut se permettre ces pertes, sans quoi il n'y aurait pas toute la variété d'espèces que nous connaissons. Selon la conception darwinienne, n'ont disparu que celles qui n'étaient pas aussi bien adaptées que celles qui ont survécu : *survival of the fittest* – la survie des plus aptes, selon la célèbre formule de Darwin!

Mais, rétorquent Stephen Jay Gould et d'autres, trop d'espèces ont disparu, dont beaucoup étaient merveilleusement adaptées, pour qu'on puisse régler à la légère le problème de leur disparition. Lorsque des catastrophes cosmiques s'abattent sur la planète – comme il y a environ soixante-cinq millions d'années, lorsque furent détruits d'un coup tous les dinosauriens et de nombreuses autres formes de vie –, le degré d'adaptation ne compte plus. La destruction frappe aveuglément et ceux qui survivent ont de la chance.

Un certain nombre d'arguments plaident en faveur de ces vues. Ainsi, les curieuses formes animales – dont les derniers vestiges fossiles ont été retrouvés au nord de l'Australie dans ce que l'on a appelé la faune d'Ediacara – disparurent relativement tôt. Elles font partie des fossiles les plus anciens que nous connaissions. Il n'est pas resté non plus grand-chose de la faune fantastique des schistes du Burgess au Canada. Les animaux marins ont été lourdement frappés il y a déjà quatre cent quarante millions d'années et ils le furent une deuxième fois à peine quatre-vingts millions d'années plus tard. Les estimations les plus prudentes semblent indiquer que disparurent alors 70 % des espèces. L'extinction la plus dévastatrice marque la fin du permien, il y a environ deux cent cinquante millions d'années. 75 à 90 % des organismes vivants qui occupaient les mers en furent victimes. Presque la moitié des familles s'éteignirent. Et, dans la suite de l'histoire géologique, les disparitions massives ne cessèrent de se reproduire. La dernière frappa de nombreuses espèces de la mégafaune. C'était à la fin de la dernière glaciation. Actuellement, la destruction des forêts pluviales tropicales et d'autres paysages qui abritaient une faune multiple entraîne la disparition de nombreuses espèces; c'est là un phénomène d'extinction comme il n'en était peut-être plus survenu depuis soixante-cinq millions d'années.

Sans entrer dans le détail des causes respectives de ces processus, pouvant aller des chutes de météorites géantes jusqu'à l'activité destructrice de l'homme, on peut conclure de ce qui précède qu'il n'y a jamais eu d'évolution ou de disparition progressive et continue. Il y a eu au contraire des phases au cours desquelles le taux de mortalité était beaucoup plus élevé que le taux de renouvellement des espèces. Au cours de ces périodes de crise, la variété des espèces, la diversité des formes de vie diminuèrent sensiblement, allant parfois jusqu'au désastre. Mais ensuite revinrent des périodes de longueur variable, au cours desquelles le taux de renouvellement arrivait à compenser le taux de disparition, de sorte que le bilan final n'était pas négatif. Enfin, il dut toujours y avoir des périodes au cours desquelles de nouvelles espèces voyaient le jour et se différenciaient rapidement, comme par exemple celle qui vit l'essor des mammifères au début du tertiaire.

Les données scientifiques excluent donc la validité générale d'une thèse selon laquelle la disparition des espèces serait comparable à la mort des individus et par conséquent sans incidences sur l'évolution. Le seul fait que l'histoire géologique se subdivise en périodes clairement distinctes s'oppose à la vision qui découlerait de la conception darwinienne de l'évolution. Si les nouvelles espèces se formaient insensiblement, par petites étapes et à la suite de petites modifications du génome, elles disparaîtraient de façon analogue. Le cours de la vie, s'il était aussi régulier, ne devrait pas pouvoir se diviser en segments aussi clairement délimités. Pour plus de simplicité, il eût même été préférable de fixer les limites chronologiques par des chiffres ronds et de compter en périodes de dix, cinquante, cent millions d'années et ainsi de suite. Si ces phases doivent être définies de façon presque aussi irrégulière que les périodes de l'histoire de l'humanité, c'est la preuve à la fois de l'historicité du processus évolutif et de l'importance capitale de l'extinction des espèces.

La biologie de l'évolution se trouve donc prise dans un dilemme. Si elle adopte l'optique darwinienne, elle va à l'encontre des données paléontologiques et géologiques. Le processus de la sélection naturelle n'explique pas suffisamment les phénomènes d'extinction. La position adverse, qu'affectionnent Gould et d'autres paléontologues, ne rend pas compte de la suite de l'évolution et de l'évolution supérieure des organismes vivants. En bonne logique, elle les nie et taxe l'homme de présomption lorsqu'il croit voir dans le processus évolutif un progrès vers des stades d'évolution supérieurs et qu'il se situe lui-même au sommet de cette évolution.

Pouvons-nous échapper à ce dilemme? Ou bien les esprits se divisent-ils inévitablement sur ce point, ce qui conduirait à la constitution de deux camps scientifiques, ainsi que le laisse supposer la distinction effectuée par les Américains entre gradualistes et ponctualistes? Les gradualistes se conforment au schéma initial de Darwin. Ils expliquent même les phases de changement rapide par l'effet cumulatif de multiples petites mutations génétiques qui ont été soumises à la sélection naturelle et ont subi l'épreuve avec succès. Lorsque les conditions extérieures se modifient rapidement, les espèces s'éteignent de toutes parts plus rapidement que dans les périodes d'évolution relativement plus calmes. Mais la transition demeure graduelle.

La thèse opposée se fonde sur l'idée de transformations brusques et ponctuelles de l'histoire géologique qui ont provoqué des phénomènes d'extinction massive. Le moteur de l'évolution n'est pas tant, aux yeux des ponctualistes, le taux de renouvellement des espèces que leur taux d'extinction. Lorsque ce taux est élevé, parce que des catastrophes se sont abattues sur la terre, l'équilibre qui s'est établi au cours des périodes d'évolution calme est ponctuellement rompu et le flux du vivant s'engage alors dans de nouveaux canaux. L'évolution darwinienne ne joue que dans les périodes calmes de l'histoire géologique, alors que les périodes troublées qui se caractérisent essentiellement par des disparitions massives créent des conditions nouvelles.

Il nous manque à ce stade de l'exposé des éléments d'explication du processus évolutif trop importants pour pouvoir trancher. Nous ne porterons donc pas d'autre jugement et nous contenterons de constater que les deux thèses décrivent essentiellement le processus, mais n'apportent pas grand-chose qui puisse nous aider à résoudre le problème des causes de l'évolution. L'opposition entre gradualistes et ponctualistes montre toutefois assez clairement une chose : le succès de la survie se mesure au jugement porté sur l'extinction.

Revenons sur l'exemple que nous avons pris au début de ce chapitre. La mort des individus, qui va de soi, ne semblait pas pouvoir être considérée comme analogue aux phénomènes d'extinction des espèces au cours de l'évolution. Le rapprochement n'est pourtant pas injustifié. Car dans ce schéma s'inscrit au niveau intraspécifique le même processus que celui que nous observons dans le cadre de l'évolution.

L'espèce humaine, *Homo sapiens*, est apparue il y a plus de cent mille ans. Elle appartient au genre homme, *Homo*, dont les racines remontent, il y a trois millions d'années en arrière, à la famille des hominidés, qui font partie de l'ordre des primates. Les primates sont issus de la classe des mammifères, dont l'origine se situe à l'ère secondaire, ce qui nous fait donc encore augmenter d'un cran les intervalles de l'échelle chronologique. La très ancienne classe des mammifères, vieille de deux cent vingt millions d'années, fait elle-même partie de l'embranchement des chordés dont on trouve déjà des représentants dans la fameuse faune des schistes du Burgess. L'origine de ces derniers, issus d'organismes pluricellulaires, dépasse la limite du milliard d'années et rejoint celle de la cellule complexe dont nous traiterons dans le chapitre sur l'évolution cellulaire et l'apparition de la vie.

Ces unités supérieures de l'organisation du vivant correspondent aux unités supérieures de l'échelle de l'évolution. Dans ce cadre, la disparition de nombreuses espèces est comparable à la disparition de nombreux individus au sein de l'espèce, sans que pour autant la lignée adaptative représentée par l'espèce en question soit éteinte. L'extinction de genres tout entiers pèse plus lourdement, elle touche déjà un plus large éventail de formes d'organisation variées. Cela vaut à plus forte raison encore pour les familles et les ordres. Nombre de familles ont effectivement disparu au fil des millions d'années : pratiquement la moitié de celles qui existaient lors de la grande destruction massive de la fin du permien. Mais même ces super-catastrophes n'ont pas fait disparaître la plupart des ordres et des classes. Et presque tous les embranchements ont subsisté !

Ces considérations modifient nécessairement notre jugement sur l'extinction des espèces et des genres. La catastrophe dont furent victimes à la fin du crétacé l'ensemble des dinosauriens qui existaient encore ne fit disparaître aucune des grandes lignées de sauriens. Les tortues, les lézards, les serpents, les crocodiles et les gymnophiones ont survécu. La structure des reptiles s'est conservée, même si les formes les plus grandes ont disparu. Lorsque l' « overkill » de l'ère glaciaire vint décimer la mégafaune, il est vrai que le mammouth, le rhinocéros laineux, l'ours des cavernes, le lion des cavernes, le cerf géant et d'autres espèces ont péri en chemin. Mais il est incontestable également que des éléphants, des rhinocéros, des ours, des lions, des rennes, de wapitis et d'autres espèces de cervidés ont survécu dans le monde entier. L'extinction d'espèces très marquantes ne détruisit pas pour autant la structure de familles ni même d'autres groupes d'un niveau supérieur d'organisation. Si les épidémies de peste et de choléra avaient anéanti à la fin du Moyen Age tous les représentants de la race blanche, une part importante de l'espèce humaine aurait certes disparu, mais l'espèce en tant que telle subsisterait toujours. Les phénomènes d'extinction ne doivent donc pas se mesurer quantitativement. Ce sont en dernier ressort les survivants qui comptent, avec les structures et les formes d'organisation qu'ils représentent. Tout au contraire des espèces qui ont subi un taux de destruction extrêmement élevé, ces structures, dont nous retrouvons les traces fossiles, se sont étonnamment bien conservées. Ce ne sont même pas les représentants les plus faibles et manifestement les plus élémentaires de ces types d'organisations qui ont disparu. Si c'était le cas, la biologie aurait les plus grandes difficultés du monde à retrouver la trace des rapports de parenté aussi bien dans le règne animal que végétal.

Ainsi, malgré l'incontestable supériorité des plantes florifères d'origine phylogénétique plus récente, il subsiste toujours une multitude d'hépatiques, de mousses, de fougères et de prêles, c'est-à-dire de végétaux qui ont été prédominants à une époque antérieure de l'histoire géologique. Les nouvelles formations les ont certes refoulés, mais pas totalement fait disparaître. La même observation vaut pour la flore marine comme pour la multitude de lignées et de structures d'organismes animaux qui vivent dans les mers et les océans. Les éponges, les coraux, les méduses ou les échinodermes, les escargots de mer et les coquillages existent depuis les origines de la vie pluricellulaire. Même les crustacés, comparés aux poissons téléostéens ou même aux mammifères qui se sont adaptés au milieu marin, ont une existence très ancienne. Pourtant leurs formes d'organisation ont traversé des périodes de crise de l'histoire géologique et elles ont résisté à la concurrence de formes plus modernes.

Compte tenu de ces élément, si nous considérons les grandes unités dans la marche de l'évolution, nous nous apercevons qu'en dépit des terribles revers et des lourdes pertes qui ont jalonné l'histoire géologique, le taux de renouvellement des familles et des ordres compense largement le taux d'extinction de ces grandes catégories. Très peu de classes ont disparu; très peu de nouvelles classes sont apparues au fil du temps. Quant aux pertes survenues au niveau des embranchements, il n'y en a pratiquement eu aucune, et jamais la vie végétale ni la vie animale n'ont totalement disparu de la planète. La survie n'est donc pas le fait du hasard, même si les phénomènes d'extinction constituent une manifestation secondaire inéluctable de la vie. Survie et extinction doivent être mises en relation avec les niveaux respectifs auxquels elles se rapportent. La fin d'un certain nombre d'espèces ne signifie pas pour autant la disparition de la classe à laquelle elles appartiennent.

La survie d'une espèce ou d'un genre dépend de sa diffusion et de sa densité. Plus une espèce est nombreuse et plus elle est répandue, moins elle risque de s'éteindre – et vice versa. Les petites populations isolées sont incomparablement plus exposées que les populations nombreuses et dispersées. Quant à savoir si une espèce se répand et se subdivise en une variété de nouvelles formes adaptatives ou non, cela dépend très étroitement des conditions environnementales : une espèce est toujours le produit de l'interaction qui s'opère entre l'organisme et son environnement. On ne peut comprendre la survie des espèces ou la marche de l'évolution sans tenir compte de l'environnement et de ses transformations. En effet ce ne sont pas uniquement les catastrophes cosmiques ni les autres crises de l'histoire géologique qui décident de leur vie ou de leur survie, mais aussi la diffusion et la densité. Or diffusion et densité sont étroitement liées à l'exploitation de l'environnement.

Le jeu de l'évolution se passe sur la scène du théâtre écologique, pour reprendre la formule de l'écologiste américain G. Evelyn Hutchinson (1965). Cette scène a considérablement changé au cours de ces millions d'années et tous les organismes ont participé à ce changement. Leur interaction avec l'environnement a créé des conditions différentes. La terre n'a pas été dès le départ telle qu'elle est actuellement. Sans l'influence de la vie, elle serait différente, elle serait même toute différente.

Chapitre 11

L'ÉVOLUTION DE LA BIOSPHÈRE

Les conditions de vie ont beaucoup changé au cours de l'histoire géologique. La biosphère, cette enveloppe foisonnante de vie, n'entoure la terre que depuis peu de temps. Les organismes vivants participèrent d'ailleurs largement à l'évolution. Ils durent s'adapter à des transformations qu'ils avaient eux-mêmes en partie provoquées.

Si la vie se développa d'abord dans les mers, ce n'est pas sans raison. Longtemps, pendant des millions et des millions d'années, la terre ferme fut impropre à toute occupation. Et au départ, la mer n'existait pas non plus. L'écorce terrestre en voie de solidification était bien trop chaude. L'eau qui s'échappait des cheminées volcaniques s'évaporait entièrement et formait avec le méthane et l'ammoniac une atmosphère totalement hostile à la vie. Il fallut attendre que l'écorce terrestre se fût suffisamment refroidie pour que la vapeur se condensât en eau, entraînant ainsi la formation des premières mers.

Rétrospectivement, tout cela nous semble relever d'un passé si lointain, devenu si insignifiant, que même les scientifiques tendraient à n'accorder aucune importance, pour la vie actuelle, aux conditions qui régnaient dans l'atmosphère (Fischer, 1987) et l'océan des origines. Or ce passé n'est pas du tout dénué d'importance, et ce pour deux raisons capitales : la première est que cette situation a eu des conséquences qui se ressentent encore aujourd'hui, parce qu'elle a défini alors le cadre de l'apparition de la vie. La deuxième est liée à la durée. Depuis environ quatre cents millions d'années règnent des conditions de vie comparables à celles que nous connaissons aujourd'hui. Or, cette séquence ne représente même pas un dixième de l'existence de la terre. Il y a donc tout lieu de penser que ces temps originels, qui nous paraissent si lointains mais représentent au regard de l'histoire de la planète le passé le plus récent, ont des répercussions plus lourdes qu'on ne s'y attendrait. Notre réflexion sur l'apparition de la vie devrait tenir tout particulièrement compte de ces conditions initiales.

Par endroits, nous trouvons encore aujourd'hui des conditions environnementales assez proches de celles qui régnaient sans doute sur la planète dans ce lointain passé où la vie fit son apparition. Ces lieux que tout le monde considérerait d'emblée comme hostiles à toute forme de vie se trouvent sur les volcans actifs, aux sources d'eaux minérales chaudes ou dans les cheminées sous-marines qui suivent les failles de l'écorce terrestre au fond des océans. Ces cheminées « hydrothermiques » et les geysers, ou les sources gazeuses et sulfureuses, ont en commun deux propriétés : des températures élevées dépassant parfois 100 °C et une extraordinaire richesse minérale.

Lorsque les premiers êtres vivants sont apparus dans des conditions à peu près similaires, leur environnement ressemblait à un bouillon de matières minérales brûlantes; on y trouvait toute la chaleur et les sels minéraux voulus. Au fur et à mesure que les océans se remplirent, la température s'abaissa et la concentration de sels minéraux dissous se réduisit à une infime fraction de ce qu'elle était à l'origine. Ce qui fut pour les organismes la première grande transformation environnementale dut par conséquent être lié à l'extension de la vie dans les mers.

L'eau, qui est aujourd'hui le garant de la vie, représenta une menace pour les toutes premières formes vivantes parce que les molécules d'eau déconcentraient, dissolvaient les matières plus complexes qui s'étaient déjà formées, et surtout – ce qui était encore plus nocif – les redécomposaient. Tout laisserait penser que les formes de vie originelles durent devenir « imperméables » avant de pouvoir se répandre dans la mer. Nous verrons plus précisément comment elles y réussirent dans le chapitre consacré à l'apparition de la vie. En tout cas, il devint sans aucun doute nécessaire d'établir une limite par rapport au monde extérieur, de « s'encapsuler ». C'était la condition *sine qua non* pour que les organismes en train de se former parviennent à contrôler l'afflux de matières dont ils avaient besoin et le rejet de celles dont ils n'avaient plus besoin. Le maintien d'un état d'équilibre interne, l'homéostase, est la condition fondamentale d'existence, la condition d'aptitude à la survie, des formations dites prébiologiques (= que leur structure interne mettait sur la voie de la vie). Les conditions extérieures étaient fixées par l'environnement. Celui-ci resta, prendant les quelque trois milliards d'années qui suivirent, essentiellement constitué d'eau.

L'océan universel, qui s'était formé à partir de l'eau produite par la terre elle-même, et qui se trouva ensuite grossi d'une pluie incessante de comètes de glace, fut en tout cas le berceau des formes de vie supérieures. Que la vie soit issue directement de la mer ou qu'elle soit apparue dans le monde infernal des sources sulfureuses brûlantes, le véritable développement des organismes vivants s'est amorcé dans la mer. Les stades précurseurs, que l'on trouve encore aujourd'hui sous la forme d'archéobactéries (Hartman *et al.*, 1987) et dont la science ignorait totalement l'existence il y a une bonne vingtaine d'années encore, ne pouvaient guère poursuivre leur évolution dans les conditions de température très élevée et de concentration extrême des matières minérales où elles se trouvaient. De même que l'environnement des archéobactéries est resté pour l'essentiel identique depuis les origines les plus anciennes de la terre, elles n'ont manifestement pas subi non plus de tranformation. L'évolution s'est produite loin du lieu des origines dans la mer.

Les conditions environnementales y étaient toutes différentes. Les sels minéraux y étaient finement répartis et l'immense masse d'eau amortissait si bien les variations de température qu'il s'instaura des conditions pratiquement constantes. La lumière, source d'énergie capitale, ne peut être exploitée en milieu marin que dans les couches superficielles bien éclairées. En dehors des mers, en revanche, l'intensité d'irradiation était si forte que les fragiles structures biologiques auraient immédiatement été détruites. En effet l'atmosphère ne renfermait pas encore d'oxygène, il ne pouvait donc pas encore se constituer de cloche protectrice d'ozone.

De ce fait, la terre ferme était encore hostile à la vie, alors que toute une variété d'organismes vivants avaient déjà fait leur apparition en milieu marin. Leur activité vitale modifia au fil des millions d'années les conditions environnementales. Les bactéries soufre transformèrent le soufre, les bactéries du fer exploitèrent l'énergie résultant de la « combustion » transformant le fer bivalent en fer trivalent. Cette transformation demande toutefois de l'oxygène. Il était produit par les cyanobactéries (algues bleues) qui pratiquaient la photosynthèse. L'oxygène est et demeure un produit du métabolisme des plantes vertes et des bactéries dites photo-autotrophes, du type des cyanobactéries.

Pour les organismes vivants qui peuplaient les mers, qualifier de catastrophique l'activité des cyanobactéries serait un euphémisme. Ils se consumaient du même coup parce que leur organisme n'était pas assez protégé contre l'oxygène. Leur situation était comparable à celle que nous observons aujourd'hui lorsque l'oxygène produit ce corps beaucoup plus réactif qu'est l'ozone, qui cause de véritables ravages parce que les cellules n'ont pas de protection suffisante à lui opposer.

Nous pouvons donc supposer que lorsque apparut la photosynthèse, ce produit toxique du métabolisme entraîna la destruction massive d'autres organismes. Les conditions de vie en milieu marin se transformèrent radicalement. Non seulement l'oxygène anéantit la majorité des structures organiques, mais il oxyda aussi les métaux, devenus du même coup inutilisables pour les organismes qui en étaient habituellement dépendants. Les organismes vulnérables qui vivaient des processus de fermentation ou de décomposition ne purent se réfugier que dans les endroits pauvres en oxygène ou même totalement à l'abri de l'oxygène. Ils existent encore aujourd'hui et sont les témoins des temps les plus reculés.

Lorsque de nos jours une pollution catastrophique des rivières épuise tout l'oxygène dissous dans l'eau, on voit se reconstituer les conditions qui étaient à peu près celles de la mer des origines, alors dépourvue d'oxygène. Mais à peu près seulement : dans ces cours d'eau où les métaux sont oxydés depuis longtemps, seuls un petit nombre de microbes peuvent se développer.

C'est pourquoi il n'y a pas de retour possible. L'oxygène a si profondément modifié notre planète qu'il ne peut plus y avoir de recommencement comme avant son dégagement. S'il se manifestait, où que ce soit, une vie nouvelle et indépendante, des formes préexistantes, elle serait inévitablement détruite par l'oxygène.

A ce gaz toxique qu'était au départ l'oxygène, les autres organismes n'avaient rien à opposer. Aucune autre réaction chimique n'était susceptible de produire assez d'énergie pour pouvoir entrer en concurrence avec les producteurs d'oxygène. La mer universelle se remplit donc d'oxygène et ce jusqu'à saturation, c'est-à-dire jusqu'à ce que le degré de solubilité fût dépassé et que tout ce qui dans l'eau était susceptible de combustion lente fût oxydé. Dès lors, le gaz se dégagea de plus en plus abondamment dans l'atmosphère. Les gigantesques récifs du précambrien, qui se sont constitués il y a plus de six cents millions d'années, portent témoignage de ce processus au cours duquel de minuscules organismes prélevèrent sur l'eau de mer d'énormes quantités de calcaire pour former de véritables chaînes de montagnes sous-marines, tandis qu'ils dégageaient simultanément dans l'atmosphère des quantités correspondantes d'oxygène, et préparaient ainsi cette atmosphère pour le passage des organismes vivants en milieu terrestre.

Entre-temps, non seulement ces derniers s'étaient accoutumés à l'oxygène, mais ils avaient même fait de nécessité vertu. Ce gaz initialement toxique se prête idéalement à la combustion des matières organiques disponibles dont on peut tirer une énergie utile. Il fallait toutefois que le processus se déroulât dans des conditions strictement contrôlées pour qu'en plus des matières organiques nutritives ne soient pas brûlées aussi des parties de l'organisme lui-même.

Il est nécessaire de revenir ici au sujet de notre troisième chapitre, car c'est ce qui a entraîné la formation du premier écosystème. Ce dernier repose sur le stockage intermédiaire de l'oxygène dans l'atmosphère ou dans l'eau [il s'y trouve alors sous sa forme dissoute comme molécule d'oxygène ordinaire composée de deux atomes d'oxygène (O_2), et donc moins active]. Les réactions qui se déroulent à l'intérieur de la cellule utilisent de l'oxygène atomique ou, plus exactement, la forme si dangereuse qui résulte de la décomposition de l'ozone (O_3).

Le stockage permet que la réaction de la photosynthèse ne s'inverse pas immédiatement. La réaction inverse est appelée respiration parce qu'elle fournit tous les éléments de base nécessaires à notre respiration. Si le mécanisme photosynthèse/respiration se limitait au simple processus chimique d'une réaction équilibrée, on n'y gagnerait rien. Indépendamment des conditions extérieures, la réaction produirait exactement autant qu'elle absorberait – et vice versa. La formule chimique s'écrirait de la façon suivante :

$$6\ CO_2 + 6\ H_2O \rightleftarrows C_6H_{12}O_6 + 6\ O_2$$

La différence radicale avec une telle réaction chimique équilibrée provient de la séparation qu'opèrent entre les deux processus les organismes vivants. La réaction de la photosynthèse ne se déroule que dans un sens, telle qu'elle est écrite ci-dessus, c'est-à-dire vers la droite. La respiration, dans l'autre sens. Les deux formes de réaction sont séparées par l'organisme de la plante. Les animaux n'effectuent que la deuxième réaction, comme tous les microbes qui décomposent des matières organiques à l'aide de l'oxygène.

Pour les végétaux, la séparation entre les deux processus est vitale. S'ils ne se débarrassaient pas d'abord de l'oxygène, ils ne pourraient pas pousser parce qu'ils ne disposeraient pas des matières premières nécessaires à cet effet. Qui dit croissance dit augmentation de la biomasse et celle-ci est assurée chez les plantes essentiellement par la production de sucre (hydrates de carbone) au cours de la photosynthèse. Plus la réaction inverse, la respiration, intervient rapidement, plus les possibilités de croissance sont réduites. Les algues minuscules, qui ont une vie courte, et les cyanobactéries contournent en partie la difficulté en se reproduisant rapidement. Mais elles ne peuvent pas prendre des formes plus importantes parce que la réaction respiratoire qui fournit de l'énergie intervient trop tôt. Une croissance prolongée n'est possible que lorsque les produits de la photosynthèse sont assez résistants et que, par exemple, ils sont emmagasinés sous forme d'amidon ou de cellulose. L'oxygène ne détruit plus ces composés. Les animaux utilisateurs de cette production végétale sont porteurs d'enzymes spéciales qui décomposent l'amidon. L'oxygène ne suffit pas à lui seul à exploiter ces matières. La cellulose est encore plus difficile à décomposer. Seuls quelques rares microbes y parviennent, et encore, uniquement dans des conditions particulières de chaleur et d'humidité.

C'est à cause de ce déséquilibre initial entre photosynthèse et respiration qu'il n'y eut jamais d'équilibre par la suite. Lorsque les plantes conquirent la terre ferme, grâce à la protection offerte par la couche d'ozone, elles produisirent constamment d'énormes excédents. Nous les retrouvons aujourd'hui sous la forme de gisements de charbon et de pétrole, que nous exploitons.

Cela eut pour effet secondaire de modifier de façon tout à fait univoque le rapport entre oxygène et gaz carbonique dans l'atmosphère terrestre : 0,03 % de gaz carbonique – presque une denrée rare pour une matière première assurant la croissance des plantes – et 21 % d'oxygène, lequel se trouve disponible en quantité surabondante pour la respiration. De cette disproportion découle également, dans le fond, le déséquilibre entre biomasse végétale et biomasse animale, tel que nous le trouvons aujourd'hui sur la terre.

Au sommet de l'évolution de la vie végétale, il y a environ trois cents à quatre cents millions d'années, la teneur en oxygène de l'atmosphère était encore plus élevée; il se peut même qu'elle ait approché les 30 %. C'est ce qui permit à cette époque la formation de gros insectes, comme les libellules géantes des forêts marécageuses du carbonifère qui avaient soixante-dix centimètres d'envergure. La respiration des insectes était dans ces conditions plus rentable qu'elle ne le fut par la suite, lorsque la teneur de l'atmosphère en oxygène ou, mieux, sa part de la pression globale de l'atmosphère (pression partielle) eut régressé de près d'un tiers.

Pourquoi cette surproduction qui se traduisit d'un côté par la formation des masses de charbon et de pétrole et d'un autre par la forte teneur en oxygène de l'atmosphère? Pourquoi la respiration ne suivit-elle pas le rythme et ne retransforma-t-elle pas assez vite les produits de la photosynthèse dans les matières initiales? C'est ce qu'auraient impliqué nos conceptions actuelles d'un équilibre de la nature. Mais les choses ne se passèrent pas ainsi.

Si nous considérons la photosynthèse et la respiration comme le modèle d'écosystème le plus élémentaire dans lequel synthèse et décomposition se succèdent, nous sommes forcément amenés à la constatation curieuse que, pendant des millions et des millions d'années, synthèse et décomposition n'ont pas été équivalentes.

Et pourtant synthèse et respiration s'intégreraient de façon tout à fait convaincante dans un processus cyclique. A partir des matières premières anorganiques – gaz carbonique et eau – et de l'énergie de la lumière solaire, les plantes vertes fabriquent des hydrates de carbone, matières organiques, avec dégagement d'oxygène. L'énergie de la lumière s'accumule dans le produit de la photosynthèse et elle est réutilisée par la réaction inverse au cours de laquelle, pour une part, les plantes elles-mêmes, mais surtout les animaux et les micro-organismes vivants redécomposent par la « consommation respiratoire » d'oxygène la matière organique dans laquelle ils puisent leur énergie vitale, produisant ainsi à nouveau du gaz carbonique et de l'eau. Production et consommation devraient se trouver dans un rapport d'équilibre. Or ce n'est pas le cas, même pas au sein de l'organisme végétal lui-même qui croît, autrement dit augmente sa biomasse, en exploitant le déséquilibre entre photosynthèse et respiration.

Des cycles s'établissent effectivement, mais avec un retard considérable, qui, dans le cas de la surproduction de la première phase d'occupation des terres par les végétaux (laquelle se perpétua plus de cent millions d'années), ne peut plus être considéré comme un retard : la retransformation des hydrates de carbone qui se sont constitués à cette époque est seulement en train de s'effectuer depuis que nous brûlons de grandes quantités de charbon et de pétrole. Dans les tourbières aussi, il y a une accumulation constante de matières organiques dont la respiration ne remet en circuit qu'une faible part. C'est pourquoi les masses de tourbe augmentent considérablement au fil du temps, en dépit d'un taux de croissance annuel relativement réduit.

Nous trouvons au contraire des cycles fermés dans tous les endroits où les matières premières utilisées par le processus de production sont (ou sont devenues) rares. Par exemple, dans la forêt pluviale des zones tropicales ou dans les savanes intensivement exploitées par les animaux de pâture. Production et consommation s'équilibrent sur l'année et il n'y a pas d'accumulation de matière non utilisée. Du reste, dans ces conditions, il n'y a pas non plus d'excédents utiles.

Il faut donc que nous tentions une brève digression pour examiner de plus près le rôle des animaux. Du point de vue de la production végétale, leur intervention n'est pas seulement superflue, elle constitue presque un obstacle à l'établissement de cycles équilibrés, vu que la décomposition bactérienne fournit suffisamment de gaz carbonique. Une fois de plus, photosynthèse et respiration apparaissent comme le processus fondamental. Les plantes sont les producteurs. Les utilisateurs, agents de décomposition, étaient et sont encore aujourd'hui essentiellement les microbes qui retransforment la matière végétale en ses composants de base. Un univers exclusivement constitué de plantes et de microbes devrait donc pouvoir fonctionner. Mais il ne le pourrait précisément qu'à la condition que les microbes travaillent assez vite pour avoir terminé la décomposition d'une production avant que s'amorce le cycle de production suivant. En milieu tropical c'est difficilement imaginable, car production et décomposition s'y déroulent presque simultanément. En dehors du milieu tropical, la période productive de l'été est suivie du repos hivernal au cours duquel les agents de décomposition ne peuvent pas exercer leur action ou ne peuvent en tout cas pas l'exercer pleinement. L'excédent estival n'est pas entièrement traité avant le début de la nouvelle phase productive.

Production et consommation s'enchaînent rarement assez harmonieusement pour que s'instaurent des cycles fermés. Il y a presque toujours un décalage. Sans quoi, les animaux n'auraient pas eu la moindre chance de voir le jour : la grande majorité d'entre eux – et même l'homme – vivent de ces décalages au cours desquels une biomasse énergétique est mise à leur disposition.

Si tant est que l'on puisse parler ici de « rôle », celui des animaux, en tant que consommateurs, est d'exploiter les décalages. Ils en profitent pour produire une nouvelle biomasse, plus concentrée que la matière végétale initiale en ce qui concerne les matières « riches » – comme les protides, les composés énergétiques du phosphore et certaines graisses (lipides). Les hydrates de carbone tiennent à ce stade une place bien moins importante que celle qu'on leur attribue habituellement. Ce sont des fournisseurs d'énergie, mais ils n'entrent pas dans la composition des matières essentielles dont dépend la vie.

Les déséquilibres écologiques entre production et décomposition (réduction) permettent donc l'évolution vers des formes de vie supérieures. Lorsque les cycles fonctionnent parfaitement et sont bien fermés, que production et décomposition se déroulent très rapidement, comme dans la forêt pluviale, la part de vie animale, en particulier celle des plus grosses espèces, demeure extrêmement réduite. La biomasse animale ne représente qu'un infime fragment, à peine quelques millièmes de la biomasse végétale, dans ces régions. Plus les transformations de la biomasse sont décalées, plus la formation de biomasse animale peut être importante.

Une vision trop idéaliste des écosystèmes et du fonctionnement de la nature induit donc fatalement en erreur et conduit à ignorer les processus créateurs qui ont influencé de façon déterminante le cheminement de la vie au cours de l'évolution.

Les écosystèmes ne sont pas, comme on le prétend ou le laisse entendre trop souvent, identiques aux systèmes organiques. Il manque à ces entités, que la recherche écologique appelle de façon tout à fait impropre les « unités de fonctionnement de la nature », trois propriétés fondamentales et caractéristiques des organismes vivants :

– l'écosystème n'a pas d'intérieur et d'extérieur, il n'a pas de limite; il est défini (arbitrairement) par les investigations de la recherche;

– l'écosystème ne peut pas se reproduire;

– l'écosystème n'a pas de mécanisme central de commande qui puisse le maintenir dans un état de fonctionnement comparable à l'homéostase des organismes.

Il résulte de ces différences que les écosystèmes ne sont pas de « super-organismes » et ne peuvent pas non plus agir en tant que tels. Un écosystème ne s'effondre pas; il passe dans un nouvel état de fonctionnement lorsque les conditions changent. Quand des matières premières importantes pour les processus de production ou de consommation se raréfient, il se crée une sorte d'autorégulation. La stabilité apparente qui en découle est la conséquence de la raréfaction et non pas une propriété inhérente aux écosystèmes.

C'est pourquoi, objectivement, les écosystèmes exploités et gouvernés par l'homme se révèlent plus stables, autrement dit sont soumis à des fluctuations moindres que les écosystèmes naturels d'un niveau de productivité comparable. En revanche, si l'on compare l'exploitation agricole intensive avec les biotopes naturels, très pauvres en matières nutritives, il est bien évident que, du fait du moindre volume de matières minérales et énergétiques transformées, ces derniers sont plus « stables » que les systèmes de production d'exploitation intensive.

Quel rapport peut-il y avoir entre cette digression – fréquemment mal comprise – sur l'écologie et notre sujet central, qui est l'évolution? Nous avons plusieurs raisons de considérer les grands déséquilibres prolongés de l'économie naturelle comme les moteurs du processus évolutif. Nous reviendrons sur ce point dans la deuxième partie de ce livre. Contentons-nous de dire ici que notre analyse du processus évolutif nous conduira à souligner bien plus les déséquilibres que les équilibres.

La terre considérée dans son ensemble comme un écosystème ne se trouve dans une sorte d'état d'équilibre, de toute façon mal défini, que depuis une date très récente à l'échelle géologique. Les dernières grandes variations qui ont eu des répercussions durables ne remontent qu'à quelques dizaines de milliers d'années en arrière, au moment où de vastes parties de notre planète étaient soumises aux rigueurs de l'ère glaciaire. Et nous nous permettrons ici d'anticiper : les grandes transformations du processus évolutif ne se produisirent pas dans des périodes de relatif équilibre. Cette proposition nous ramène au cœur de notre problème. Qu'est-ce qui se cache derrière les grandes mutations et transformations évolutives? Quels sont les moteurs de l'évolution?

Deuxième partie

SIX CHAPITRES SUR LES MOTEURS DE L'ÉVOLUTION

Chapitre 1

LA THÈSE DARWINIENNE : MUTATION ET SÉLECTION

Konrad Lorenz (1963) parlait des mutations génétiques et de la sélection naturelle comme des « deux grands constructeurs de l'évolution des espèces ». Ils sont au cœur même de la « nouvelle synthèse » élaborée par les biologistes de l'évolution et les généticiens de la première moitié du XXᵉ siècle sur la base de l'ouvrage capital de Charles Darwin (1859). Avec la sélection naturelle, Darwin n'a expliqué que l'un des mécanismes fondamentaux sur lesquels s'appuie le processus biologique de l'évolution. Le savoir génétique était encore peu avancé au milieu du siècle dernier ; Darwin ne pouvait avoir connaissance que de ce qui était extérieurement visible, ce qu'il pouvait observer sur le plan comportemental ou physiologique ou mesurer d'après des modifications. La nature même de l'hérédité lui restait cachée. Il ne cessa de mettre l'accent sur la variabilité des organismes. S'ils ne variaient pas, la sélection ne pourrait ni privilégier les meilleurs, autrement dit les plus aptes à la vie, ni éliminer les moins aptes. On pouvait déjà en déduire très clairement le mécanisme, même si la nature du patrimoine génétique restait inconnue.

La plupart des biologistes et de nombreux spécialistes des sciences naturelles admirent donc sans réserves la thèse darwinienne de l'« évolution des espèces par la sélection naturelle ». Les réticences à l'encontre de cette théorie vinrent d'autres secteurs, essentiellement de ceux où le dogme de l'histoire de la création du monde, de la vie et de l'homme telle qu'elle figure dans la Bible était au centre de la foi. Les biologistes n'en étaient pas totalement absents. On compta même parmi les plus puissants adversaires de Darwin des biologistes particulièrement éminents comme Louis Agassiz (1807-1873) en Amérique ou Hans Driesch (1867-1941) en Allemagne; ce dernier fut même l'un des principaux porte-parole du « néo-vitalisme ». Les vitalistes se refusaient à ramener les processus du vivant et l'apparition de la vie à des phénomènes physiques et chimiques. Au tournant du XIXe et du XXe siècle, ils s'opposèrent avec plus ou moins de violence aux biologistes de l'autre camp, taxé de « mécanisme ». Dans le domaine germanique, Ernst Haeckel (1834-1919) fut le plus célèbre défenseur de la théorie darwinienne.

Si, négligeant toutes les divergences de détail, on essaie de tirer un bilan sommaire des différentes écoles, on aboutit à une constatation curieuse : les adeptes de la thèse darwinienne étaient issus pour la plupart des secteurs de l'écologie et de la biologie, alors que ses adversaires se trouvaient plutôt dans les rangs des biologistes de l'évolution. Les uns étudient l'environnement des organismes, les autres leur organisation interne, le devenir « organismique ». Cette séparation a perduré. Biologistes de l'évolution et médecins ont aujourd'hui encore une attitude réservée, voire critique, à l'égard de la thèse darwinienne, alors que les écologistes, les physiologistes, et pour une part aussi les morphologistes voient et recherchent partout des « adaptations » au sens darwinien.

Le vaste courant évolutionniste qui s'instaura au XXe siècle submergea la plupart des représentants de courants critiques, car à la découverte darwinienne de la sélection, vérifiée expérimentalement à maintes reprises, vint s'ajouter celle du deuxième constructeur de l'évolution des espèces : la mutation. Seuls quelques rares biologistes – dans le domaine germanophone il n'y en eut à vrai dire que deux très éminents, Adolf Portmann (1897-1982) et Joachim Illies (1925-1982) – essayèrent encore d'aller à l'encontre d'une explication qui leur paraissait trop mécaniste. Les succès phénoménaux de la génétique pesèrent trop lourd. Ce que Darwin avait vaguement soupçonné se dévoilait plus clairement encore que ne l'eussent cru possible les partisans les plus convaincus de la thèse darwinienne.

Avec la découverte des chromosomes et l'analyse des processus fondamentaux de l'hérédité, la clef d'une explication biologique de l'évolution semblait à portée de main. Darwin avait raison : les modifications de l'information génétique entraînent des transformations de l'apparence et des aptitudes des organismes vivants. L'incroyable masse d'informations contenue dans le patrimoine génétique fournit la base matérielle sur laquelle s'effectuent les variations nécessaires à la théorie de la sélection. Les mutations génétiques, incontrôlées, fortuites, forment la matière première de la sélection.

Cette corrélation étroite était apparue dès le début du xxe siècle, même s'il fallut attendre 1953 pour que James Watson et Francis Crick définissent la nature de l'information génétique. Un double filament, dit double hélice parce que les deux filaments sont enroulés ensemble en spirale, se révéla le véritable support de l'information génétique. Il contient sous forme codée les instructions nécessaires à la synthèse des enzymes qui commande la suite des processus intracellulaires. Les interconnexions des deux filaments constituent l'« alphabet de la vie ». Quatre substances complémentaires, qui ont une structure annulaire, l'adénine et la cytosine d'un côté, la guanine et la thymine de l'autre, sont les supports d'information correspondant à l'alphabet morse. L'ensemble du contenu informatif de l'organisme vivant se limite donc à quatre lettres, toujours associées deux à deux, suivant les combinaisons convenables (A-T et C-G). Etant donné le nombre réduit de signes, il faut des répétitions innombrables pour que se forment des « phrases signifiantes » qui seront transposées en enzymes.

Avec ces découvertes capitales de la génétique, les caractères héréditaires prenaient la forme d'entités concrètes, les gènes. L'ensemble des gènes, ou génome, représente le contenu informatif des organismes. Certaines « lettres » de l'alphabet génétique se modifient par mutation. Par exemple un appariement A-T se transforme en liaison C-G. Au cours de la décomposition d'une enzyme, il peut se produire une transformation de sa structure qui prête à cette matière protidique de nouvelles propriétés. La sélection est dès lors en mesure d'intervenir et de tester les capacités d'aptitude de la nouvelle variante.

Si celle-ci se révèle plus avantageuse que la forme inchangée, elle se répandra au fil des générations et finira par s'imposer. Dans le cas inverse, elle disparaîtra à nouveau, ou sera conservée comme modification insignifiante (mutation neutre). Dès le premier tiers du XXᵉ siècle, les généticiens Sewall Wright et Ronald Fischer avaient montré comment se diffusaient les nouvelles configurations génétiques et ils en avaient déduit la mesure de la force de la sélection. Tout cela coïncidait très bien avec les nouvelles découvertes sur la structure du génome.

Il ne restait plus qu'à déchiffrer l'alphabet de la vie. Ce n'était toutefois pas une tâche facile. La structure chimique des deux brins enroulés en spirale pour constituer la double hélice est assez compliquée. Son nom même le reflète : acide désoxyribonucléique ou ADN. Entre les filaments renfermant l'ADN, les bases dites fondamentales, adénine et thymine, cytosine et guanine, tissent, comme une échelle de corde interminablement longue, les interconnexions qui donneront le contenu informatif. Les radiations énergétiques et certaines substances chimiques qui agissent sur le génome déclenchent des mutations par interversion des bases fondamentales. L'information se présentant sous forme codée, et devant donc d'abord être « traduite » par la synthèse des enzymes, les mutations ne sauraient se produire autrement que de façon fortuite.

Le généticien et biochimiste Jacques Monod (1910-1976) fonde là-dessus sa propre théorie de l'évolution qu'il présente comme un pur enchaînement de hasards laissant les hommes perdus en marge de l'univers. En effet, d'après Monod, si les mutations en elles-mêmes sont déjà le fait du hasard, le résultat doit nécessairement aussi porter la marque du hasard, même si la sélection se cache derrière. Pour exprimer les choses sous une forme un peu simplificatrice : le hasard écrit de nouveaux textes signifiants.

On ne peut guère imaginer de représentation plus mécaniste des causes de l'évolution. Un « horloger aveugle », pour reprendre la formule de sociobiologiste Richard Dawkins (1988), commande le mécanisme du progrès dans le domaine des organismes vivants. Cette métaphore s'inscrit dans la même optique que Konrad Lorenz lorsqu'il accorde au hasard aveugle des mutations le rang de deuxième grand constructeur de l'évolution. La « nouvelle synthèse », conçue par les biologistes de l'évolution dans la première partie du XXe siècle et intronisée par Theodosius Dobzhansky (1951) et Ernst Mayr (1967), dont les ouvrages marquèrent de façon décisive la conception biologique du monde, a connu un véritable triomphe. Ce que ses fondateurs avaient supputé ou espéré se passa et vint confirmer les progrès mille fois accélérés de la génétique. Elle est depuis longtemps déjà la discipline dominante à l'intérieur de la biologie, définissant la vie comme un mécanisme complexe mais analysable de cycles et d'interactions biochimiques commandés par les instructions du patrimoine génétique, les gènes. La biologie de l'évolution peut pratiquement se ramener à cette formule condensée.

La formule clef de la biologie de l'évolution est à peu près aussi laconique et aussi incisive : l'évolution est une variation de la fréquence des gènes. Les changements de fréquence des caractères génétiques dont les supports concrets sont les gènes, qui constituent en quelque sorte les unités d'information, engendrent le processus d'évolution. La sélection opère comme un filtre. Elle retient de l'offre qui se présente à elle – la population et sa progéniture – les individus les plus aptes et laisse tomber les autres à travers sa grille. Ce qui reste est mieux adapté que la génération précédente, et ainsi de suite. A chaque nouvelle étape de la reproduction, la sélection filtre et réduit par conséquent la variation, mais les mutations garantissent qu'interviennent toujours des variations nouvelles.

La reproduction sexuée permet que se mélangent toujours suffisamment d'éléments anciens et d'éléments nouveaux car elle ne cesse de créer de nouvelles combinaisons et de défaire les anciennes. Bref, elle secoue les dés du patrimoine génétique et les jette de telle sorte que la sélection teste constamment l'aptitude de nouvelles combinaisons. Quelques dizaines de gènes pouvant s'associer de n'importe quelle façon suffisent à offrir un nombre astronomique de combinaisons possibles. La sélection ne devrait donc jamais manquer de variations puisque les organismes apportent des milliers et des dizaines de milliers de gènes, ou de groupements de gènes, et des millions de « lettres » de l'alphabet du vivant, pour établir de nouvelles combinaisons.

Mais, précisément sur ce point, une faiblesse s'est révélée assez vite qui a donné lieu à des violentes attaques contre ce « néo-darwinisme », non pas tant de la part de biologistes ayant adopté une position critique à l'égard de cette théorie que de la part de physiciens. Si le nombre de combinaisons possibles est aussi grand, l'improbabilité qu'une seule de ces combinaisons soit employée par de nombreux éléments individuels augmente à son tour dans des proportions astronomiques : la réception de l'information génétique nécessaire par exemple à la constitution d'un œil de vertébré en état de fonctionner, si elle était le fait de démarches fortuites indépendantes les unes des autres, demanderait un si grand nombre de mutations « justes » et « adaptées » que ce hasard, grand constructeur, serait perpétuellement surmené.

Sans la valeur de survie de la formation des tout premiers points photosensibles à la surface du corps et sans stades de fonctionnement intermédiaires, qui existent à la vérité en grand nombre, jamais une pareille structure ne pourrait se construire. Toute la durée d'existence de l'univers ne suffirait pas pour qu'un œil puisse se former par hasard, sans stades intermédiaires.

Le hasard ainsi conçu est assimilable à une loterie. Pour l'apparition et l'évolution du vivant, il n'a aucun sens. En effet, sur l'organisme même, la sélection ne peut jamais agir que par toutes petites étapes en soumettant les mutations au test d'aptitude. Mais pour des changements plus importants, il faut des milliers de toutes petites étapes successives.

Le patrimoine génétique lui-même réagit. Des mécanismes de réparation, d'une efficacité étonnante, assurent l'élimination des erreurs résultant de mutations. Le taux de mutation d'un dix millième à un dix millionième par gène est si bas qu'il paraît difficile d'admettre la thèse d'une accumulation progressive de nouveaux caractères jusqu'à l'apparition de nouveaux types d'adaptation.

Un certain nombre de biologistes comme Richard Goldschmidt (1940) l'avaient compris avant même la découverte des gènes. Ils supposaient l'intervention de grandes mutations indépendantes, ce qu'ils appelaient *hopeful monsters*, pour expliquer l'apparition de familles, d'ordres, de classes, voire d'embranchements nouveaux. La génétique moderne en fit des « monstres désespérés » à ranger au placard des théories biologiques caduques. Du côté du génome, on ne trouvait pas le moindre indice de grandes mutations de cette envergure qui aient pu ouvrir la voie à de nouvelles adaptations ni fonder de nouvelles lignées.

De même la génétique a évacué définitivement l'hypothèse selon laquelle des propriétés acquises dans le rapport direct avec l'environnement pouvaient être intégrées au patrimoine génétique et transmises héréditairement. Il n'y a pas de transmission héréditaire des propriétés acquises. Une série d'expériences en a donné la preuve éclatante. Ainsi des bactéries exposées à un antibiotique ne développent pas pour autant des résistances. En fait, le ou les mutants résistants étaient déjà présents. Dans une culture bactérienne, l'antibiotique susceptible de détruire la grande majorité des bactéries détruisait toutes les autres. Les mutantes, résistantes, subsistaient et commençaient à se reproduire.

Ce qui est très clairement illustré par la sélection extrêmement efficace qu'opère un antibiotique ne se manifeste bien souvent dans les conditions naturelles des mutations courantes qu'au bout de nombreuses générations. Les nouveaux mutants ne s'imposent pas d'emblée, même s'ils présentent des avantages très nets. Leur diffusion dépend de la pression de sélection régnante qui s'exprime en génétique des populations par la « loi de Hardy-Weinberg », cette loi stipule que les taux de fréquence de deux caractères présents au sein d'une population ne varient pas tant que n'intervient pas de sélection, que la population en question est assez étendue et que ses représentants s'unissent sans restriction (autrement dit dans le cas de ce que les spécialistes appellent une population panmictique). Peu importe que la population en question se soit déjà reproduite, peu importe même la fréquence à laquelle elle se reproduit au cours d'une période donnée : sans sélection, il n'y a pas de variation du rapport de fréquence entre les caractères.

Si l'on constate néanmoins une variation, qui ne s'inscrit plus dans la marge de variation statistique (variations fortuites), ce peut être pour deux raisons. Ou bien la population était trop petite, ou bien la sélection est intervenue. Au sein d'une population restreinte, il peut arriver que la fréquence des caractères varie du fait de ce que l'on a appelé la dérive génétique. L'union fortuite d'individus porteurs de certains caractères et ayant un taux de reproduction élevé peut suffire à transformer les rapports de fréquence des gènes, sans pour autant que la sélection soit intervenue. Ce phénomène s'observe tout particulièrement au sein des nouvelles colonies, car leurs « populations de pionniers » ne réunissent qu'une partie de l'ensemble du patrimoine génétique de l'espèce en question.

Selon les individus qui composent les populations de pionniers, leur progéniture sera conforme au schéma normal de l'espèce ou s'en écartera plus ou moins sensiblement. Mais, en dépit de différences manifestes, aucune sélection n'est intervenue car la population nouvelle ne constituait tout simplement pas un échantillonnage représentatif. Lors du peuplement de nouveaux territoires comme les îles océaniques, ou de milieux présentant un caractère insulaire à l'intérieur des continents, la dérive génétique et les populations nouvelles sont susceptibles de jouer un rôle dans la division des espèces.

En revanche, suivant la loi de Hardy-Weinberg, les modifications que nous pourrons observer au sein de populations assez nombreuses ne sauraient en aucun cas être dues au hasard. La modification des fréquences géniques est alors plutôt l'expression de la puissance et de l'orientation de la sélection. Plus les rapports de fréquence entre les caractères génétiques se modifient de génération en génération, plus la sélection est forte – et inversement. Les variations de la formule Hardy-Weinberg nous fournissent donc directement la mesure de la puissance de la sélection. Là où nous les constatons, nous voyons l' « évolution en action ».

En voici un exemple : la phalène du bouleau (*Biston betularius*) est une espèce de papillon de la famille des phalènes, répandue dans de vastes régions d'Europe. Ce papillon est normalement de couleur blanchâtre, pointillé de noir, comme s'il avait été saupoudré de poivre. Selon la classification zoologique, il s'agit là de la forme normale. Mais il existe aussi un mutant entièrement noir, appelé *Forma carbonaria.* Ce spécimen est apparu de plus en plus fréquemment au siècle dernier en Angleterre et dans quelques autres secteurs. Admettons que cette forme noire ait représenté 5 % de la population locale : cette valeur serait restée pratiquement constante au fil des années, indépendamment du nombre plus ou moins important de phalènes du bouleau à ce moment-là. On ne peut plus déterminer exactement quand ces mutants noirs sont apparus pour la première fois. Peut-être existaient-ils déjà il y a des milliers d'années. Mais leur nombre subit brusquement une forte augmentation à la fin du XIXe siècle. Par endroits ils devinrent même si fréquents que l'on ne trouvait presque plus de représentants de la forme blanche normale.

C'est que les conditions environnementales avaient tout simplement changé pour la phalène du bouleau : avec l'industrialisation croissante, des régions entières de l'Angleterre étaient noircies de suie. Les troncs des bouleaux sur lesquels se posent ces papillons n'étaient plus blancs, la suie les avait rendus grisâtres ou noirs. Sur ce fond, le mutant noir était bien moins visible que le représentant de la forme claire, normale, que les oiseaux localisaient sans peine. Le rapport de fréquence entre les représentants de la forme normale blanche et les mutants noirs se modifia au fil des générations au profit des spécimens noirs. La suie provenant de l'industrialisation entraîna un changement des conditions environnementales et modifia donc le « paysage de la sélection ». La modification des fréquences géniques mesurait la force de la sélection.

La théorie synthétique de l'évolution prévoyait tout à fait ce type de mécanisme. L'accouplement ne devait pas non plus faire apparaître de préférences ni de rejet entre mutants et forme initiale, car la panmixie génétique constitue aussi l'une des conditions d'application de la loi Hardy-Weinberg. Or rien ne semblait indiquer que la phalène du bouleau n'observât pas ces règles du jeu. L'essor des mutants noirs et leur régression, lorsque les conditions d'hygiène environnementale s'améliorèrent, sont considérés comme l'exemple classique de processus d'évolution observable et explicable. Mutation et sélection en sont effectivement les constructeurs.

La théorie de l'évolution avait donc dépassé le stade du schéma ou de l'hypothèse. Elle s'inscrivait parmi les théories des sciences de la nature, illustrée et soutenue par cet exemple et par beaucoup d'autres. Sans l'évolution, pourrait-on résumer, plus rien n'aurait de sens en biologie. L'évolution, théorie de l'origine commune et des corrélations entre les organismes vivants, définissait le cadre global de cette science. L'évolution est un fait et non plus une hypothèse. Elle définit l'axe chronologique du déroulement des phénomènes naturels, puisque, au-delà du domaine biologique, les processus évolutifs déterminent les phénomènes de transformation et de disparition qui se produisent dans la nature inanimée et dans le cosmos. Le biologiste viennois Rupert Riedl (1975, 1976) et de nombreux autres représentants des sciences naturelles ont défendu cette thèse du rôle capital de l'évolution dans le cosmos.

Les débordements des progrès de la génétique occultèrent toutefois une distinction extrêmement importante : la constatation que l'explication du « comment » n'éclaircit pas forcément la question du « pourquoi » de l'évolution. Mutation et sélection sont-elles véritablement les deux grands constructeurs? Ou bien ne seraient-elles pas plutôt un simple mécanisme, qui doit être alimenté par une autre source pour fonctionner?

Que nous apprennent les exemples modèles sur les moteurs de l'évolution? Est-il important ou non de savoir si la mutation préexistait, chez certaines bactéries, à l'administration de l'antibiotique? Depuis l'apparition des mutants noirs de la phalène du bouleau, il y a une centaine d'années, y a-t-il quoi que ce soit qui ait vraiment changé chez la phalène du bouleau elle-même? A l'échelle réelle de l'évolution – dont les meilleures illustrations nous sont fournies par les fossiles et par les différences entre les grands groupes d'organismes vivants –, quel domaine de l'évolution ces exemples recouvrent-ils?

Si l'on y regarde de plus près, un domaine relevant exclusivement de l'écologie. Aussi bien les minuscules bactéries que ce grand papillon qu'est la phalène du bouleau ont réagi à des modifications environnementales – sans pour autant modifier considérablement leur propre organisation. Les bactéries étudiées expérimentalement n'ont pas changé d' « espèce » si l'on peut vraiment parler d'espèce s'agissant de bactéries, comme on en parle à propos des organismes pluricellulaires. S'il a fallu cinquante ou cent générations chez les phalènes du bouleau pour que – conformément aux lois de la génétique des populations – réussisse à s'imposer un seul caractère : le changement de coloration des ailes, alors que les transformations environnementales étaient brutales et les effets de la sélection très certainement intenses, combien de temps aurait-il fallu pour que se soient produites des transformations substantielles qui eussent fait par exemple de la phalène du bouleau un tout nouveau type d'adaptation à l'intérieur de l'ordre des papillons?

D'après les lois de la génétique des populations, dans les conditions où les caractères génétiques se combinent librement, le calcul du temps nécessaire ne serait-ce que pour réunir une dizaine de caractères nous amène à une durée qui dépasserait de loin celle de l'existence de l'ordre des papillons. Transposé à notre propre espèce, cela voudrait dire que des différences aussi minces que la couleur de la peau, et l'établissement de ce caractère distinctif sur des populations entières, auraient pris des centaines de générations. Les quelques millions d'années qui séparent notre genre de nos ancêtres du genre *Australopithecus* n'auraient guère pu suffire pour que s'établissent les lourdes différences qui séparent l'australopithèque, qui a certes déjà adopté la station verticale mais demeure un singe anthropoïde, du représentant de notre genre.

Une autre considération doit donc entrer en ligne de compte : la mutation et la sélection ne seraient-elles pas plutôt les manœuvres, les petits artisans de l'évolution ? Car il semblerait plus conforme à la réalité de concevoir qu'elles agissent dans le détail, alors que leur influence sur les grands changements paraît difficile à définir. Pour filer la métaphore : nous n'avons pas de preuves convaincantes que la mutation et la sélection soient les grands architectes de l'évolution car elles n'en expliquent apparemment que les petites étapes. La mutation et la sélection, nous en avons la preuve, ont affecté la surface du fleuve du vivant, mais elles ne sauraient expliquer les grands mouvements de fond.

Ce n'est pas par hasard que justement les biologistes de l'évolution, comme l'inventeur et fondateur de la théorie de la continuité du plasma germinatif, August Weismann (1834-1914), ou d'autres éminents biologistes qui étudiaient l'organisme lui-même, avec ses capacités d'auto-organisation et d'autorégulation, considéraient que l'interaction des phénomènes de mutation et de sélection ne suffisaient pas à expliquer les origines du processus d'évolution. Si, de nos jours encore, un groupe de biologistes de Francfort réunis autour de Wolfgang Gutmann (1981) rejettent la vision darwinienne traditionnelle de l'évolution et tentent de faire passer au premier plan la structure fondamentalement hydraulique de l'organisme et ses propriétés de transformateur d'énergie, il ne faut en aucun cas voir là un combat d'arrière-garde insignifiant que mèneraient des vitalistes éternellement passéistes; au contraire, cette approche du mécanisme de l'évolution doit être prise tout à fait au sérieux. Car l'état actuel du débat entre biologistes de l'évolution semble avoir perdu de vue le partenaire indispensable des gènes qu'est l'organisme.

La conception darwinienne traditionnelle en tenait compte davantage que la théorie moderne dominée par la génétique. Richard Dawkins attribue aux organismes vivants un rôle qui les ravale au rang de simples supports de gènes. Ils sont utilisés comme véhicule par les gènes, qui ne cherchent qu'à se diffuser et à se multiplier au maximum. Mais si les organismes n'étaient rien d'autre, une question capitale se pose alors : pourquoi l'évolution aurait-elle produit des structures aussi complexes, alors que des cellules comparativement élémentaires sont tout aussi capables de transporter des gènes et d'en assurer la diffusion ?

Si, comme le pense Dawkins (1978, 1987), les chiens et les chats n'étaient somme toute que des récipients contenant des gènes, il n'y aurait aucun besoin de la variété qui existe à l'intérieur de l'ordre des carnivores, dont font partie les deux familles, canidés et félidés. Dawkins va encore plus loin, il compare nos cerveaux en tant que supports et diffuseurs de pensées et d'informations, qu'il appelle « mnèmes », avec le plasma germinatif, support et diffuseur des gènes. Mais pour les mnèmes également, tous les autres aspects de la variété des organismes humains seraient non seulement superflus, mais nuisibles à leur diffusion et à leur multiplication.

La nature ne s'offrirait-elle le luxe extraordinaire des organismes les plus divers et les plus hautement complexes que pour véhiculer des gènes et des mnèmes ? Les implications du principe d'économie selon lequel on trouve tout dans la nature seraient-elles erronées, et, par conséquent, le principe de « parcimonie », celui de « l'explication la plus économique en matière de sciences naturelles », qui se vérifie pourtant systématiquement, perdrait-il ici sa validité ? S'il s'agissait là de prémisses fausses, non seulement la majorité des biologistes, mais de nombreux autres spécialistes des sciences naturelles travailleraient sur d'assez mauvaises pistes. Les succès de leurs recherches seraient inexplicables, fortuits et arbitraires.

L'organisme ne peut pas être seulement un véhicule pour des gènes qui en tireraient le meilleur parti possible. L'organisme tombe malade lorsque s'infiltre et se développe en lui hors de son contrôle, comme c'est le cas sous l'effet d'une infection virale ou d'un cancer, une information qui ne lui convient pas. Une théorie de l'évolution qui tient compte avant tout des gènes, mais néglige en revanche leur partenaire, l'organisme, ou ne le présente que comme l'objet de la sélection naturelle, n'est pas nécessairement fausse. Mais elle est, et reste nécessairement incomplète.

Essayons donc d'envisager le cheminement de la vie sous un autre angle : que produisent les organismes eux-mêmes? La première partie de ce livre contient déjà une foule d'informations à ce propos. Comment se classent-ils, quelle image nous donnent-ils? Si des biologistes comme Richard Dawkins considèrent les organismes comme les marionnettes de leurs gènes, nous pouvons tout aussi légitimement nous permettre d'assigner aux gènes une place subalterne. Peut-être les deux pôles que constituent les gènes et les organismes s'harmoniseront-ils un peu mieux. L'une des justifications, et non des moindres, de cette démarche est que lorsque nous traitons de la conquête du milieu terrestre, ou que nous abordons l'évolution des dinosaures, des mammifères et des oiseaux, nous nous situons sur un plan tout autre que celui des formes claire et sombre de la phalène du bouleau ou de la sensibilité des bactéries aux antibiotiques. Lors du passage des organismes vivants à la vie terrestre, on pourrait même considérer que les gènes qu'ils contenaient étaient comme des prisonniers, entièrement livrés à ces organismes et entièrement dépendants de leur réussite ou de leur échec.

Chapitre 2

NON PAS HASARD MAIS CHANGEMENT DE FONCTION

Le passage de la vie aquatique à la vie terrestre représente incontestablement une performance. La frontière est assez bien tracée. Il n'y a pas de transition progressive entre l'air et l'eau mais une limite à franchir, ou à dépasser. Même les milieux où la vie animale est prétendument amphibie, étangs, lagunes, marécages et rives en voie d'assèchement, ne changent pas grand-chose à cette séparation brutale. Les plantes qui émergent de la surface de l'eau dégagent de la vapeur d'eau, ce qu'elles ne peuvent plus faire lorsqu'elles se trouvent à nouveau dans l'eau. Les animaux aquatiques qui respirent par des branchies ne survivent que très peu de temps hors de l'eau.

Les animaux qui se sont spécialisés, comme les périophthalmes (genre *Periophthalmus*), chargent d'humidité leurs cavités branchiales pour les brèves excursions qu'ils entreprennent sur la terre ferme. Nombre de crustacés font à peu près la même chose. Inversement, les animaux terrestres à respiration aérienne se noient si une trop grande quantité d'eau entre dans leurs poumons ou dans les organes respiratoires correspondants (par exemple la trachée chez les insectes). Les rares espèces qui s'accommodent relativement bien des deux biotopes se révèlent à l'observation plus approfondie de véritables spécialistes. On voit aisément à leur aspect s'ils sont issus du milieu aquatique ou du milieu terrestre. Les formes intermédiaires, qui ont pourtant bien dû nécessairement exister, ont-elles simplement disparu parce que leurs parents aquatiques étaient mieux adaptés et que leurs descendants terrestres ont progressé assez rapidement pour ne plus laisser aux frontaliers de quoi survivre?

Le labyrinthodonte du dévonien, l'ichtyostéga, vertébré des plus primitifs, et sans doute bien l'un des premiers organismes qui tentèrent le passage à la vie terrestre il y a quatre cents millions d'années environ, fait peut-être partie de ces êtres imparfaits qui n'étaient assez bien établis ni dans un milieu ni dans l'autre pour survivre à long terme. Mais comment se fait-il que ces formes aient eu malgré tout les aptitudes requises pour la durée relativement limitée du passage d'un milieu à l'autre?

Considérons en premier lieu le passage des vertébrés au milieu terrestre; il représente certes la dernière des grandes conquêtes de la vie sur les continents, mais l'organisation des vertébrés nous est familière. Nous savons par notre propre expérience les problèmes que pose un trop long séjour dans l'eau. Nous savons que nous avons besoin d'air pour respirer et que des poumons remplis d'eau ne sont pas une très bonne chose. C'est pourquoi personne, parmi ceux qui s'intéressent aux phénomènes biologiques, ne viendrait à penser que les ancêtres des batraciens, qui ressemblent à des salamandres et furent les premiers vertébrés à effectuer le passage en milieu terrestre – constituant par conséquent un maillon indispensable de la chaîne de notre propre histoire évolutive – aient pu être pourvus de minuscules excroissances du gros intestin, à peine visibles, qui seraient devenues par la suite de plus en plus grosses et se seraient transformées en poumons.

Les débuts n'auraient rien apporté et ils n'auraient pas pu faciliter le passage sur la terre ferme. En outre, il ne semble guère plausible que la respiration aérienne se soit amorcée dans une excroissance de l'intestin. Un animal comme l'ichthyostéga, qui mesurait au moins un mètre de long, avait besoin de poches d'air beaucoup plus grosses pour assurer l'absorption d'oxygène et la production de gaz carbonique nécessaires.

Inversement, on ne peut pas imaginer que les débuts aient été faits par des formes d'ichtyostégas nains, mesurant à peine quelques centimètres de long, car ces petits organismes se seraient desséchés trop vite. Les agiles loches d'étang représentent selon toute apparence une impasse : elles n'ont pas de poumons miniatures susceptibles d'emmagasiner de l'air, mais des cavités branchiales tout à fait normales, qu'elles tiennent fermées lorsqu'elles sont hors de l'eau, jusqu'à ce qu'elles éprouvent à nouveau le besoin de les humidifier. Nos anoures ne constituent pas non plus un contre-exemple; leur métamorphose du stade de têtard muni de branchies à celui de grenouille chez qui se sont développés des poumons fait d'eux une espèce à part, correspondant à une évolution déjà beaucoup plus avancée que celle des tritons et des salamandres, dont les poumons sont atrophiés, les mouvements lents et la consommation d'oxygène faible. Du reste, la prodigieuse métamorphose des anoures n'est pas une répétition en raccourci de l'histoire phylogénétique du passage des vertébrés à la vie terrestre, mais une adaptation particulière à la reproduction dans les petits cours d'eau.

Il serait vain de vouloir résoudre par des hypothèses plus ou moins convaincantes ou hasardeuses la question du passage sans transition de la respiration aquatique à la respiration aérienne et de son fonctionnement. La solution nous est apportée par des formes vivantes existant encore aujourd'hui : les dipneustes de l'hémisphère Sud, les crossoptérygiens de l'ouest de l'océan Indien et différents poissons d'Europe centrale comme la loche d'étang (*Misgurnus fossilis*) et la foule de poissons osseux comme la carpe et l'anguille, le brochet et la perche. Outre des branchies, ils possèdent des poumons ou, tenant lieu de poumons, des vessies natatoires sous les formes les plus diverses. Des poissons comme les dipneustes ou la loche d'étang avalent de l'air et l'emmagasinent dans une excroissance de la partie antérieure de l'intestin qui fait fonction de poumon. Ils améliorent ainsi l'échange gazeux qui, par les branchies, ne se déroule pas aussi bien dans les eaux chaudes, pauvres en oxygène, que dans les eaux froides, abondamment oxygénées. Les autres ont transformé en vessies natatoires les excroissances de l'intestin apparues bien avant le passage à la vie terrestre. Chez les formes plus élémentaires, phylogénétiquement plus anciennes, elles sont reliées par un canal à l'arrière du pharynx et se remplissent directement d'air. Les poissons munis de ce dispositif sont aussi en mesure de laisser échapper de l'air de leur vessie natatoire et ils produisent ainsi des sons, ils « chantent sous l'eau ».

Au sein des groupes d'un niveau d'évolution supérieur, comme les percoïdés, l'intestin et la vessie natatoire ne communiquent plus. Des glandes particulières assurent le dégagement de gaz nécessaire au remplissage de la vessie. Le gaz est transporté par la circulation. Il est constitué pour l'essentiel d'azote dissous dans le sang mais ne réagissant pratiquement avec aucun autre corps. Par l'intermédiaire de la vessie, les poissons contrôlent leur propre poids spécifique et par conséquent la force porteuse de l'eau. Le volume de gaz contenu à l'intérieur de l'organisme se fixe de telle sorte que les poissons parviennent à un poids spécifique égal à celui de l'eau que repousse leur corps. Ils ne dépensent donc pas d'énergie pour flotter. De légères modifications de la pression gazeuse se répercutent sur le volume, de sorte que le poisson s'élève ou s'enfonce dans l'eau. Les poissons comme les silures, qui vivent au fond, ont un poids spécifique à peine supérieur à celui de l'eau et descendent dans l'eau sans effectuer de mouvements natatoires.

La vessie natatoire fonctionne donc comme un « organe hydraulique ». Elle est au moins aussi développée et existe sous des formes au moins aussi variées que les poumons chez les vertébrés terrestres, mis à part les oiseaux.

L'évolution de la vessie natatoire est donc issue d'invaginations de la paroi intestinale, par nature abondamment irriguée, puisque c'est à travers cette paroi que se diffusent les matières nutritives. Si la partie antérieure se prêtait mieux à cette formation que la partie médiane ou postérieure de l'intestin, c'est à cause de la digestion. Plus elle est avancée, moins il reste d'oxygène dans l'intestin. Dans la partie antérieure, près de l'orifice buccal, non seulement l'eau ingérée avec la nourriture est encore fortement oxygénée, mais même l'air que l'animal peut éventuellement avaler est exploitable. C'est là, au niveau de l'extrémité antérieure de l'intestin, que se trouvent les branchies de poissons, et là que se sont formées les poches qui servent d'organes de soutien à la respiration et ont donné d'un côté la vessie natatoire, de l'autre les poumons. Chez les gros poissons qui vivent dans la boue des eaux tropicales chaudes, ces poches sont déjà d'un volume tel qu'en période de pénurie d'eau, elles peuvent presque assurer seules l'échange respiratoire.

Le passage à la vie terrestre supposait la combinaison de ces formations encore assez élémentaires et de nageoires puissantes sur lesquelles le corps put s'appuyer, une fois sur la terre ferme, pour lutter contre la force de la pesanteur. Elles non plus ne se développèrent pas à partir d'infimes moignons à l'amorce du passage à la vie terrestre. Les nageoires existaient déjà depuis longtemps sous les formes les plus diverses. Elles faisaient partie de l'« équipement » de base des poissons et n'ont régressé que chez un très petit nombre de formes spécialisées.

Ces organes connurent alors – et cela vaut aussi pour de nombreuses autres propriétés vitales – un changement de fonction. Ils se révélèrent aptes à satisfaire des exigences qui n'avaient rien à voir avec leur origine.

La situation n'est pas dans son principe bien différente chez cet autre groupe bien plus éloigné de nous que constituent les articulés. Eux aussi disposaient de tout ce qu'il fallait pour passer sur la terre ferme : une carapace solide de chitine rigide que les sécrétions graisseuses rendaient assez imperméable, des pattes articulées sur lesquelles ils se propulsaient déjà dans l'eau et qui ont pris chez les crustacés une variété de formes encore plus grande que celle produite plus tard par les insectes, les arachnidés et les myriapodes, après le passage à la vie terrestre. En effet la force porteuse de l'eau est d'un grand secours pour les gros crustacés.

Les antennes et les appareils mandibulaires appropriés existaient aussi depuis longtemps, de même que les premiers vertébrés qui s'établirent sur le continent avaient déjà des dents, qui leur permettaient de mordre, et des organes sensoriels, des yeux, des organes gustatifs et olfactifs qui fonctionnent en principe aussi bien dans l'eau que dans l'air. Il n'est pas question de nier pour autant que le passage à la vie terrestre ait rencontré des difficultés, mais de montrer que les grands changements qui ouvrent la voie à une évolution nouvelle ne se déroulent pas nécessairement lentement, comme la théorie de l'interaction entre mutation et sélection nous contraindrait à le postuler.

Il importe de noter que ce ne furent pas, dans la plupart des cas, les groupes les plus évolués de cette époque qui ouvrirent des horizons nouveaux, mais plutôt des formes moyennement ou peu différenciées. Un thon de haute mer est, si l'on peut dire, davantage « poisson » qu'un dipneuste, mais comme tel il n'aurait précisément aucune chance d'évoluer vers une autre forme adaptative. Le thon est un spécialiste de la vie en haute mer et il ne se prête pas aux transformations qui seraient nécessaires pour permettre de s'enfoncer sous terre ou de passer sur la terre ferme. Est-ce à dire que seules les formes simples, primitives, seraient susceptibles de faire progresser l'évolution? Non. Est-ce alors, à l'inverse, que les produits de pointe seraient seuls susceptibles d'engendrer des adaptations d'un niveau encore supérieur? Les propositions de ce type sont emplies de préjugés et n'ont aucun sens au regard du déroulement des phénomènes biologiques au cours de l'évolution.

Nous devons énoncer encore quelques observations sur les plantes et leur conquête du milieu terrestre. Leur organisation est si éloignée de la nôtre que nous ne pouvons guère nous placer dans leur optique. Deux aspects partiels, mais représentatifs de l'ensemble, devront suffire ici à éclairer le principe. L'un est lié aux colorants qui jouent un rôle dans l'utilisation de l'énergie de la lumière, l'autre aux résultats de cette utilisation que sont les produits de la photosynthèse.

D'abord les colorants : le monde végétal est vert parce que les plantes utilisent dans la photosynthèse la chlorophylle comme colorant absorbant la lumière. Si nos bois et nos prés sont verts, c'est donc grâce à la chlorophylle. Les plantes pourraient tout aussi bien être rouges, jaunes ou marron! Ce n'est ni une plaisanterie ni une supposition purement théorique, car le spectre de la lumière solaire contient d'autres couleurs que le vert. Certes la couverture végétale des terres et des couches superficielles de l'eau est colorée en vert en raison de la meilleure efficacité de la cholorophylle verte pour une lumière de très forte intensité, mais en principe les autres colorants ne sont nullement exclus.

En milieu aquatique – ou plus exactement marin, car très peu de représentants marquants de ces groupes d'algues ont pénétré en eau douce –, on trouve une véritable palette de colorants végétaux qui intervient dans la photosynthèse; elle va du jaune et du marron jusqu'à un rouge sombre. Les plongeurs le savent bien. Les radiations d'ondes longues vont plus en profondeur que les radiations d'ondes courtes. Le ton dominant varie donc d'un bleu vif en surface jusqu'à un rouge sombre et velouté en profondeur. Les algues exploitent la répartition des ondes des rayons lumineux suivant la profondeur. Comme le pigment vert de la chlorophylle agit plus efficacement en surface, les plantes qui en étaient issues et qui se répandirent sur la terre ferme apportèrent avec elles la chlorophylle. Les pigments rouges et marron jouent un rôle bien moindre; les derniers surtout, pour protéger l'appareil très sensible de la photosynthèse uniquement à l'automne ou lorsque les feuilles vieillissantes commencent à jaunir ou deviennent marron. On voit parfois aussi apparaître alors des pigments rouges qui ne sont plus dissimulés par la dominante chlorophyllienne. Si l'occupation des terres était partie des algues rouges ou brunes, nos forêts et nos champs baigneraient dans le rouge sombre ou le marron clair.

Une étude plus approfondie montre que tout cela est lié aussi au résultat de la photosynthèse. Sans l'extraordinaire rendement de la chlorophylle, les végétaux terrestres ne seraient très vraisemblablement pas en mesure de produire l'excédent d'hydrates de carbone nécessaire pour fabriquer du bois. Et sans bois, sans soutien rigide, les plantes rampantes ou maintenues à la verticale par la seule pression de la sève, n'auraient pas pu donner ces organismes végétaux géants que sont les arbres. Le programme, la recette de la fabrication de la lignine est manifestement secondaire : une recette n'est d'aucune utilité lorsque les matières premières sont indisponibles ou ne peuvent être produites. Faut-il alors parler de hasard, lié à des mutations et à des évolutions lentes, contrôlées en permanence par le filtre de la sélection, ou de percées d'un tout autre ordre? Toute la question est bien là.

Ce qui s'est passé après l'établissement des plantes sur la terre ferme ne saurait, même à première vue, être attribué à la sélection. Pendant des millions et des millions d'années, les plantes terrestres développèrent une production si énorme que la planète se trouva surchargée d'une biomasse qui ne se décomposait plus. L'oxygène qui était le produit excédentaire de la photosynthèse s'accumula à proportion de l'augmentation de cette biomasse qui n'avait pas été remise en circuit – jusqu'à ce que, environ quatre cents millions d'années plus tard, un produit tardif de l'évolution, l'homme, amorçât la réinsertion de cette biomasse dans le cycle naturel, ce qui perturbe manifestement assez profondément l'économie de la nature.

Mais abandonnons à nouveau le règne végétal pour le moment et, sautant quelques millions d'années, tournons-nous vers les embranchements que nous jugeons – probablement à juste titre – les plus évolués. Ils s'étaient détachés à l'ère secondaire de différentes lignées de reptiles. L'une des deux grandes nouvelles lignées aboutit aux oiseaux, l'autre aux mammifères et par conséquent à l'homme.

La plume, caractéristique des oiseaux, n'a pas eu au moment de sa formation de lien direct avec le vol. Longtemps, nous l'avons vu, elle servit plutôt de protection contre l'humidité et la chaleur, un peu comme les poils des mammifères. Le vol n'intervint qu'à une date où elle avait déjà pris des formes différenciées et se trouvait associée à bien d'autres fonctions. Mais elle devint alors le moteur de l'évolution des oiseaux et c'est parce que la plume leur permettait de voler qu'ils ont pu devenir ce qu'ils sont aujourd'hui : les plus grands consommateurs d'énergie parmi tous les organismes; seul l'homme les dépasse en ce qui concerne la consommation d'énergie par gramme ou par kilogramme de poids du corps, si l'on considère non pas sa consommation physiologique, mais sa consommation globale d'énergie.

Le vol présentait d'immenses avantages : il permettait de choisir pour lieux de ponte des régions extrêmement attrayantes parce que riches en matières nutritives, comme la toundra, il permettait aussi d'établir ses quartiers d'hiver dans les zones tropicales ou subtropicales; la forte dépense d'énergie qu'il exigeait ne fit donc pas obstacle à la poursuite de son évolution. Si dès les premiers temps de l'évolution des plumes, les oiseaux avaient dû en tirer un bilan énergétique positif, l'évolution du vol n'aurait sans doute jamais eu lieu. L'explication de ce genre de processus se trouve dans le changement de fonction.

En cherchant bien, nous le retrouvons partout, jusque dans l'évolution technologique. L'une des illustrations les plus marquantes nous est offerte par la formation et l'évolution postérieure des os. Issus à l'origine de sécrétions de calcium, ils devinrent ensuite la structure porteuse de tout un embranchement de la phylogenèse – les vertébrés – qui atteint un niveau très nettement supérieur aux autres, pour une bonne part précisément à cause de son squelette. C'est à lui que la majorité des fonctions mécaniques et toutes les transformations de forces sont liées dans l'organisme des vertébrés. C'est uniquement grâce à son armature que les vertébrés terrestres ont pu dépasser de loin la taille des invertébrés et produire des formes géantes comme les dinosauriens ou réaliser des performances supérieures comme la course du guépard ou le vol en piqué du faucon.

Et, ce qui paraît plus étonnant encore : la réduction ou la régression de formations osseuses ont offert parfois de nouvelles possibilités dans les domaines autres que la structure de soutien ou la fonction mécanique de l'anatomie. La régression de ce qui était à l'origine l'articulation maxillaire des poissons et son déplacement sur les côtés de la tête ont donné les osselets de l'oreille interne, os minuscules qui, justement grâce à leur petite dimension, assurent une transmission du son extraordinairement précise, du pavillon de l'oreille externe aux conduits de l'oreille interne. Ils transmettent les hautes fréquences sonores si fidèlement que même de gros mammifères comme les dauphins perçoivent les ultrasons. Par comparaison avec les performances auditives des crocodiles et autres sauriens qui n'ont qu'un simple osselet de l'oreille, ou même par rapport aux poissons qui ne connaissent pas le système des osselets, les mammifères sont des virtuoses – et ils exploitent cette possibilité nouvelle en développant des aptitudes vocales équivalentes.

Peut-être est-ce à cause d'une structure plus élémentaire des osselets de l'oreille que les oiseaux ne peuvent guère utiliser d'autres fréquences que l'homme, bien que nombre d'oiseaux chanteurs soient de très petite taille. C'est pourquoi le chant des oiseaux nous touche particulièrement, alors que nous ne percevons à peu près rien du répertoire vocal bien plus impressionnant des chiroptères, qui se situe presque entièrement dans la gamme des ultrasons. Le changement de fonction des trois os qui formaient initialement chez les poissons l'articulation maxillaire (primitive) a offert des dimensions nouvelles aux facultés auditives.

Les exemples de cet ordre sont légion. Nous nous contenterons d'ajouter une autre remarque : chez les oiseaux, le cervelet, qui est le centre de commande du vol, s'est développé de façon particulière. Au cours de l'évolution du cerveau humain, il est certain que le passage de la vie au sol et de la locomotion à quatre pattes à la station verticale et à la marche telle que la pratique le bipède a joué un rôle essentiel dans le développement des facultés de commande et d'abstraction. Comme chez les ancêtres primates et mammifères, c'est le gros encéphale qui domina cette évolution. Mais il dépassa de loin les besoins immédiats de la maîtrise de l'espace pour la station verticale.

Nombre d'indices nous donnent à penser qu'une fois de plus, la marche du progrès a été déterminée par un changement de fonction. L'augmentation des capacités et l'extension des fonctions nécessaires, pour atteindre le niveau d'abstraction que suppose la perception de l'espace et du temps n'auraient-elles pas ouvert un nouveau champ à la pensée? Notre raisonnement est le suivant : la pensée incomplète n'est pas en elle-même assez utile pour que l'évolution ait pu la promouvoir spécialement. La pensée humaine se caractérise par l'illumination fulgurante, la compréhension instantanée d'une nouvelle situation, l'appréhension complexe ou directe de corrélations. Konrad Lorenz a voulu souligner l'importance de ce phénomène en créant la notion de « fulguration ». Les Grecs anciens exprimaient la même chose par leur *êurêka*. La caractéristique de l'activité et du fonctionnement de la pensée n'est pas une lente approche, mais un mode de compréhension direct, une appréhension immédiate de relations inédites.

Est-ce le fait du hasard? Ou bien ne s'agirait-il pas plutôt de la possibilité de nouvelles corrélations fonctionnelles entre des éléments préexistants? Si les mnèmes, au sens où les définit Richard Dawkins, constituaient dans le domaine de l'information des unités d'activité et de fonctionnement de la pensée comparables aux gènes dans le domaine biologique, nous devrions conclure à un certain parallélisme entre les deux processus. Il faut toutefois que nous laissions encore de côté les gènes porteurs de l'information du processus évolutif. Notre propos est tout d'abord l'organisme et son rôle dans l'interaction avec l'environnement. Or nous n'avons pas encore expliqué quelles sont les fonctions qu'assurent les organismes et qui ont particulièrement compté dans le progrès de l'évolution.

Chapitre 3

ORIGINE DE LA NOUVEAUTÉ : L'EXCÉDENT

L'évolution se traduit par la transformation des organismes. Quelles que soient les mutations qui se produisent et s'accumulent dans le patrimoine génétique, le génome, elles restent sans effet tant que structure et fonctionnement de l'organisme ne se sont pas profondément modifiés. Les mutations s'accumulent dans toute la mesure où elles ne sont pas mortelles (létales) ni gravement nocives. Cela vaut aussi bien pour les mutations négatives que pour les mutations positives. Les premières constituent une charge génétique, les autres engendrent, le cas échéant, des progrès. Le seul fait qu'un grand nombre de mutations puissent s'accumuler souligne la relative autonomie de l'organisme par rapport au génome. Plusieurs généticiens, notamment Mooto Kimura (1987), vont même jusqu'à dire qu'étant donné le nombre incalculable de mutations et la quantité d'éléments du génome manifestement sans effet, bien que renfermant indiscutablement un contenu informatif, ils ne sont plus enclins à accorder une importance particulière à la sélection.

La « théorie neutraliste », que défend tout particulièrement Kimura, part du principe que les transformations qui ont des répercussions évolutives se produisent plus ou moins fortuitement parce que la foule d'informations génétiques disponibles laisse une large part au hasard. Si l'on conjugue les deux observations – relative autonomie de l'organisme et plus ou moins grand nombre d'informations sans effet –, on est nécessairement amené à remettre en question l'idée d'une influence très directe du génome sur l'apparence extérieure, le phénotype. Tous les processus qui se déroulent au sein de l'organisme ne peuvent pas être précisément commandés génétiquement.

Nous le savons bien : lorsque la masse musculaire diminue après un entraînement sportif ou par simple manque d'activité, ce processus n'est évidemment pas commandé par le génome, il s'agit indiscutablement d'une réaction adaptative de l'organisme lui-même. Lorsque, sous l'effet de l'irradiation solaire, certains emplacements de l'épiderme produisent un pigment protecteur sombre (la mélanine), certes la synthèse de la mélanine fait partie des instructions fondamentalement inscrites dans le génome, mais quant à savoir si elle doit être mise en œuvre et dans quelle mesure, cela dépend de l'adaptation directe de l'organisme aux conditions extérieures.

Allons encore un peu plus loin : pour qu'une synthèse soit possible, il faut que les matières premières soient disponibles. Aucun entraînement, si bien conçu soit-il, ne saurait produire du muscle lorsque l'alimentation ne contient pas suffisamment de protides. La carence de fer provoque inévitablement l'anémie, car le fer est nécessaire à la production du colorant rouge du sang, l'hémoglobine. Un régime alimentaire riche en protides, mais pratiquement sans graisses ni hydrates de carbone, convient certes au métabolisme productif mais nuit au métabolisme de base. Le corps doit alors brûler des protides pour obtenir la quantité d'énergie dont il a besoin. Inversement, le métabolisme de base qui fonctionne à partir de graisses et d'hydrates de carbone ne peut pas se transformer directement en métabolisme productif parce qu'on ne peut pas fabriquer de protides à partir de lipides et de glucides. Les diététiciens sont donc en mesure de définir très exactement le régime idéal, où l'on trouvera des vitamines et des éléments de trace également indispensables, mais que notre corps ne peut fabriquer lui-même. Dès lors que l'équilibre entre les matières nutritives et les matières complémentaires est perturbé, on observe des carences ou des excédents. L'excès d'hydrates de carbone et de graisses dans le régime alimentaire d'un individu qui n'a pas suffisamment d'activité physique provoque l'obésité ou favorise le diabète. Un excès permanent de protides est mauvais pour les reins et augmente les risques de goutte.

Nous pourrions donner encore de nombreux autres exemples concernant le régime alimentaire de l'homme. L'éventail va de graves excès comme l'alcoolisme avec les troubles qui en résultent, jusqu'aux excès tout à fait bénins tels que le brunissement passager chez un individu qui a mangé trop de carottes, celles-ci contenant des colorants qui s'infiltrent dans la peau. Enfin, l'ensemble de notre système d'élimination travaille en fonction de l'offre du moment. Lorsque nous buvons trop, nos reins intensifient leur activité et excrètent des quantités d'urine correspondantes. Lorsque le travail musculaire provoque un fort excédent de chaleur, l'organisme s'en libère par la transpiration. Les exemples sont d'une telle banalité qu'on les trouverait presque insignifiants.

Mais qu'est-ce qui nous autorise à supposer que l'alimentation est toujours composée de façon assez équilibrée, correspondant aux besoins de l'organisme? En règle générale ce serait plutôt le contraire. Il est rare, très rare même, que l'alimentation adéquate soit disponible pendant de longues périodes – ce qui voudrait dire, à l'échelle de l'évolution biologique, des millions d'années. Le grand chimiste du siècle dernier, Justus Liebig, exprima cette vérité première sous la forme d'une loi qui a entraîné une transformation décisive de l'agriculture.

L'alimentation des plantes et par conséquent leur croissance dépendent de substances dont elles ont un besoin minimal en valeur relative. La loi du minimum de Liebig exprimait clairement du point de vue chimique ce que l'on savait déjà en théorie, mais que l'on n'avait pas encore appliqué : l'enrichissement des sols avec la substance qui fait défaut augmente le rendement des plantes utiles bien plus efficacement qu'aucune augmentation globale de l'apport de substances nutritives. L'organisme végétal ne tire aucun profit des excédents d'autres substances, le cas échéant ils lui deviennent même nuisibles et entravent son développement.

Transposons cette loi qui a marqué le passage à l'utilisation des engrais modernes à l'échelle de l'évolution, et nous obtiendrons une première définition fondamentale de l'état interne des organismes et de leurs transformations possibles. Un exemple nous permettra de mieux illustrer ce propos. Les chiens et les chats font partie du même ordre dans la classe des mammifères. Les deux groupes se nourrissent essentiellement de viande. Mais si nous observons les pratiques de chasse des deux groupes, nous ne pouvons manquer de remarquer que les chiens et leurs proches parents sont en grande majorité des chasseurs à courre qui capturent leur proie au terme d'une poursuite rapide, alors que les chats pratiquent surtout la chasse aux aguets. Les exceptions comme le guépard (*Acinonyx jubatus*) confirment la règle, car le guépard est un sprinter qui se fatigue très rapidement.

On remarque par ailleurs au sein des deux groupes que les petits sont très joueurs. Ils passent beaucoup de temps à batifoler, et si nous ne le savions pas, nous ne songerions certainement pas que l'infatigable chaton deviendra le paresseux gros chat qui restera couché la majeure partie de la journée. Sans un examen approfondi du régime alimentaire et du fonctionnement des processus organiques chez les canidés et chez les félidés, nous ne pourrions conclure qu'une seule chose : les deux groupes représentent deux lignes adaptatives différentes. Les chiens se sont spécialisés dans la chasse à courre, les chats dans la chasse aux aguets, les uns et les autres ayant des pattes qui se prêtent bien à leur activité. Mais l'exception, le guépard, nous permet de comprendre pourquoi le chien et le chat ont des modes de vie qui diffèrent.

En effet, le guépard a des pattes parfaitement adaptées à la course et une structure physique si bien faite pour le sprint qu'aucun canidé ne saurait le surpasser ni même l'égaler. Il interrompt néanmoins sa course au bout de quelques centaines de mètres car il manque de résistance. Un gazelle dotée d'aptitudes moyennes en matière de course distance sans peine le guépard si celui-ci n'a pas su s'approcher assez tôt. La forme extérieure n'est donc pas le seul facteur à considérer, et même la condition physique ne modifie que le niveau de performance. Les facteurs déterminants sont plus profonds : ils résident dans la composition de l'alimentation.

Si celle-ci contient, non pas à titre exceptionnel ou à court terme, mais durablement, une proportion élevée de graisses et/ou d'hydrates de carbone, le corps s'adapte à des performances de course correspondantes, il a des capacités de résistance élevées – le contraire est également vrai. La prépondérance univoque de protides freine la mobilité parce que les déchets protidiques sont relativement plus difficiles à évacuer, alors que la consommation de lipides ou d'hydrates de carbone ne produit que du gaz carbonique (expiré) et de l'eau (en partie expirée aussi avec le gaz carbonique). Le métabolisme des protides a au contraire différents produits intermédiaires et produits finaux, en particulier l'urée et l'acide urique chargés d'azote.

Revenons-en aux chiens, aux chats et à leurs petits. La proportion normalement élevée de lipides dans l'alimentation des canidés à l'état sauvage remonte au mode de vie qui était celui de leur forme ancestrale, le loup. Les proies que capture le loup ont généralement en guise de réserve une couche protectrice de graisse plus ou moins épaisse selon la saison et une accumulation d'amidon animal (glycogène) dans le foie. A la fin de l'été et au début de l'automne, les baies sucrées représentent une part non négligeable de l'alimentation des loups, et plus encore chez les ours : c'est un complément alimentaire qui leur permet de se constituer à l'intérieur de l'organisme des réserves de lipides. La proportion moyenne d'hydrates de carbone et de graisses dans le régime alimentaire du loup était et est toujours bien plus élevée que chez la forme ancestrale de notre chat domestique, le chat sauvage d'Afrique des zones désertiques ou semi-désertiques d'Afrique du Nord. Ses proies sont constituées essentiellement de protides, mis à part les éléments qui ne se digèrent pas, comme les plumes et les poils. Le système digestif des deux groupes d'animaux domestiques est le reflet de la situation initiale. Les chiens ont besoin de mouvement, moyennant quoi ils ne grossissent pas, même avec un régime alimentaire relativement gras. Inversement les chats ont besoin de beaucoup de repos, parce que le mode d'exploitation de leur alimentation ne se fonde pas sur l'élimination d'un excédent de graisses ou d'hydrates de carbone.

Dans l'un et l'autre groupe, le comportement des petits illustre cet état de choses. Tant qu'ils se nourrissent de lait riche en lactose et que les processus de croissance produisent des excédents à éliminer et à évacuer, les petits chats sont extrêmement actifs et se montrent de vrais acrobates. Les séquences d'activité vive et mouvementée se réduisent toutefois progressivement au fur et à mesure que l'animal accède à l'autonomie adulte pour faire place au schéma normal de longues phases de sommeil alternant avec de brèves périodes d'activité. Seuls les chats sous-alimentés sont contraints, pour des raisons évidentes, à rester plus actifs que leurs congénères bien nourris.

Nous nous sommes quelque peu attardés sur cet exemple pour bien montrer qu'à l'intérieur d'un même groupe de parenté pouvaient apparaître des types adaptatifs aussi différents que ceux du chien et du chat, sans que pour autant de nouveaux types fonctionnels se forment nécessairement. Des régimes alimentaires différents ont des effets comparativement rapides et durables. Il est bien évident toutefois qu'un changement correspondant d'alimentation ne transformera pas un chat en coureur de fond. En effet la digestion et le mode d'exploitation de la nourriture sont adaptés à l'offre alimentaire dont ces animaux ont disposé en moyenne au cours des millions d'années au fil desquelles s'est établie leur adaptation. Un bouleversement à court terme de l'alimentation est donc pratiquement impossible.

Evitons les conclusions trop univoques. L'exemple n'illustre jamais que partiellement le fond du problème. Il éclaire fondamentalement des tendances et des corrélations, mais il n'explique pas forcément d'un même coup toutes les propriétés et toutes les particularités. La nature n'est pas faite de cas idéaux, mais d'une innombrable variété de solutions apportées à des problèmes de survie. Prenons donc un deuxième exemple qui va nous emmener bien au-delà des limites de la consommation de protides chez le chien et le chat.

Il est des organismes encore plus dépendants de ce type de substances nutritives. Ce sont les parasites, et plus particulièrement les parasites qui se développent dans le corps des organismes à sang chaud. Leur structure est simple par rapport à celle de leurs hôtes. Il s'agit le plus souvent d'organismes larvaires ou vermiformes. Leur trait distinctif réside toutefois moins dans l'apparence extérieure que dans le mode de reproduction. Ils n'investissent qu'une très faible part de leurs processus métaboliques et une part insignifiante de l'énergie que ces processus utilisent dans la locomotion ou la croissance, et ils en investissent une part d'autant plus importante dans la reproduction.

Par rapport à leur taille, le nombre d'œufs et de larves que produisent les parasites internes dépasse très largement le taux de reproduction d'autres organismes non parasitaires. Comme ils se trouvent en quelque sorte au milieu de leur nourriture, ils n'ont pas besoin de la rechercher ni de courir après. Les organes et formations organiques servant à la quête de nourriture sont atrophiés ou ne constituent que des éléments gênants chez les parasites. En particulier, les parasites internes ne manquent pas d'acides aminés, composants des protides, dont la proportion est réduite au minimum chez d'autres organismes, surtout herbivores. Plus l'alimentation et sa composition s'écartent des besoins propres à l'organisme, plus sa quête et son exploitation sont compliquées – et inversement.

Lorsque la composition des substances nutritives qu'offre le régime alimentaire et les besoins diffèrent fortement, il y a nécessairement production d'excédent. Il faut que la partie non utilisée de la nourriture soit à nouveau évacuée, ou que l'organisme l'emploie à autre chose. En tout cas il se crée un déséquilibre entre l'offre et les besoins, ou entre les substances disponibles et les possibilités d'exploitation. Comment les organismes règlent-ils la question de ce déséquilibre?

Nous avons déjà abordé cette question à propos de l'évolution des plantes vertes et de leur extension en milieu terrestre. Le bilan de la photosynthèse était tel que les plantes produisaient beaucoup plus d'hydrates de carbone qu'elles n'en avaient elles-mêmes besoin pour alimenter leur métabolisme, leur croissance et leur reproduction. L'excédent n'apparaît toutefois que si l'on mesure le rendement de la photosynthèse à la production de protides. Or la vie, la multiplication et la reproduction dépendent directement des substances protidiques et des composés énergétiques du phosphore, non des produits de la photosynthèse. L'excédent de sucre qui en résulte et que la plante ne consomme pas elle-même par sa respiration correspond à l'excédent d'oxygène qui se dégage. Avec l'évolution de la photosynthèse, les végétaux étaient donc nécessairement exposés à un excédent croissant.

Un petit nombre d'espèces végétales nous permettent encore de prendre directement la mesure de cet excédent ; c'est le cas par exemple de la canne à sucre et de l'érable à sucre avec sa sève. Normalement les plantes condensent rapidement l'excédent de sucre en amidon et en cellulose, autrement dit, elles polymérisent les composants de base, la molécule de sucre et, en l'inactivant dès le départ, la rendent inoffensive.

La transformation en amidon est l'étape initiale. L'amidon sert de réserve. S'il en est besoin, par exemple quand après la période de repos hivernal, l'organisme végétal doit assurer une forte poussée de croissance, alors qu'il ne peut encore faire la synthèse directe d'une quantité suffisante de substance parce que les nouvelles feuilles n'ont pas encore assez de surface, il mobilise l'amidon en réserve. La plante emploie aussi les produits de la photosynthèse qu'elle a emmagasinés pour constituer le tissu nutritif et les réserves à l'intérieur des graines et des fruits. Mais ce qui ne peut plus être mis en réserve parce que le plein est fait doit être traité d'une autre manière. On ne peut pas interrompre tout simplement le processus de la photosynthèse car son mécanisme est lié au refroidissement indispensable des feuilles. L'autre solution est la transformation des excédents en cellulose, solution simple et tout à fait élégante puisqu'elle règle un problème d'élimination en créant une nouvelle matière première qui seule a permis le passage des plantes à la dimension d'arbres.

Sans l'élasticité de la cellulose et ses propriétés de matériau de construction dès lors qu'elle se trouve associée à la lignine, autre produit de polymérisation de la photosynthèse, non seulement il n'y aurait pas d'arbres gigantesques, mais il n'y aurait pas non plus la moindre plante capable de s'élever durablement au-dessus du sol. Nous pouvons retenir encore une fois que le problème ne réside pas dans la capacité de réaliser la synthèse de la cellulose ou de la lignine en elles-mêmes : ce qui importe, c'est la quantité de produits excédentaires de la photosynthèse disponible à l'origine. La taille et la stabilité, et par conséquent aussi la forme d'arborisation, dépendent essentiellement des propriétés physiques du tronc. Dans les endroits où il n'y a pas assez de lumière et de chaleur, comme les tourbières très pauvres où sont censés pousser des épicéas et des pins, ils s'atrophient et donnent des formes naines, bien que leur programme génétique soit très exactement identique à celui de leurs congénères des grandes futaies dans les zones bien éclairées, au sol riche.

Si les exemples précédents nous ont suffisamment instruits, nous comprendrons d'emblée l'enchaînement des autres « grandes poussées » de l'évolution. Prenons les éponges et les algues qui vivent en communauté, en symbiose avec elles. Ce qui vaut aujourd'hui pour les récifs de coraux calcaires s'applique aussi à elles. Les algues qui leur servent de partenaires produisent, sous l'effet de la photosynthèse, une modification du rapport entre gaz carbonique et carbonate qui ne porte certes que sur des couches d'une épaisseur de l'ordre du millimètre mais se répète tellement de fois que l'effet est massif. Il en résulte un dépôt de carbonate de calcium, calcaire. C'est ainsi que se sont développés, de façon imperceptible sur un cycle de naissance mais d'autant plus impressionnante sur de longues périodes, dans les mers peu profondes, d'énormes récifs couvrant des milliers de kilomètres, comme par exemple la Grande Barrière qui s'étend devant la côte est de l'Australie. Des récifs encore plus gigantesques, construits par les éponges, s'étendaient sur l'emplacement de l'Europe actuelle. Ces dépôts de calcaire ont toujours exercé une influence considérable sur les terres et les mers de la planète. Des chaînes montagneuses comme les Alpes ou l'Himalaya doivent une part importante de leurs massifs à l'activité initiale d'algues microscopiques. Les excédents résultant de leur activité offrirent un espace et des possibilités de vie à une multitude d'organismes qui habitent les récifs d'éponges ou de coraux et elles entraînèrent dans leur déclin de nombreuses espèces et formes d'adaptation.

L'excédent de calcium, en partie associé à la production d'acide silicique ou de phosphate, constitue la matière de base du squelette de nombreux animaux marins comme les étoiles de mer ou les oursins et il est à l'origine de la formation du squelette des vertébrés. Chez les mollusques qui ont une coquille, la production excédentaire d'une mucosité à base d'hydrate de carbone (mucopolysaccharide) isole mieux la coquille calcaire du corps du mollusque que les plaques ossifiées des poissons les plus anciens (placodermes), mais, dans les deux cas, le calcaire produit et soudé en plaques ou en carapace est recouvert d'une couche de substance protidique qui a revêtu une importance décisive pour d'autres orientations de l'évolution.

Il s'agit de la conchyoline chez les escargots et les bivalves, qui certes se distingue par sa composition chimique de la chitine des insectes et des crustacés, mais n'est en fait rien d'autre qu'une substance protidique polymérisée. Nous retrouvons un excédent de protides sous une autre forme, mais avec une fonction cependant comparable, dans la kératine, substance qui constitue l'enveloppe externe des vertébrés, qu'il s'agisse des écailles des poissons et des reptiles, de la carapace des tortues, des plumes des oiseaux ou des poils et des ongles des mammifères.

Là encore, la dimension des différents types d'enveloppe dépend à l'évidence très étroitement du régime alimentaire. Ainsi, la coque calcaire des seiches et de leurs proches parents qui sont des animaux particulièrement mobiles et chassent des proies de taille assez importante, riches en protides mais pauvres en calcium, s'est réduite à une petite formation ovale, l'os de seiche, alors que les coquilles des bénitiers géants peuvent atteindre plusieurs centaines de kilos. Les algues symbiotes de ce coquillage géant ont une activité d'autant plus productive que la taille du coquillage augmente. Elles fabriquent un excédent de calcium que le coquillage emploie à la constitution de la coquille la plus gigantesque et la plus lourde qui existe chez les représentants vivants de l'embranchement des mollusques. Les formes qui filtrent leur nourriture absorbent beaucoup de calcium ou de minuscules algues qui produisent du calcaire, et ils se construisent des coquilles de taille correspondante, alors que les formes qui se nourrissent de proies animales ont une coquille très peu développée ou n'en construisent plus du tout. Dans les milieux environnementaux très pauvres en calcium comme par exemple l'Amazonie, il n'y a pas d'escargots terrestres munis d'une coquille, alors que dans les régions calcaires, comme les Balkans ou les îles de la Méditerranée orientale, ils sont très répandus.

Ce qui, chez les mollusques, se passe à l'extérieur s'est transporté chez les vertébrés à l'intérieur de l'organisme. Certes la formation des os a commencé chez eux aussi par celle de plaques calcaires de la peau, mais avec l'activité croissante des poissons, les formations osseuses se sont déplacées entre les paquets de muscles où nous les retrouvons sous la forme d'arêtes. Le long de cet axe élastique qu'était la *Chorda dorsalis* et qui est devenu, des millions d'années plus tard, le centre du développement de la colonne vertébrale, s'est formée, en relation et certainement dans un rapport d'interdépendance étroite avec la locomotion, la colonne vertébrale. Celle-ci fut le point d'attache de muscles qui améliorèrent la motricité et dégagèrent une quantité toujours plus importante de gaz carbonique.

Le taux élevé de calcium contenu dans le sang et provenant de l'alimentation ou de l'eau environnante devait presque nécessairement réagir avec ce gaz carbonique pour former du calcaire. Ce processus aussi nous est malheureusement bien connu par la « calcification » des artères ou sclérose. De très légères variations dans la solubilité du calcium et de l'acide carbonique suffisent à provoquer un dérèglement allant jusqu'au dépôt de calcaire ; c'est un processus désigné sous le nom de « calcification biogénique » que l'on observe l'été sur la face inférieure des plantes aquatiques (là où se trouvent les stomates), mais en l'occurrence avec la valence opposée. C'est le manque de gaz carbonique qui est à l'origine de la formation de calcaire, comme chez les algues symbiotes des éponges et des coraux.

Manifestement les progrès du dépôt de calcaire et sa localisation dans l'organisme dépendent de l'activité et de la mobilité de l'organisme. Chez les formes à mobilité réduite, le dépôt se produit à l'extérieur et constitue un squelette externe ; chez les formes très mobiles qui se caractérisent par une forte consommation d'énergie, le calcaire se forme à l'intérieur de l'organisme où il est utilisé ensuite à la constitution et à la transformation des os.

Le contenu de phosphate nous oriente à peu près dans la même direction. Les os des vertébrés sont constitués essentiellement de phosphate de calcium. Les éléments de protéines qui assurent la liaison, le collagène dont est issue l'ostéocolle, assurent une solidité de la formation de calcium beaucoup plus grande que le calcaire, bien plus pur, des coquilles d'escargots ou de bivalves. C'est pourquoi les os des vertébrés, qui portent du reste seuls la dénomination d'os, présentent une résistance et une capacité fonctionnelle supérieures. L'os de vertébré reste « vivant » tant que l'organisme dont il fait partie est en vie, alors que la coquille d'escargot ou le coquillage sont des structures externes inertes, susceptibles au besoin d'être réparées de l'intérieur en cas de fracture, mais jamais véritablement renouvelées. Les coquilles de mollusques ne sont pas non plus sensibles à la douleur, pas plus que la plume de l'oiseau ou la carapace cornée de la tortue. Ces formations cornées sont mortes. Elles transmettent éventuellement la pression ou le choc, mais ne peuvent pas provoquer de sensation douloureuse comme un os qui subit une lésion.

Cela vaut aussi pour les autres grandes formations à base de protéines que nous connaissons : plumes, poils, ongles et carapaces de corne. Tous ces éléments résultent de la production de composés protidiques qui se concentrent en kératine pour donner de la corne. Pour que ces formations apparaissent, il faut que le régime alimentaire fournisse suffisamment de protides. Toutefois cette explication, que nous formulons comme si elle allait de soi, ne semble précisément pas convenir pour les formations cornées les plus spectaculaires.

Ainsi, parmi les mammifères, les cavicornes sont des herbivores – comme du reste les tortues géantes –, et pas du tout des carnivores comme les grands félins. En ce qui concerne les tortues, on pourrait objecter que seule la couche externe de la carapace est en corne, alors que la majeure partie est composée de plaques osseuses. En outre, avec leurs lourdes carapaces les tortues terrestres se déplacent très lentement. Leur métabolisme de base est extrêmement faible, bien inférieur au niveau de celui de sauriens ou d'autres reptiles comparables. Elles peuvent de ce fait jeûner très longtemps. Le dépôt de matières protidiques qui donne la couche de kératine de la carapace pourrait donc être un simple délestage des reins qui ne peuvent pas travailler aussi intensivement à cause de la faible quantité d'eau disponible, l'excrétion abondante de produits azotés par l'intermédiaire des reins risquant alors de provoquer des perturbations.

Les observations que nous pouvons faire sur les cavicornes concordent avec celles que nous venons de faire sur les tortues. Chez eux aussi des structures cornées d'ampleur considérable se développent sur des excroissances osseuses, qui constituent également une formation osseuse supplémentaire, mais limitée à la région du front. Le régime alimentaire doit donc apporter le calcium et le phosphore nécessaires à cet effet. La véritable explication réside dans le mode d'exploitation de l'alimentation. Les cavicornes sont aussi des ruminants qui absorbent de grandes quantités de matière végétale à faible valeur nutritive que leur digestion soumet à une décomposition microbienne, produisant un volume important de protéines microbiennes.

Sans cette amélioration qualitative de l'alimentation, le régime alimentaire des cavicornes ne leur permettrait jamais de subsister. On ne connaît pas encore exactement le processus. Mais il faut supposer que les microbes produisent plus particulièrement le type d'éléments protidiques et d'acides aminés utilisés dans la composition de la kératine. En effet, entre les éléments protidiques eux-mêmes les proportions deviennent vite inégales. La vingtaine d'acides aminés qui existent entrent dans la composition des protéines du corps de façon très inégale. La carence d'un acide aminé, s'il s'agit d'un des plus essentiels et que le corps ne soit pas en mesure de le fabriquer lui-même, ne peut être compensée par l'excédent d'un autre. Les excédents d'acides aminés doivent être expulsés de l'organisme. Leur élimination par l'intermédiaire de la peau est tout à fait comparable à l'élimination rénale, c'est parfois même un processus de valeur égale sinon supérieure.

La formation des plumes et des poils entre dans cette catégorie. Nous savons à propos des plumes que la mue permet aussi l'expulsion de substances environnementales toxiques comme les métaux lourds. La mue des oiseaux ne doit donc pas être considérée uniquement comme un processus annuel, ou en tout cas périodique, nécessaire au renouvellement du plumage. Nombre de sous-plumes – et souvent même la majorité d'entre elles – sont en parfait état au moment de la mue. Et si le maintien des capacités de vol était seul en question, même pour les grandes plumes qui interviennent directement dans le vol, il suffirait d'un remplacement partiel des plumes déficientes, comme on l'observe parfois lorsque certaines plumes sont endommagées accidentellement. Autrement dit : l'excédent de plumes encore susceptibles de fonctionner est remplacé au moment de la mue sans que celle-ci puisse s'expliquer uniquement par l'usure du vol. Les espèces incapables de voler confirment cette interprétation, de même que les capacités de vol encore étonnamment bien conservées chez des oiseaux dont les grandes plumes de contour ont pourtant visiblement subi quelques dommages ou ne sont plus au complet.

La pousse continue du poil et le changement de poil tel qu'il se produit effectivement une à deux fois par an chez les mammifères ne sont peut-être pas absolument nécessaires, surtout chez des espèces à la fourrure particulièrement abondante comme le tamanoir (*Myrmecophaga tridactyla*) qui se nourrit de termites extraordinairement riches en protides et vit presque exclusivement de cela. Leurs pendants des zones tropicales de l'ancien monde sont les pangolins, fourmiliers squamifères produisant sur toute la surface de leur corps de très grandes écailles cornées qui ressemblent aux écailles d'une pomme de pin. Les poils et les écailles de corne, que nous voyons constamment se détacher aussi par petites particules à la surface de notre épiderme et qui permettent d'éliminer de l'organisme les protéines excédentaires, nous ramènent à ce que nous avons dit des changements de fonction et de leur rôle dans la marche de l'évolution.

N'en irait-il pas ainsi des poils? Au tout début, ils ne devaient guère produire de chaleur. Celle-ci n'intervient qu'avec une fourrure d'une certaine épaisseur et à condition qu'elle soit d'une structure assez fine. En revanche, si les poils servaient initialement à éliminer l'excédent de protides, le passage à leur nouvelle fonction n'est pas difficile à reconstituer. Le mécanisme d'élimination fonctionne sans entraves et traite donc une quantité de plus en plus importante de matières protidiques, jusqu'à ce qu'intervienne l'effet de chaleur. Ainsi s'effectue le passage à une nouvelle fonction, fonction qui n'était jusque-là qu'une virtualité. Excédent et changement de fonction s'associent donc pour faire franchir à l'évolution une étape importante, car sans protection suffisante du corps contre la déperdition de chaleur, l'homéothermie des mammifères n'aurait pu ni s'instaurer ni se maintenir.

Enfin, une remarque sur notre propre cas : notre monde moderne serait-il imaginable sans les gigantesques excédents qui se sont accumulés dans la terre sous forme de charbon et de pétrole à des périodes très lointaines de l'histoire géologique? Sans doute pas. Des sources d'énergie actuellement disponibles, nous ne pourrions jamais tirer l'intensité d'énergie nécessaire à la satisfaction éventuelle de nos besoins : ils sont trop élevés pour le faible potentiel fourni quotidiennement par la lumière solaire. Si nous y parvenons, ce ne sera que grâce à la mise en œuvre de la technologie la plus hautement développée, laquelle n'aurait pas vu le jour sans ces fournisseurs d'énergie que sont les combustibles fossiles.

En résumé : les excédents sont à l'origine d'innovations capitales dans la marche de l'évolution comme l'« invention » de la cellulose résultant de la photosynthèse, la formation externe de carapaces de calcaire ou de chitine, et la constitution interne d'une armature osseuse. Les excédents sont à l'origine des cheveux et ils semblent aussi liés à la périodicité de la mue. Les excédents d'hydrates de carbone sont transformés en amidon ou en graisse et mis en réserve. Les excédents des composants protidiques agissent sur tout le métabolisme des protides. Dès lors que les protides sont excédentaires, les conditions sont réunies pour l'apparition de parasites qui épuisent la majeure partie de leur activité vitale dans la reproduction.

Nulle part il n'y a de rapport idéal et équilibré entre les différents éléments et les conditions nécessaires à la vie – nulle part il n'y a d'équilibre stable. Les organismes doivent se procurer eux-mêmes ce dont ils ont besoin. Ils doivent constamment compenser des excédents et des manques. Cela vaut pour les grandes catégories – embranchements et classes – comme pour les espèces et les individus. La vie se situe dans le champ de tension entre l'excédent et le manque.

Les grandes percées, les innovations qui se sont révélées des progrès de l'évolution ont été provoquées par la brusque utilisation de certains excédents. Utilisation signifie en l'occurrence aussi bien exploitation directe comme base d'existence qu'exploitation indirecte comme matériau de construction. C'est le métabolisme qui traite les excédents. Il faut qu'il fonctionne, sans quoi le programme génétique le plus perfectionné n'est d'aucun secours. Si nous accordons donc ici une place centrale à l'excédent comme moteur de l'évolution, cela veut dire aussi que nous croyons devoir accorder une importance centrale au métabolisme.

La théorie darwinienne a beaucoup trop négligé le métabolisme. C'est pourquoi elle présente des lacunes, et c'est pourquoi elle n'a jamais persuadé tout à fait les biologistes qui ont une pensée organismique. Beaucoup de spécialistes pensent que les mutations fortuites et la sélection arbitraire ne suffisent pas à expliquer les grandes innovations de l'évolution. La voie progressive, directe et lente ne serait pendant trop longtemps d'aucun profit. Si nous partons non pas de l'équilibre mais de déséquilibres, les possibilités se présentent tout différemment. Il ne s'agit plus du hasard aveugle, mais de l'exploitation d'offres ou de nécessités concrètes. Le hasard est marginalisé. C'est l'organisme avec sa structure de fonctionnement, son métabolisme, qui se trouve au centre de notre propos. C'est pourquoi ce qui se produit lorsque règne non pas l'excédent mais le manque n'est pas moins significatif.

Chapitre 4

ORIGINE DE LA PLURALITÉ : LE MANQUE

Tout en modifiant les organismes vivants et en leur offrant de nouvelles possibilités d'exloiter leur environnement, les excédents diminuent inévitablement au fil du temps. Il s'instaure alors un manque et c'est lui qui devient déterminant. Le moment idéal où les facteurs environnementaux se trouvent réunis suivant une combinaison propice au développement optimal de la vie n'existe jamais durablement. Si paradoxal que cela puisse paraître, ce sont les organismes qui l'empêchent ; dans leur effort pour se maintenir en vie, ils produisent eux-mêmes le manque. Cela commence avec la vie de l'individu et se reproduit à tous les niveaux où les organismes exercent leur activité. En effet l'exploitation permanente des ressources environnementales, la consommation de ces ressources sont les données de base des organismes vivants. L'activité du vivant ne suppose pas uniquement un apport assez régulier d'énergie, mais aussi l'approvisionnement nécessaire en matières nutritives. Les organismes absorbent des substances qu'ils transforment par l'intermédiaire de leur métabolisme pour les évacuer ensuite.

Ils utilisent l'énergie contenue dans les substances nutritives ou obtenue à l'usine de la photosynthèse pour opérer cette transformation métabolique qui se divise en une phase d'absorption (input) et en une phase d'évacuation (output). L'organisme maintient son équilibre interne en tirant partie des déséquilibres extérieurs. Une offre supérieure aux besoins alimentaires correspond à une situation d'excédent, une offre inférieure à une situation de manque. Par sa croissance et sa reproduction, l'organisme amoindrit les ressources disponibles jusqu'à ce qu'intervienne le manque qui exerce un effet de freinage.

Considérons pour commencer le métabolisme : idéalement, un organisme vivant devrait recevoir exactement la nourriture dont il a besoin. En principe, deux voies s'offrent à lui pour parvenir à la couverture plus ou moins complète de ses besoins. Les plantes et les organismes animaux fixes qui filtrent leur nourriture ont emprunté la première. Ils absorbent passivement ce que leur apportent les vents dans l'atmosphère ou les courants en milieu aquatique. L'autre voie est celle de la quête active de nourriture. C'est le mode de vie de la majorité des animaux.

Mais cette quête active de nourriture coûte de l'énergie. Cette stratégie de survie ne peut réussir que si elle aboutit à un bilan positif, autrement dit si le bénéfice de l'effort est supérieur à ce qu'il a coûté. Ne serait-ce que pour cette raison, le mode de vie des animaux est plus dispendieux et impose des exigences tout autres que celui des plantes. Ces dernières se conforment à l'offre qui leur est proposée. Mais les deux modes de fonctionnement, quoique fondamentalement différents, ont un point commun : l'exploitation des ressources vitales crée nécessairement un manque. Celui-ci se traduit chez les animaux par la faim et chez les végétaux par une limitation de la croissance. La faim, dont nous admettrons en simplifiant un peu qu'elle existe aussi chez les plantes – elles sont « affamées » de lumière –, est la réaction des organismes vivants à la manifestation du manque.

Le métabolisme a traité la nourriture absorbée, il l'a consommée et il a même éventuellement déjà évacué ses déchets. Il a besoin d'être réalimenté pour continuer à fonctionner. Les organismes vivants ne cessent de faire absorber de la matière par leur métabolisme qui se trouve certes en équilibre interne mais vit du déséquilibre extérieur. Ainsi que le montre Ilya Prigogine (1987), l'activité du vivant ne se déroule pas dans un rapport d'équilibre avec l'environnement [1]. L'activité du vivant a pour effet de créer le manque, lequel se trouve renforcé par le fait que les organismes retiennent et emploient pour leur croissance une partie de substances qu'ils ont absorbées.

Le bilan entre imput et output indique la quantité de substances étrangères que l'organisme intègre à son corps, et donne donc la mesure de sa croissance. Un exemple simple illustrera ce propos. Tant qu'un arbre grandit, il prélève sur son environnement le gaz carbonique et les sels minéraux dont il a besoin. Il les accumule sous forme de cellulose, de lignine et d'autres produits de la photosynthèse et les utilise pour sa croissance. L'un des produits secondaires ou des déchets de cette réaction est l'oxygène qui se dégage. Lorsque l'arbre a atteint sa hauteur maximale, il arrête sa croissance. Sa biomasse ne change donc plus. Dès lors, les processus de dégradation résultant de la chute des feuilles, des branches cassées ou du pourrissement du tronc sont équivalents aux processus de croissance. L'arbre cesse donc aussi de dégager de l'oxygène, car il en utilise pour ses processus de décomposition une quantité égale à celle produite par ce qui reste des processus de croissance. Comparé à la longue période de développement, cet état d'équilibre ne dure pas longtemps. L'arbre atteint le sommet de son développement, et le déclin s'amorce. Derrière l'équilibre guette la mort.

Cela ne s'applique pas uniquement aux arbres qui ont une longue durée de vie. Le déclin et la mort sont d'une façon générale l'envers de la croissance et du développement. Le processus de la vie n'aurait pas subsisté si les organismes n'avaient pas réussi à échapper à temps à la dégradation et à la fin inévitables. Ils y sont parvenus grâce à la deuxième propriété fondamentale qui distingue les êtres vivants des structures inertes : la reproduction, qui assure un nouveau départ et empêche la disparition

1. La découverte que les organismes étaient des mécanismes qui élaboraient et entretenaient leurs structures internes en investissant de l'énergie, ce qui fait qu'ils ne sont jamais avec l'environnement dans le rapport d'équilibre qui s'établirait sans leur activité vitale, a d'ailleurs valu à Prigogine le prix Nobel. (*N.d.A.*)

lorsque les différents équilibres ne peuvent plus se maintenir contre la pression environnementale.

Grâce à elle, non seulement les organismes échappent à la mort, mais ils rajeunissent leur appareil métabolique. Seuls les organismes très élémentaires peuvent se permettre de limiter la reproduction à une simple multiplication par division. Le processus de division fait certes deux ou trois organismes d'un seul, mais il ne réduit pas les tares qui se sont accumulées dans le génome et dans l'appareil du métabolisme. Alors qu'une progéniture dont tous les membres recommencent tout à zéro, chacun pour soi, ne souffre pas des tares qui se sont ajoutées. C'est la raison pour laquelle cette forme de reproduction, qui ne se fait pas purement à l'identique, a connu un tel succès, tant dans le règne animal que végétal. Elle diminue le dangereux chargement de bactéries et de virus qui se répandent avec le temps à l'intérieur des organismes. Mais le prix à payer pour ce progrès est finalement bien plus élevé qu'on ne le voit au premier abord. C'est le manque auquel l'organisme se trouve exposé. La reproduction « coûte » aux organismes les conditions de vie favorables dont ils bénéficiaient. Par le fait même du renouvellement qu'elle suppose, elle implique qu'ils transforment les conditions de vie favorables en conditions de pénurie. Là où un petit nombre d'entre eux auraient pu vivre à l'aise durablement, leur multiplication épuise vite les capacités environnementales.

Plus la population approche la capacité maximale du milieu environnemental, plus les ressources se raréfient, et plus le manque se fait sentir. Or la multiplication est par nature exponentielle : ne serait-ce que pour un simple doublement par génération, les chiffres s'élèvent très vite. Un effectif initial de 2 donne 4, 8, 16, 32, 64, 128, 256, et ainsi de suite. Pour une progéniture plus nombreuse, avec des dizaines, voire des centaines de nouveaux individus par génération, les effectifs augmentent de façon explosive. Les ressources vitales, si abondantes soient-elles, s'épuisent forcément à plus ou moins long terme au regard d'une croissance aussi rapide. La conséquence de cette évolution est la concurrence.

Ce fut l'idée clef de Darwin dans son analyse de l'évolution. Les ressources étant limitées, la multiplication des effectifs de population engendre la concurrence. Les individus les meilleurs, les plus aptes à la vie subsistent et se reproduisent; la majorité ne survivent pas parce qu'il ne reste pas assez d'espace ni de ressources disponibles pour eux. L'effet de cette concurrence est la sélection, et Charles Darwin crut avoir défini ainsi l'un des grands moteurs de l'évolution des espèces.

Le tableau qu'il dressa de l'évolution convenait très bien à l'époque de la révolution industrielle où la concurrence sauvage et le progrès technique dominaient tout. La sélection naturelle favorisait les plus actifs et éliminait impitoyablement les moins utilisables. Tel était le cours des choses dans la nature, tel devait donc aussi être le cours des choses en matière économique. La forte expansion démographique engendrait, comme toute autre multiplication d'organismes vivants, la pénurie des ressources. Seuls les plus dynamiques réussissaient à s'imposer. Quoi de plus tentant que de calquer sur cette loi de la nature le fonctionnement de l'économie humaine et de l'évolution sociopolitique? Darwin et ses prédécesseurs fournissaient donc déjà le schéma de la croissance malthusienne, que l'on exploiterait facilement dans ce sens.

Darwin était toutefois assez génial pour ne pas ignorer qu'en fait, ce type d'évolution ne peut pas créer de progrès, qu'il se limite au contraire à conserver des lignées adaptatives préexistantes. En effet, ce sont les individus qui s'écartent de la norme qui sont victimes de la concurrence et par conséquent de la sélection naturelle. Le changement ne peut intervenir qu'à partir du moment où les exigences normatives varient. On ne sait pas alors lequel des dissidents l'emportera aux dépens de la norme jusqu'alors en vigueur – au grand regret du darwinisme social (qui était en réalité une darwinisme antisocial, car la sélection ne choisit pas forcément d'emblée les « bons » modèles).

Les conditions antérieures ne permettent pas de déterminer à l'avance qui surmontera le mieux la pénurie engendrée par la concurrence. En outre, les données environnementales ne restent pas identiques. Ce qui est nécessaire à une date donnée pour survivre constituera peut-être un gros handicap dès la génération suivante, parce que d'autres conditions environnementales se seront instaurées. Ces considérations conduisaient Darwin à une impasse. Dans la multitude d'exemples qu'il tirait de l'élevage, c'était l'éleveur qui choisissait. La variation en elle-même ne produit que de nouvelles variations, mais pas de changement dans une direction déterminée. Il lui faudrait un guide. Le ou la grande inconnue reviendraient-ils donc par la petite porte? Qui est véritablement le grand constructeur de l'évolution des espèces? Qu'est-ce qui oriente la sélection?

Si l'on part, comme l'a fait Darwin, de l'espèce, le raisonnement aboutit inévitablement à un cercle vicieux : la population augmente, les ressources se raréfient, la concurrence s'accentue, et la sélection devient plus dure. Lorsque les possibilités sont épuisées, la population cesse de s'accroître. L'effectif reste stable. Autrement dit, il meurt autant d'individus qu'il en naît. La reproduction engendre une variation, mais celle-ci est systématiquement éliminée à cause de la pénurie des ressources. Il s'instaure alors une « sélection stabilisatrice » qui conserve ce qui existe sans rien créer de nouveau. Les survivants sont automatiquement devenus les plus aptes à la vie, et ces derniers sont précisément ceux qui survivent! Survie des plus aptes devient synonyme de survie des survivants : absurdité flagrante qui interdit d'aller plus loin.

C'est uniquement lorsque l'environnement impose de nouvelles exigences que les choses bougent et changent, pour retomber ensuite dans la même impasse, parce qu'au bout de quelques générations à peine, des conditions normatives se sont rétablies. C'est ce type de variation qui fait d'une population nombreuse de phalènes du bouleau de teinte claire sous l'effet de la population industrielle une population de teinte sombre, mais il ne transforme pas la phalène du bouleau en phalène de l'aulne ni en quelque autre espèce nouvelle. Les adaptations préalablement existantes ont été en quelque sorte précisées, mais il n'est pas venu s'en ajouter de nouvelles.

Comment sort-on de cette impasse? Darwin emprunta la voie qu'il fallait d'après les résultats actuels de la recherche, même s'il ne la suivit pas jusqu'au bout. Il faut partir de l'environnement puisque c'est seulement lorsque l'environnement se modifie fondamentalement que se produit une évolution suivant le schéma darwinien. Revenons brièvement sur ce que nous avons énoncé : la concurrence intervient lorsque la croissance et la multiplication des populations provoquent une pénurie de ressources et que s'instaure le manque. La solution est là. L'environnement n'est pas fait d'une bouillie uniforme et indifférenciée, il est constitué d'un grand nombre de données diverses. Plus elles sont diverses, plus la pénurie aura tendance à se manifester par le fait que les ressources se désintégreront en une foule d'éléments séparés et distincts.

Pour une alimentation d'insectivore, cela voudra dire que le régime alimentaire se composera d'une multitude d'espèces diverses : il comportera aussi bien des pucerons que des punaises, des scarabées que des papillons, des chenilles que des insectes volants et bien d'autres groupes. La même chose vaut pour les plantes. Les arbres, les herbes et les graminées représentent des espèces tout à fait distinctes, et même sur un arbre, il y a une différence considérable entre le fait de se nourrir des feuilles toutes nouvelles ou des plus vieilles, des bourgeons et des jeunes pousses ou des vieilles branches, de l'écorce ou du bois, du tronc ou des racines. A l'intérieur même d'une feuille, il y a encore des différences. La partie supérieure est parfois tannée ou recouverte d'une substance cireuse; le parenchyme assimilateur est constitué de cellules contenant une forte concentration de chlorophylle, il s'y forme d'autres substances que celles qui se trouvent sur l'envers des feuilles ou dans les nervures. Selon la taille des utilisateurs, ils exploitent cette offre sur un seul mode ou sur des modes variés. L'éventail des conditions locales n'est pas moins diversifié. Nous sommes donc en présence d'une mosaïque d'éléments plus ou moins grossiers et plus ou moins fins dont les espèces font une utilisation correspondante.

En réalité, c'est la différenciation des espèces que Darwin nous a décrite. La théorie darwinienne porte sur les adaptations fines des espèces sous l'effet de la concurrence et de la sélection. Darwin avait bien vu les choses lorsqu'il décrivait ce mécanisme comme étant le moteur de l'évolution des espèces. Il faut toutefois ajouter aujourd'hui que le facteur déterminant est le manque. Il accélère l'adaptation à des conditions précises de plus en plus restrictives et favorise la spécialisation.

La formation des espèces en tant que réplique des organismes vivants à la pénurie est une thèse concevable et logique qui explique la pluralité; la pluralité naît du manque. Dans des conditions de pénurie, le spécialiste est avantagé car il exploite plus efficacement les ressources offertes que le concurrent dont la gamme adaptative est plus étendue, le généraliste. Un autre élément intervient néanmoins. Il faut que les conditions dans leur ensemble soient et restent assez longtemps stables. Sans quoi la spécilisation ne porte pas ses fruits. Lorsque les conditions environnementales se modifient trop vite, la valeur adaptative et la capacité de survie des spécialistes décroissent, alors que les concurrents plus ouverts et capables de réactions plus rapides ont l'avantage sur les précédents. Si l'offre est constamment favorable, ils sont de toute façon avantagés parce qu'ils peuvent aisément compenser les variations à court terme par l'utilisation d'autres ressources. Jusque-là tout semble théoriquement logique. Mais comment les choses se passent-elles en réalité?

Fort heureusement, nous ne disposons pas uniquement des exemples déjà nombreux qui, parmi la foule de témoignages fossiles, font ressortir la corrélation entre la pluralité et le manque; il existe aujourd'hui aussi des biotopes où règne une situation de pénurie qui nous instruit de façon assez convaincante.

Dans la forêt tropicale et dans les récifs coralliens, les ressources nutritives sont extrêmement minces. Sur les prairies sèches, les ressources nutritives et l'eau sont rares. Or il n'est pas de milieu terrestre qui dépasse en multiplicité d'espèces la forêt pluviale des zones tropicales. Il en va de même des récifs coralliens par rapport au milieu marin. Dans la forêt pluviale, des centaines d'essences d'arbres différentes poussent sur un hectare, alors que dans les forêts au sol riche, on ne trouve qu'un petit nombre d'espèces. L'inventaire des espèces animales y est encore plus varié par rapport aux régions riches. Nous connaissons cela à petite échelle avec les prairies sèches. Leur variété de fleurs des espèces les plus diverses fascinait les amis de la nature et a même enchanté les écrivains et les poètes. De nos jours le vert uniforme et indifférent de prairies grasses, gorgées d'engrais, s'est étendu sur ces zones d'où ont totalement disparu les fleurs multicolores et les gais papillons. D'une façon générale, on constate que la variété des espèces augmente avec la raréfaction des ressources. Cette pluralité ne disparaît qu'à partir du moment où la pénurie revêt des formes si extrêmes qu'il n'y a pratiquement plus aucune ressource.

Le processus de différenciation des espèces est bien établi. Nous en retrouvons les traces aujourd'hui aussi bien dans les témoignages fossiles de l'histoire géologique que dans les formes actuellement existantes qui illustrent une évolution passée. Que nous considérions des séries d'ammonites, leur changement de forme et leur séparation en différentes espèces au fil des millions d'années, ou que nous prenions la brusque explosion des lignées animales, le phénomène de diversification se manifeste de toutes parts. Bien que ce ne soit pas tout à fait justifié, on attribue à Charles Darwin le mérite d'avoir découvert au cours de son séjour aux îles Galapagos les pinsons qui ont reçu son nom et d'avoir ensuite expliqué leur différenciation en espèces et formes d'adaptation distinctes.

Effectivement les pinsons de Darwin sont issus de pinsons moins spécialisés qui atteignirent à une certaine époque ces lointaines îles du Pacifique. L'étude très approfondie de Verne Grant (1963) montre de façon exemplaire comment s'est effectuée la diversification qui a conduit du pinson à bec moyen au pinson à gros bec granivore et à d'autres formes qui utilisent au contraire un bec très fin pour capturer des insectes. Ce qui s'est produit aux Galapagos s'est produit un nombre incalculable de fois sur les continents où la variété des espèces s'est peu à peu établie et a pris l'ampleur impressionnante que nous lui connaissons.

La variété des espèces n'est pas une pure juxtaposition sans lien. Elle s'inscrit dans un nombre de lignées adaptatives relativement restreint par rapport à la multiplicité que définit la classification taxinomique en familles, ordres et classes. Seules les entités qui se dégagent au-dessous du niveau de la famille font augmenter le nombre des espèces.

Avec le temps, même les genres comportent un nombre considérable d'espèces. Ils se situent immédiatement au-dessus de l'espèce dans l'échelle de la classification. Les espèces réunies au sein d'un même genre sont toujours les produits les plus récents de l'évolution, ce sont des variations sur un même thème, représentant respectivement des formes adaptatives distinctes, mais non pas véritablement des types nouveaux. Ces derniers se placent au niveau des catégories bien plus étendues des ordres et des classes. C'est pourquoi on peut à juste titre considérer la différenciation des espèces comme une simple agitation superficielle. Le cœur de l'évolution se situe bien plus en profondeur.

Essayons maintenant de réunir les deux notions d'excédent et de manque. Pour les organismes qui ont résisté, ils délimitent le champ du vivant. La compensation du manque est un moyen de conservation. Le traitement des excédents ouvre au contraire de nouvelles voies et permet de nouvelles fonctions.

Pour revenir au point essentiel, la reproduction entraîne forcément, tôt ou tard, un épuisement de la richesse environnementale. Il en résulte un manque. Celui-ci fait progresser la différenciation des espèces car en situation de pénurie, les organismes vivants les mieux armés pour survivre sont ceux qui se distinguent le plus de leurs concurrents. Martin Cody (1974) a exprimé ce processus du point de vue écologique. Les espèces qui partagent entre elles l'exploitation d'un même milieu, dans lequel intervient une pénurie, survivent à condition de s'écarter spatialement (séparation géographique des niches), de ne pas avoir le même régime alimentaire et par conséquent de ne pas exploiter les mêmes ressources, ou à condition d'arriver à s'éviter suffisamment en occupant des niches différentes à l'intérieur du même milieu. Il y a entre les espèces une limite de ressemblance ou – pour exprimer les choses autrement – une distance minimale nécessaire à la survie commune. L'occupation par chaque espèce d'une niche écologique qui lui est propre est la conséquence de la nécessité qu'impose l'évolution de surmonter le manque. Ainsi s'opère la diversification au niveau inférieur des catégories biologiques de l'évolution que sont les espèces et les genres. La sélection résultant du manque est un bon constructeur artisanal qui travaille sur un matériau existant, sans toutefois produire de nouvelles fonctions « créatrices ».

Mais ce monde d'interaction avec l'environnement, déterminé par le manque, suffit-il aussi à expliquer les grands changements et les longues phases de l'évolution? Essayons d'appliquer cette thèse aux longues phases de l'histoire du vivant.

Chapitre 5

UNE CONCEPTION NOUVELLE DES PHASES DE L'ÉVOLUTION

L'évolution de la vie n'a pas été un processus harmonieux, calme et régulier. S'il en avait été ainsi, l'histoire géologique ne se diviserait pas en périodes distinctes. Non seulement la séparation en différentes ères correspond à des orientations différentes de l'évolution, mais l'apparition et l'extinction des lignées successives, dans la mesure où nous disposons de témoignages fossiles suffisants pour les reconstituer, suivent un schéma inconciliable avec l'idée d'une évolution progressive et continue des espèces : à la phase de formation, appelée typogenèse, fait suite une séquence de rapide diversification ; il se forme un faisceau de branches secondaires qui subsistent ensuite plus ou moins longtemps et ne se modifient plus ou ne se modifient guère. La phase de continuité est appelée typostade, du grec *stasis*, constance. Enfin, la majeure partie des différentes lignées disparaît, le type disparaît : c'est la fin du processus appelée typolyse.

La représentation schématique du devenir et de la disparition des lignées phylogénétiques est issue, ainsi que le pensait le biologiste de l'évolution Ernst Mayr (1979, 1984) de l'université de Harvard, d'une pensée typologique bien germanique. Dans son merveilleux ouvrage sur les notions d'espèce et d'évolution (1967) ainsi que sur l'évolution de la pensée biologique, Mayr oppose à cette vision typologique une pensée axée sur l'évolution des populations, bien plus répandue dans le domaine anglo-saxon. Celle-ci accède plus facilement à l'élaboration de thèses telles que les implique la notion darwinienne d'interaction entre la mutation et la sélection. Au sein des populations d'êtres vivants, il faut que les mutations s'imposent et fassent la preuve de leur validité pour entraîner une modification de la composition du génome. Une génération plus tard, Stephen Jay Gould, lui aussi de l'université de Harvard, a baptisé cette position « gradualisme » parce qu'elle se fonde sur le principe d'un changement graduel et progressif. Se fondant sur leurs découvertes et leurs connaissances génétiques, les néo-darwiniens rejetaient l'idée de transformations rapides, de « sauts » de l'évolution, et Ernst Mayr peut être considéré comme le plus éminent représentant de ce courant gradualiste.

Champion de la théorie dite « ponctualiste », Stephen Jay Gould oppose au schéma précédent les témoignages fossiles prouvant incontestablement que l'évolution ne s'est pas déroulée avec une pareille régularité. Après un examen plus approfondi, l'équilibre se révèle plutôt « ponctuel ». La conception moderne se rapproche ainsi des conceptions typologiques où il est question d'apparition, de diversification et de perpétuation du type. Au fur et à mesure que sont exploitées avec les méthodes de datation moderne un plus grand nombre de découvertes fossiles, la balance penche de plus en plus en faveur du schéma ponctualiste qui englobe les deux aspects : périodes d'évolution et phases de repos. Par rapport au sujet qui nous occupe, le débat entre gradualistes et ponctualistes en dit beaucoup plus long qu'il n'y semblerait d'un point de vue purement théorique. Il ne s'agit pas de mots ni de concepts mais des origines du processus évolutif. Si nous replaçons ces phases et ces processus de l'évolution dans leur cadre écologique, chacun des deux schémas n'apparaît plus comme l'explication exclusive, mais comme des illustrations particulières de l'interaction entre l'excédent et le manque.

L'origine d'une lignée phylogénétique, la typogenèse, correspondrait alors à la percée provoquée par l'exploitation des excédents. Une innovation voit le jour. Elle se développe rapidement, se heurte aux premières limitations environnementales et y réagit par la diversification. Parmi la multitude d'essais, la sélection, qui agit désormais à plein, retient un certain nombre de variantes qui se stabilisent. La typostase, phase d'équilibre, n'amène que d'infimes changements. L'évolution se déroule alors régulièrement, très exactement suivant le schéma gradualiste. La stabilisation durable du type adaptatif garantit la stabilité sur une assez longue période. Comme le prouvent les témoignages fossiles, une lignée subsiste souvent des millions et des millions d'années sans changement majeur. Ensuite s'amorce le déclin, à moins que n'intervienne une fin brutale.

Les conditions de vie se sont modifiées tout aussi progressivement, mais contrairement à ce que laisserait espérer la thèse darwinienne de la sélection, les lignées phylogénétiques n'ont pas suivi. Un gouffre de plus en plus profond se creuse entre les conditions environnementales réelles et l'adaptation des organismes qui se maintiennent dans la typostase. La percée initiale se révèle une impasse dont la lignée phylogénétique ne peut plus sortir. L'effet stabilisateur de la sélection a été trop fort; il a annulé bien des possibilités encore ouvertes. L'organisme n'a pas été en mesure de faire face au manque avec les adaptations encore fonctionnelles dont il disposait à l'origine. L'extinction, phénomène tout à fait normal à l'échelle de l'évolution, est inévitable.

Du reste les situations de pénurie sont bien plus difficiles à retrouver et à prouver dans l'histoire géologique que les excédents. Mais avec toute la prudence qui s'impose, on peut cependant extrapoler rétrospectivement et tirer un certain nombre de conclusions des situations actuellement observables.

Nous savons d'après un grand nombre d'études et nous pouvons déduire d'une foule de découvertes que les espèces hautement spécialisées sont moins adaptables que les espèces moins spécialisées, dès lors que leurs conditions environnementales se modifient. La plupart des espèces de la forêt pluviale ne réussissent pas à s'adapter, ni même à supporter les nouvelles conditions qui s'instaurent à la suite du défrichage de la forêt et de la mise en exploitation agricole des terres.

Le biologiste Geraart Vermeij, l'un des plus grands spécialistes de l'évolution de la vie animale en milieu marin, a très bien démontré que les espèces et les groupes présentant une vaste zone de dispersion géographique et peu spécialisés avaient des chances de survie incomparablement plus élevées que les espèces spécialisées localisées sur de petits secteurs. Les ligues de protection de la nature luttent aujourd'hui dans le monde entier pour assurer la survie à ce type de spécialistes qui, du fait même de leur mode de vie et de leurs petits effectifs, sont au bord de la disparition.

L'expérience actuelle concorde donc tout à fait avec ce que laisse prévoir la thèse des processus agissant à long terme sur l'évolution et la disparition des lignées phylogénétiques. Si l'extinction provient, pour une part au moins, du fait qu'à la suite de phases prolongées d'évolution (darwinienne) régulière commandée par la sélection et la mutation, certaines lignées ont perdu leur adaptabilité au point de ne plus pouvoir se maintenir, la notion de manque peut effectivement entrer en ligne de compte comme architecte de l'évolution. Mutation et sélection expliqueraient alors le deuxième acte du drame. Mais qu'en est-il du premier, qu'en est-il de l'origine des nouvelles lignées? Il est temps de revenir sur les exemples exposés dans notre première partie. Il faut que les excédents proviennent aussi de quelque part. Ils ne se forment pas spontanément. Le manque ou la pénurie ne peuvent s'établir qu'à la condition qu'il y ait eu préalablement des excédents.

Toute une série d'exemples quasiment choisis au hasard illustrent le rôle capital des excédents dans les innovations évolutives. La chose est assez importante pour que nous nous permettions de nous répéter. L'excédent de lumière et de sels minéraux fut la condition déterminante de l'essor des plantes terrestres. Les désavantages du mauvais approvisionnement en eau sont largement compensés par l'irradiation incomparablement plus efficace et la disponibilité immédiate des sels minéraux. L'excédent de produits photosynthétiques qui en résulta fut à la base de l'évolution des arbres et de la production de matières végétales secondaires comme la résine, le phénol, les terpènes ou les sucs laiteux (latex). La production d'huiles essentielles convient aussi très bien au degré d'irradiation de régions chaudes, sèches et ensoleillées permettant une forte activité de la photosynthèse sans croissance rapide, autrement dit sans augmentation rapide de biomasse. Les excédents de l'activité des algues symbiotes furent à l'origine de la formation des récifs coralliens, un peu comme si au lieu de produire du bois, elles avaient produit des squelettes de calcaire qui n'auraient cessé de grandir.

A l'évolution des plantes florifères, avec leur offre abondante de pollen et de nectar, fit suite l'essor massif des insectes qui contribuèrent à leur tour à la grande percée des oiseaux, lesquels n'auraient sans doute jamais pris une pareille extension s'ils s'en étaient tenus à leur régime alimentaire initial, composé de petits reptiles qu'ils devaient capturer. En milieu marin, la surabondance de poissons téléostéens et la productivité accrue des zones froides des océans, une fois que la dérive continentale eut placé les continents dans les positions correspondantes, provoquèrent la réaction de deux groupes d'organismes homéothermes, les phoques et les baleines à dents, qui adoptèrent un mode de vie distinct. Ce sont les masses de krill qui expliquent l'évolution, non seulement des baleines à fanons, mais aussi des manchots qui utilisent ce qui fut leurs ailes pour se propulser sous l'eau.

L'expansion des gros animaux dans les savanes d'Afrique orientale, aux sols riches en matières minérales, assura la base alimentaire de l'évolution de la lignée qui devait aboutir à l'émergence de l'homme, ainsi que je l'ai montré dans un précédent livre [1]. Nous pourrions multiplier les exemples. Où que nous approfondissions notre recherche, si nous disposons de témoignages fiables de l'histoire phylogénétique et de l'adaptation écologique,

1. *L'Emergence de l'homme*, trad. française Flammarion, 1991, rééd. coll. « Champs », 1993.

nous retrouvons ces mêmes corrélations. Il y a toujours au départ un excédent utile. Le schéma d'une évolution en deux phases, qui utilise les excédents pour créer la nouveauté, ou l'en extrait, et qui surmonte la pénurie par la diversification, intègre donc entièrement celui de l'évolution darwinienne. Mais il fait intervenir dans la marche du processus une nouvelle grandeur, qui semble bien plus apte à jouer le rôle de grand constructeur de la nouveauté que l'interaction désordonnée du hasard aveugle et d'une sélection orientée.

Pour ma part, je considère donc l'organisme comme un partenaire extrêmement actif dans le jeu de l'évolution, et non pas comme la marionnette des gènes. Les excédents n'indiquent certes pas d'orientation à suivre au sens d'un objectif lointain à atteindre, mais ils fournissent directement un cadre de référence clair et bien délimité qui réduit fortement le libre jeu du hasard. C'est pourquoi l'adaptation *semble* si finalisée ! Mais elle ne l'est pas. Sa « fin » réside simplement dans l'utilisation des excédents ou l'exploitation des nouvelles possibilités de vie. La sélection se trouve de ce fait étroitement canalisée. Il ne s'agit pas de finalité, mais le processus explique une origine. C'est pourquoi les calculs de probabilités tendant à prouver l'invraisemblance de l'évolution sont si profondément erronés : les différentes étapes de l'évolution ne constituent pas autant d'événements coupés les uns des autres. C'est pourquoi aussi l'évolution innove dans le champ de tension qui se crée entre l'excédent et le manque, et non pas dans le cadre des transformations lentes et progressives d'un paysage pratiquement uniforme où s'exercerait la sélection.

Lorsque nous parlons de l'évolution, ce n'est évidemment qu'une forme abrégée pour désigner un processus complexe qui ne mène pas une existence propre. L'évolution n'est pas non plus une force supérieure ou surnaturelle qui créerait quelque chose à partir de rien, mais un processus parfaitement normal, ancré dans les lois physico-chimiques, qui fonctionne à partir de matières premières, actionné par l'énergie et commandé par les informations génétiques dans le cadre des limites définies par l'organisme.

Un processus de cet ordre se dérobe aussi bien aux statistiques du hasard qu'aux prévisions déterministes. En dépit du fait que l'élévation progressive de l'évolution vers un niveau supérieur est indiscutable, il suffit de songer aux nombreuses catastrophes qui en ont toujours interrompu la marche tranquille et changé le cours pour se rendre compte que ce n'est pas un processus prévisible et déterminé.

Le cheminement de la vie tout au long de l'évolution semble une série de tournants en épingle à cheveux résultant toujours de constellations nouvelles. On peut en étudier les causes, mais on ne peut pas en prévoir les suites, ni les déduire des évolutions antérieures. Les catastrophes, les grandes crises de l'évolution sont comme des mouvements pendulaires qui ont créé de nouveaux déséquilibres entre l'excédent et le manque. Elles ont certes laissé derrière elles de véritables dévastations, mais elles ont aussi ouvert aux organismes vivants de nouvelles possibilités de départ, en dehors des voies qui existaient jusqu'alors. Elles ont divisé l'évolution en grands mouvements et en phases.

Cette nouvelle conception est en train de gagner une large audience. Est-elle suffisamment fondée?

Chapitre 6

L'ÉCHELLE DU TEMPS GÉOLOGIQUE

La surface de la lune est couverte de cratères. Pratiquement aucun endroit n'a été épargné par ces impacts cosmiques. Sur la lune, il n'y a pas de variations climatiques et par conséquent pas non plus d'érosion pour estomper ces cicatrices. Sur la terre, la plupart des traces de corps cosmiques ont été effacées parce que, sans même parler de la contribution des êtres vivants, l'action érosive de l'eau et des courants atmosphériques modèle la physionomie de notre planète. En outre, du fait de la couche d'air qui enveloppe la terre, la plupart des petites météorites entrent en fusion et se désintègrent avant d'en atteindre la surface. Des recherches et des calculs récents permettent toutefois de se faire une idée de la quantité de projectiles dont la terre a dû être « bombardée ». Les météorites de glace qui se sont abattues sur la terre au cours des deux derniers milliards d'années ont dû remplir à elles seules un petit océan. Des cratères de plusieurs kilomètres de diamètre attestent l'impact de corps cosmiques de plus grandes dimensions. Ils sont en assez grand nombre pour habiliter la thèse selon laquelle des catastrophes cosmiques ont imposé de temps en temps à l'évolution des orientations nouvelles.

Comme nous l'avons vu au premier chapitre consacré à l'évolution de la biosphère, la plupart des découvertes et les plus convaincantes semblent indiquer que la fin de l'ère secondaire, et avec elle l'extinction des dinosauriens, ont été provoquées par la chute d'une météorite géante d'une dizaine de kilomètres de diamètre. Les autres grandes étapes du processus de l'évolution, qui marquent les limites des périodes géologiques, semblent également en corrélation avec la chute de météorites.

La question se pose encore de savoir si ces phénomènes cosmiques se produisent régulièrement – on parlerait d'intervalles de vingt-six millions d'années –, ou s'ils sont complètement fortuits et donc imprévisibles. David Raup (1986) et John Sepkoski de l'université de Chicago ont présenté des résultats de recherches étonnants qui semblent renforcer la thèse de la périodicité. La dernière grande crise serait survenue il y a onze millions d'années et tous les chocs cosmiques n'exerceraient pas forcément et immédiatement les mêmes effets dévastateurs sur toute la planète. Si la thèse de Raup et Sepkoski est juste, les visions de fin du monde restent encore assez lointaines. Aux catastrophes cosmiques viennent s'ajouter toutefois des catastrophes terrestres susceptibles de modifier le cours de l'évolution de façon tout aussi durable. Par exemple, les éruptions volcaniques en série projettent dans les couches supérieures de l'atmosphère suffisamment de cendres et de poussières et modifient la répartition de l'irradiation solaire dans des proportions assez grandes pour décaler provisoirement les zones climatiques. D'autres transformations plus lentes sont plus faciles à reconstituer parce que leurs effets se poursuivent pendant des millions d'années. C'est le cas par exemple de la dérive des continents, de leur séparation et du mouvement inverse de fusion.

A l'échelle géologique, l'histoire de notre planète se révèle très agitée. Les continents dérivent comme des plaques de glace sur une couche extérieure de liquide en fusion qui, dans les plus grands fonds marins, est à peine recouverte d'une écorce de quelques kilomètres d'épaisseur. Tout autour du globe, le magma s'échappe constamment de la zone en fusion et provoque l'écartement des plaques, alors que simultanément, à d'autres endroits, des fonds marins et des parties de continents s'enfoncent et sont engloutis. Une gigantesque cassure de cinq mille kilomètres de long interrompt la dorsale médiane de l'Atlantique. La poussée du magma à cet endroit écarte les plaques du fond marin des deux côtés et provoque la dérive permanente de l'Afrique et de l'Amérique, entre lesquelles la distance ne cesse d'augmenter. Dans le Pacifique, les zones de failles sont en bordure des continents. Des chaînes ininterrompues de volcans et des zones instables – où les risques de tremblements de terre sont constants – en définissent les caractéristiques extérieures. L'Atlantique est donc en extension alors que le Pacifique a plutôt tendance à se réduire. En même temps, l'Afrique s'effondre dans le grand fossé de sa partie orientale, seul endroit où les zones de dérive et de déplacement des plaques traversent un continent.

Vers la fin de l'ère secondaire le même phénomène avait divisé le continent géant du Gondwana. La partie occidentale, devenue l'Amérique du Sud, dériva vers l'ouest et demeura pendant plus de cinquante millions d'années une très grande île sur laquelle se déroulaient des processus d'évolution distincts. Une partie bien plus petite, l'Inde actuelle, fut transportée vers le nord-est. Heurtant avec une violence inouïe le continent asiatique, elle forma la plus haute chaîne montagneuse du monde, l'Himalaya. Madagascar se détacha et se déplaça encore légèrement vers l'est. Il ne resta que le petit groupe d'îles des Seychelles dont les sommets granitiques sont les derniers vestiges de ce nombril central à partir duquel l'Afrique, Madagascar et l'Inde s'étaient séparés. Des parties bien plus importantes du Gondwana dérivèrent cependant vers le sud, puis vers l'est, et la plus éloignée, l'Australie, mit même le cap au nord. Cela ne suffit toutefois pas pour réaliser la jonction avec l'Asie, qui s'effectuera néanmoins si la dérive se poursuit telle quelle.

La position des masses continentales détermine dans une large mesure le climat général de la planète. Il y a quarante millions d'années à peine, l'actuel Antarctique se détacha de l'Australie et la circulation des courants dans le Pacifique se trouva fondamentalement modifiée. Le courant chaud qui avait longé jusqu'alors la côte est de l'Australie vers le sud, et qui avait empêché la formation de masses de glace au pôle Sud, fut repoussé bien plus à l'est par l'afflux d'eaux froides. Avec le détachement de la pointe extrême que l'Amérique du Sud de la partie occidentale de l'Antarctique, le courant d'eau froide se renforça encore et forma un courant circulaire autour de l'Antarctique. Une eau glacée, très riche en matières nutritives et issue des profondeurs remonta en surface et, poussée par les vents d'ouest qui soufflaient en permanence, elle encercla le continent antarctique. Les masses d'air froid furent emportées dans le mouvement. Les zones marines environnantes fournissaient suffisamment d'humidité pour qu'au cours des millions d'années qui suivirent, des masses de neiges s'abattent inlassablement sur le continent antarctique et qu'elles ne fondent plus jamais. C'est ainsi que se forma le bouclier de glaces de l'Antarctique, qui a aujourd'hui des kilomètres d'épaisseur.

Les conséquences en furent universellement ressenties. Les précipitations diminuèrent, parce qu'une proportion de plus en plus importante des masses d'eau initialement disponibles dans l'atmosphère se trouvait prise dans les glaces de l'Antarctique. Les continents des latitudes moyennes et basses se desséchèrent. A la place des immenses forêts s'étendirent des savanes et des steppes, autrement dit des zones herbeuses offrant aux gros animaux des conditions de vie bien plus favorables que la forêt fermée. La mégafaune du tertiaire put se développer.

D'un autre côté, la transformation de la carte des courants marins, surtout dans les océans de l'hémisphère Sud, provoqua un bouleversement de la productivité tel qu'on n'en avait sans doute jamais vu jusqu'alors. Des matières nutritives accumulées au fond des mers depuis les temps les plus anciens se trouvèrent remontées en surface et par conséquent dans la zone pénétrée par la lumière. Les algues qui y vivaient absorbèrent ces matières nutritives et les transformèrent. Cela déclencha une réaction en chaîne. Les algues extrêmement actives du plancton, qui produisaient des excédents massifs, furent exploitées par les petits organismes animaux du plancton, en particulier les petits crustacés, produisant à leur tour une biomasse telle qu'on n'en avait encore jamais connu en milieu marin.

Etant donné le froid régnant, les poissons et autres animaux marins des origines n'étaient pas en mesure de fournir l'énergie qu'il aurait fallu pour exploiter efficacement ces nouvelles masses de matières disponibles. Aux températures proches de zéro, les réactions des organismes à sang froid sont fortement freinées. Dans les eaux froides de l'Antarctique, très riches en oxygène, les poissons des glaces n'ont même pas besoin d'hémoglobine pour acheminer l'oxygène jusqu'à leurs organes internes et leur musculature.

Ce qui peut paraître ici un avantage signifie toutefois que ces poissons ne peuvent pas non plus effectuer de mouvements rapides. C'est ainsi que s'accumula une offre excédentaire de matières nutritives qui, contrairement à la surproduction de matière végétale de l'ère secondaire où se constituèrent les gisements de charbon et de pétrole, était très riche en protides. En même temps la biomasse de petits crustacés, que l'on rassemble sous la dénomination générale de « krill » et qui fut produite à cette époque, contenait une proportion relativement élevée de graisses qui avait servi à l'origine à maintenir en suspension dans l'eau les organismes les plus petits. Sans ces gouttelettes d'huile, ils auraient sombré au-dessous des couches superficielles riches en matières nutritives. Dès lors une évolution impétueuse s'amorça.

La grande lignée des mammifères marins se détacha de ses ancêtres terrestres pour retourner dans les mers devenues si riches. Si les phoques descendants de carnivores ursidés se nourrissaient encore de poissons, les nouvelles lignées adaptatives remontèrent à la base de la production. Les baleines à fanons perdirent la denture et développèrent à partir de replis cornés du palais des plaques effrangées qui fonctionnent comme des filtres géants. Elles absorbent ainsi le krill de l'eau marine. D'épaisses couches de graisse isolent l'organisme des mammifères homéothermes de l'eau froide et conservent à leur musculature sa pleine efficacité. Cette évolution conduisit au plus gigantesque organisme qui ait jamais existé, la baleine bleue. Son poids vivant dépasse cent vingt tonnes et son corps est plus long que celui des dinosaures.

Leurs parentes piscivores, les baleines à dents, produisirent leurs multiples formes adaptatives dans les zones limitrophes poissonneuses où les masses d'eau glacée rencontraient les eaux relativement chaudes des océans de l'hémisphère Sud, et dans les zones intermédiaires correspondantes de l'hémisphère Nord. Mais l'évolution des phoques illustre bien l'attrait tout particulier que devait présenter le krill. Le phoque crabier (*Lobodon carcinophagus*) filtre, à l'aide de dents effrangées en forme de nasses, le krill qu'il absorbe. Il a été numériquement parmi les gros mammifères les plus répandus sur notre planète.

Nous avons évoqué déjà l'évolution des manchots. Il faudrait y ajouter les fantastiques spécialistes des grands vols au-dessus des océans de l'hémisphère Sud, les albatros et les oiseaux-tempêtes. Ils sont, eux aussi, le produit de l'offre excédentaire de matière nutritive animale riche en protides et en graisse qui résulta de la dislocation des continents.

Des évolutions similaires avaient modifié profondément l'hémisphère Nord à la fin du tertiaire. La fermeture de l'isthme entre l'Amérique du Sud et l'Amérique du Nord donna naissance au Gulf Stream. Celui-ci déclencha dans l'hémisphère Nord la série de glaciations particulièrement violentes à laquelle notre propre lignée, celle du genre humain, doit sa percée (Reichholf, 1990). En l'espace de quelques millénaires, par périodes qui ne dépassaient peut-être même pas quelques milliers d'années, l'avancée ou le recul des glaces modifièrent les conditions de vie dans de vastes régions de l'hémisphère Nord plus que ne l'auraient fait des chutes de météorites géantes.

Du point de vue de l'évolution de l'homme, l'« ère glaciaire » ne peut en aucun cas être considérée comme une catastrophe, même si elle modifia de façon catastrophique les conditions ambiantes dans l'hémisphère Nord – avec des effets qui se répercutèrent très loin jusque dans la zone tropicale. Elle permit l'expansion des grandes espèces animales sur les toundras, qui étaient beaucoup plus productives que les meilleurs sols de la steppe aujourd'hui. La foule de grands animaux qui se multiplia à l'ère glaciaire est la preuve universelle que cette époque a été en fait une période favorable pour les mammifères. Qu'elle ait été par ailleurs défavorable et même désastreuse pour les forêts n'est pas contradictoire. La forêt n'offre pas un milieu favorable à la mégafaune. Tout dépend de l'angle sous lequel on se place pour définir des conditions « bonnes » ou « mauvaises ». Il ne peut pas y avoir de définition généralement valable, objective au sens le plus large du terme. C'est pourquoi dès que l'on prend une certaine distance, les catastrophes s'avèrent, en dépit des bouleversements qu'elles suscitent, extrêmement constructives et initiatrices de progrès. Cela aussi, nous le savons par notre propre histoire, même si beaucoup d'entre nous répugnent à exprimer trop clairement le potentiel de renouveau des catastrophes.

Lorsque nous considérons rétrospectivement le cours de l'évolution, les catastrophes apparaissent comme des ruptures dans des périodes de quasi-stagnation. Il faut dire aussi que la plupart des prétendues catastrophes ou grandes crises de l'évolution n'ont pas eu un effet aussi destructeur qu'il y paraîtrait. Nous l'avons déjà laissé entendre. Certes les dinosauriens se sont éteints, mais pas les reptiles dans leur ensemble. La disparition des ammonites, qui avaient été les formes animales dominantes du milieu marin pendant des millions et des millions d'années, n'a guère affecté l'évolution de céphalopodes. Les formes d'escargots et de bivalves qui ont disparu mais dont nous retrouvons les traces fossiles à cause des coquillages, n'ont limité ni l'évolution ni les capacités des mollusques. Si actuellement, parmi tous les groupes d'animaux pluricellulaires, les insectes dominent absolument en nombre et en variété de formes adaptatives, c'est bien que les diverses crises et catastrophes n'ont pas vraiment porté atteinte à ce type de structure organique.

La dérive des continents ne cessa de recomposer le puzzle des terres et des mers. Il y eut à une époque lointaine de l'ère secondaire une période où les continents entièrement soudés formaient une sorte de supercontinent. Auparavant, ils avaient été séparés et par la suite ils se disloquèrent à nouveau. Des centaines de millions d'années en arrière, il y eut des glaciations, des courants marins différents de ceux que nous connaissons et des conditions climatiques permettant le développement d'une végétation tropicale sur l'actuel continent européen.

Rien ne serait plus faux que de considérer la situation actuelle comme l'état « normal ». Elle correspond à un stade transitoire, ainsi qu'en témoignent largement nombre de séismes et d'éruptions volcaniques qui se sont produits dans les temps historiques. Les forces telluriques qui agissent sur les continents et en provoquent la dérive sont toujours à l'œuvre avec la même intensité. Pas plus les catastrophes extérieures, provenant du cosmos, que celles qui viennent de notre planète elle-même, des cheminées volcaniques, n'ont pu ni ne pourront changer fondamentalement le processus de l'évolution. Les extinctions massives sont certes des phénomènes réels, mais elles n'ont jamais constitué de menace effective pour la vie en général. Les grands embranchements de la phylogenèse ont subsisté et se sont imposés. Leur cheminement les a toujours conduits vers un niveau supérieur.

Nombre de biologistes de l'évolution critiquent violemment cette vision des choses; certains même la rejettent totalement. Ils réclament des critères qui permettraient une évaluation indépendante du « progrès ». Lorsqu'un paléontologue et biologiste de l'évolution comme Stephen Jay Gould assimile la survie des lignées phylogénétiques ou adaptatives à une loterie, il a, bien entendu, de sérieuses raisons de le faire. Beaucoup, peut-être trop de lignées phylogénétiques « valables » se sont éteintes, victimes des catastrophes aléatoires de l'histoire géologique. Néanmoins, si l'on ne considère pas les espèces isolément, mais en tant que représentants de types fondamentaux d'adaptation et de structure organique, le rôle du hasard devient négligeable.

Si l'on songe aux aptitudes vitales des organismes en question, le fait que sur la prodigieuse faune de mollusques marins qui vivaient il y a cinq cent cinquante millions d'années dans les schistes du Burgess en Colombie-Britannique, la plupart des espèces aient disparu ne semble pas absurde. Les formes bizarres comme *Opibania* qui avait cinq yeux, *Hallucigenia* aux pattes d'échassier – qui du reste se présentait assez différemment de ce que l'on avait pu croire à l'origine (Ramsköld et Hou Xianguang, 1991) – sont quand même fondamentalement différentes du point de vue de l'aptitude à la vie de *Pikaia*, forme proche de l'amphioxus, avec une musculature tubulaire permettant une activité natatoire libre et orientée. La fonction de cette structure de *Pikaia* que nous retrouvons au tout début de l'évolution des vertébrés, chez les cordés les plus anciens, autorise à penser, indépendamment du succès qu'elle connut dans la suite de l'évolution, qu'il s'agissait très vraisemblablement d'une forme assez mobile et active que les courants marins pouvaient transporter et diffuser plus aisément que l'étrange *Hallucigenia* avec ses pattes en échasses.

Stephen Jay Gould (1989) partait du principe que ces formes étaient équivalentes entre elles et équivalentes à celles qui leur ont survécu alors qu'elles disparaissaient; leurs adaptations auraient été sans valeur pour la suite du déroulement de l'évolution. Les nouvelles recherches – citées précédemment – vont à l'encontre de cette thèse. D'après leurs conclusions, même l'étrange *Hallucigenia* faisait partie des péripates vermiformes (lobopodes crustacés) et tous les représentants de la faune de Burgess-Shale peuvent être reliés à des formes encore existantes.

Mais si les lignées phylogénétiques qui ont été victimes de catastrophes de l'histoire géologique sont loin d'être aussi nombreuses et aussi importantes que le supposait Stephen Jay Gould, son interprétation de l'évolution comme loterie perd tout fondement. La survie dépend alors de la fonctionnalité de la structure organique, et par conséquent bien plus des capacités de fonctionnement de l'organisation interne des organismes que des effets extérieurs.

Nous redonnons donc la primeur à l'organisme. Son fonctionnement n'est pas assimilable à une multitude de versions et de variantes fortuites. Les éléments extérieurs comme les appendices corporels ou la taille n'affectent pas directement l'organisation interne. La sélection peut jouer sur eux. Le cours fondamental de la vie a pris une autre voie qui n'a pas été réellement modifiée par les changements survenus sur la planète, qu'ils aient été progressifs ou brutaux. Ce cours fondamental peut être défini par l'émancipation progressive des organismes vivants, qui sont devenus de plus en plus indépendants des conditions environnementales.

Si nous observons la multiplicité des organismes dans leur devenir, il apparaît clairement que les plus primitifs et les plus élementaires étaient aussi les plus dépendants des conditions environnementales et qu'ils le sont toujours, pour autant qu'ils existent encore aujourd'hui. Le stade évolutif du développement de l'organisme animal peut être interprété comme le passage de l'assimilation passive de ce qu'offre le milieu ambiant à la quête active de conditions de vie favorables.

Avec la limite de plus en plus marquée par rapport au monde extérieur, la formation de carapaces et d'enveloppes qui les isolent, les organismes réussirent à pénétrer dans des milieux extérieurs différant de plus en plus de leur propre milieu interne. L'utilisation de l'oxygène pour produire de l'énergie a permis un saut décisif assurant le passage au mouvement actif avec l'élaboration de systèmes de transmission et d'exploitation des stimuli, le système nerveux et le cerveau; ces derniers sont capables d'interpréter des situations et des signaux environnementaux, et assurent une prévision de plus en plus précise des conditions extérieures, de telle sorte que les organismes puissent se soustraire aux effets et aux conditions défavorables.

Le perfectionnement croissant du cerveau et du système nerveux culmina avec la possibilité de se faire une image du monde extérieur et de l'utiliser à titre « expérimental », comme si une action était déjà intervenue. Ainsi était apparue la possibilité de décision dans le monde des organismes et il s'ensuivit une autre percée : celle du modelage actif de l'environnement en fonction de leurs propres besoins vitaux. Avec l'organisation interne qui, aux niveaux d'évolution supérieurs, comme les oiseaux et les mammifères, est devenue indépendante aussi de l'impératif de la température extérieure, ces organismes particulièrement perfectionnés accédèrent à un degré d'autonomie par rapport à l'environnement qui n'avait jamais pu être atteint jusqu'alors au cours de l'évolution. Les fossiles en témoignent assez clairement.

L'orientation du processus évolutif peut donc bien se définir comme une émancipation croissante des organismes. Leur devenir s'est essentiellement caractérisé par le fait qu'ils se sont libérés des contraintes de l'environnement et des processus de la nature inanimée. C'est à juste titre que l'homme se place au sommet de l'évolution, car c'est lui qui est allé le plus loin sur la voie de l'autonomie par rapport au monde extérieur. Nous nous sommes créé nos propres conditions de vie et sommes entrés en conflit profond avec l'environnement. L'homme et son environnement sont presque comme des adversaires face à face. Nous ne pourrons pas nous dispenser de chercher un *modus vivendi* acceptable, parce qu'en dernier ressort – et en dépit de toute la distance que nous avons réussi à prendre par rapport à la nature –, nous restons inscrits dans le fonctionnement de la biosphère. Ce que nous gagnons en indépendance par rapport aux contraintes de l'environnement, nous le payons plus vite que nous ne voudrions l'admettre par des conditions environnementales qui se détériorent et par le risque de transformations néfastes que nous aurions nous-mêmes causées.

L'homme doit se situer dans le champ de tension qu'il a lui-même créé. Se libérer des contraintes environnementales ne veut pas dire manipuler à loisir l'environnement. Prétendre à l'harmonie avec la nature, à l'équilibre harmonieux ne serait toutefois qu'un rêve romantique, car cette harmonie n'a jamais existé. Notre troisième partie sera essentiellement consacrée à ces utopiques visions d'équilibre.

Troisième partie

CINQ CHAPITRES SUR LA VIE

Chapitre 1

L'ORGANISME N'EST PAS UN SIMPLE VÉHICULE DES GÈNES

Sans davantage de justification, nous avons opposé jusqu'à présent l'organisme au génome et postulé leur altérité. Cette séparation est-elle légitime? Le génome est pourtant bien contenu dans l'organisme; il en fait partie! Il commande les processus qui se déroulent dans l'organisme et il se transmet de génération en génération. Toutefois le rapport entre le génome et l'organisme ne peut pas être assimilé au rapport auquel nous pensons lorsque nous considérons par exemple le cœur à l'intérieur du corps. Examinons d'un peu plus près les choses.

Il se produit de curieux phénomènes que notre expérience quotidienne nous rend tout à fait familiers. Ainsi continue-t-on à considérer un animal ou une plante morts comme des organismes, bien qu'ils ne soient plus en vie, alors que du sperme congelé, à condition d'être manipulé avec les précautions nécessaires, s'avère capable de recréer la vie. Pour être considérée comme un organisme, la structure en question ne doit donc pas nécessairement être vivante, alors qu'au contraire la pure information génétique privée du support d'un organisme réussit à survivre. Contenue dans une cellule morte, elle ne disparaît pas avec cette mort mais se conserve. La génétique moderne parvient même, dans des conditions favorables, à isoler des éléments du patrimoine génétique de cellules du corps pour les intégrer au génome d'organismes vivants.

Pour exprimer cette réalité complexe sous une forme simple et néanmoins pertinente, nous dirons que le génome seul est capable d'existence, mais qu'il n'est pas à proprement parler viable, et qu'il faut en tout cas que l'organisme fonctionne pour que le génome exerce son activité. Sur un organisme mort, les gènes ne peuvent plus rien, alors qu'un organisme vivant peut tout à fait reprendre les gènes d'un patrimoine génétique qui n'est plus vivant.

La sociobiologie sépare le génome et l'organisme, et donne priorité au premier dès lors qu'il est question d'un comportement de survie et de son évolution. Les biologistes de l'évolution semblent confirmer pleinement cette division car depuis 1892, date à laquelle August Weismann a découvert la continuité du plasma germinatif, ils établissent la distinction entre le corps, enveloppe éphémère, le soma et les cellules du plasma germinatif qui se transmettent en une suite ininterrompue et ne participent pratiquement pas au développement ni au fonctionnement du corps.

Les cellules du plasma germinatif conservent toujours leurs aptitudes et leurs propriétés. Elles ne se différencient pas comme les cellules contenues dans les organes et elles ne servent à rien d'autre qu'à transmettre le patrimoine génétique de génération en génération. La croissance et le développement de l'organisme dans lequel elles se trouvent ne les affectent en aucune façon. Une fois venu le moment de la reproduction, les cellules du plasma germinatif posent les bases d'un nouvel organisme. L'interruption de cette continuité signifierait que la lignée génétique du sujet qui en est porteur s'éteint, même si son organisme survit encore pendant des années. Il n'y a aucun moyen de rétablir la continuité du plasma génétique et de la faire repartir après son interruption, à moins que la technologie génétique n'invente une méthode artificielle pour y parvenir.

La séparation entre le génome et l'organisme est donc une donnée connue du vivant, et qui a été étudiée sous bien des angles. Ce n'est pas une invention récente, créée pour soutenir la nouvelle conception de l'évolution. Nous n'avons pas besoin de la justifier plus longuement ici. La génétique, qui a érigé le primat des gènes en véritable dogme central de la marche de l'évolution, accentue de toute façon cette séparation bien plus lourdement que cela ne paraît même justifiable d'un point de vue biologique.

Nous pouvons donc nous appuyer tranquillement sur la réalité de la distinction entre le génome et l'organisme. Mais s'il en est ainsi, il faut qu'ils aient tous deux des origines distinctes, sans quoi la division *a posteriori* de ce qui était uni initialement serait incompréhensible. Nous verrons au prochain chapitre, consacré à l'apparition de la vie, que cette distinction revêt la plus haute importance.

Mais nous devons d'abord examiner un peu plus longuement le problème de l'organisme. Sa principale caractéristique, totalement inconnue du génome, est le métabolisme. Ainsi que nous l'avons montré dans notre deuxième partie, ce dernier est certes influencé par l'offre et la demande, mais pas au point de devoir constamment s'adapter aux conditions extérieures. Au contraire, l'organisme oppose aux variations de l'offre extérieure son équilibre interne, la stase, ou plus exactement l'homéostase des mécanismes de fonctionnement interne qui résistent en dépit des variations et des déséquilibres extérieurs – c'est la véritable fonction du métabolisme. Lorsqu'il ne réussit plus à l'assurer, l'organisme meurt.

L'analyse de processus extrêmement complexes du métabolisme interne est indiscutablement parmi les plus grandes réalisations des sciences naturelles. Certains de ses éléments importants, comme le cycle de l'acide citrique, figurent depuis longtemps dans les manuels de biologie et font désormais partie des connaissances de base en la matière. Mais curieusement, le génome ne joue pas un rôle important dans cet ensemble de processus métaboliques. Il n'y intervient que de façon marginale.

Totalement différent, dans sa structure et son fonctionnement, des matières protidiques qui constituent en majeure partie le métabolisme, le génome est représenté en fait par une longue chaîne très fine d'informations, alors que le métabolisme réunit de multiples réactions chimiques interdépendantes, reposant entre autres sur les enzymes. Lorsque le génome intervient, sa marge de commande reste relativement restreinte, tout simplement parce que beaucoup de réactions entre les enzymes ne peuvent de toute façon pas se dérouler autrement. Toute autre instruction non conforme du génome ne modifierait tout au plus que dans une très faible mesure le déroulement de la réaction, et en principe elle aboutirait tout simplement à bloquer le processus.

En l'état actuel des recherches, il ne semble pas que l'équilibre interne soit une fonction du génome, mais une fonction autonome du métabolisme et par conséquent de l'organisme. Mieux encore : au sein des organes d'organismes complexes, comme par exemple notre foie, notre pancréas, les cellules musculaires, le cerveau, et ainsi de suite, il faut que certains secteurs du génome soient manifestement connectés, ou inversement déconnectés, pour qu'ils n'entrent pas en conflit avec les exigences et les fonctions des cellules qui constituent ces organes et ces parties du corps. Des mécanismes spéciaux d'interconnection ou de différenciation des niveaux structurels se sont formés. La détermination effective de la proportion de tel ou tel élément qui devra être utilisée, l'endroit où elle devra l'être et la fonction qu'elle remplira s'effectuent sur place. Ainsi, d'innombrables copies de gènes restent inactives dans des millions de cellules. On ne peut guère imaginer comment tous ces gênes auxquels s'ajoutent le cas échéant des quantités encore plus importantes de gènes qui n'ont aucune fonction, pourraient se voir réduits à l'inactivité sans intervention directe de l'organisme en tant que partenaire de ce rapport interactif.

C'est pourquoi un grand nombre de biologistes et de médecins croient voir la clef de la compréhension du devenir organique dans une auto-organisation reposant sur des mécanismes de régulation. La cybernétique a fait son entrée dans la biologie moderne, précisément parce que les mécanismes de régulation interne des organismes vivants font preuve d'une étonnante capacité à établir des équilibres. Les gènes ne présentent pas ces propriétés de cycles régulateurs. Même l'aptitude incontestable à la réparation automatique des déficiences du génome est comparable à l'homéostase des organismes, car elle se fonde sur des unités d'information fixes et immuables, tandis que le fonctionnement organismique interne maintient des équilibres instables.

Ce sont précisément eux qui contraignent les organismes à établir et à maintenir une séparation assez solide entre leur fonctionnement interne et le monde extérieur. Sans quoi un état d'équilibre s'instaurerait rapidement et il détruirait la différence vitale, le déséquilibre entre, d'une part, les matières premières et l'énergie absorbées (input) et, d'autre part, les produits rejetés (output). Sans ce déséquilibre, plus rien ne pénétrerait à l'intérieur de la cellule et l'équilibre avec l'environnement signifierait la mort. Le génome peut au contraire rester ouvert et ajouter ou intégrer de nouveaux supports d'information à ceux qui existent déjà. Une seule chaîne d'ADN ne contient sans doute, par exemple chez les bactéries, que quelques milliers ou dizaines de milliers d'unités d'information. Chez les organismes de plus grande taille, en particulier chez l'homme, ce chiffre atteint des millions.

Revenons-en à la cellule, la plus petite unité de l'organisme. Le métabolisme lui impose des limites étroites. Les cellules qui atteignent le millimètre sont des géantes, et celles qui ne dépassent pas quelques centièmes de millimètres sont au contraire des naines. Le mécanisme chimique du métabolisme n'est pas extensible à l'infini. Quelques millimètres entraînent déjà pour de grosses molécules de matières protidiques des retards du point de vue de la production et du transport. C'est pourquoi les organismes de grande taille ne sont pas simplement des versions agrandies des petits, ni les plus petits des versions miniaturisées des plus grandes. Les rares types de cellules qui dépassent ou au contraire se situent en dessous des étroites dimensions limites confirment cette extraordinaire uniformité de la constitution des organismes complexes, tous formés de petites unités bien délimitées, les cellules qui, imitant d'une certaine façon les microcristaux dans la formation des gros cristaux, reproduisent à des millions et à des milliards d'exemplaires la cellule initiale, pour former en dernier ressort l'organisme tout entier, qu'il s'agisse d'un ver presque invisible comptant 492 cellules, d'un représentant de l'espèce humaine avec environ 100 billions de cellules, ou d'une baleine, encore plus gigantesque.

Il est établi depuis longtemps aujourd'hui que tous les organismes vivants complexes et de grande taille, animaux ou végétaux, sont constitués de cellules. Mais il y a encore quelques générations à peine, on cherchait dans la graine la copie de l'homme miniaturisée à l'extrême, l'homunculus. Croissance et développement n'étaient encore conçus que comme une augmentation de taille. La classification biologique oppose les organismes pluricellulaires (métazoaires) aux protozoaires, ou unicellulaires, organismes vivants constitués d'une seule cellule. Tout pluricellulaire est cependant issu d'une cellule unique qui se divise et se développe. C'est l'ovule fécondé (zygote).

Comme le métabolisme fonctionne dans chacune des cellules vivantes d'un organisme pluricellulaire et que les unicellulaires sont tout aussi dépendants des processus métaboliques, l'organisme unicellulaire fonctionne manifestement déjà comme un véritable organisme. Le métabolisme du foie, du muscle ou de quelque autre organe ne représente rien d'autre qu'une forme de métabolisme plus efficace, car au sein de ces organes se trouvent réunies de nombreuses cellules qui assurent des fonctions du même ordre. Mais dans le fond tout cela se déroule aussi au sein de l'organisme unicellulaire qui se déplace, absorbe de la nourriture et excrète des déchets, s'oriente en fonction de la lumière ou se divise. Il faut donc bien que le protozoaire dispose déjà aussi du mécanisme de l'homéostase qui permet de maintenir son équilibre interne – de même que chacune des cellules qui constituent un organisme pluricellulaire. Nous suivons donc le métabolisme jusqu'au niveau le plus inférieur de l'organisme, celui de la cellule.

Mais il faut revenir encore une fois aux organismes complexes, de préférence nous-mêmes, puisque c'est chez l'homme que le système qui nous occupe a été le mieux étudié. Nous voulons parler du système immunitaire qui réagit directement à l'intervention de substances ou de déclencheurs donnés en produisant ce que l'on a appelé des anticorps, qui protègent notre organisme contre les agents pathogènes ou leurs sécrétions et assurent de nombreuses autres fonctions de défense ou de contrôle. L'aspect le plus remarquable réside dans leur mode d'action. Ils réagissent de façon très spécifique à des substances appelées antigènes qui se sont infiltrées ou dégagées dans l'organisme.

Les plus importants sont les anticorps monoclones parce qu'ils sont produits par une seule cellule qui réagit à la rencontre d'une substance déclenchante. Ces éléments se déplacent librement à l'intérieur du corps, comme des unicellulaires. Ils font partie d'un plus vaste système de défense comprenant également les globules blancs, souvent qualifiés de « phagocytes », qui effectivement se rapprochent plus par leur mode de vie d'une amibe que d'une cellule intégrée à notre corps. Il n'est inscrit nulle part dans le génome humain que l'organisme doive produire telle ou telle substance protidique parce qu'elle a la propriété de rendre inoffensive une substance nocive. Les défenses immunitaires sont une fonction de l'organisme.

A cet égard les cellules du système immunitaire sont comparables aux bactéries. Elles ne réagissent que sur le lieu de l'action et de façon alors très spécifique. Les propriétés des bactéries, si extraordinairement différenciées dans le domaine biochimique, dépassent de loin les fonctions des organismes pluricellulaires les plus évolués. Si toutes ces propriétés biochimiques étaient programmées dans le génome bactériel, celui-ci aurait un contenu d'information bien plus étendu que celui des organismes supérieurs. Avec l'évolution des organismes pluricellulaires et des organismes de plus en plus complexes ayant des besoins énergétiques de plus en plus importants, une grande part des propriétés biochimiques initiales a été perdue. Le patrimoine génétique s'est développé dans d'autres directions liées à la structure et au fonctionnement d'un corps de dimensions importantes. Considérée sous cet angle, l'évolution pourrait apparaître au moins comme un déclin partiel, dans la mesure où les propriétés très vastes qui ont valu aux bactéries qu'on leur prêtât une « omnipotence biochimique » n'existent plus. Ou bien les organismes se sont-ils débarrassés d'un matériau génétique dont ils n'avaient plus besoin? On ne peut écarter cette hypothèse sans plus ample examen; qu'il nous suffise de rappeler les capacités de réparation de l'ADN?

Demandons-nous encore une fois ce qu'est un organisme. Nous pouvons traiter la question de manière un peu plus nuancée. Tout organisme, pluricellulaire ou unicellulaire, peu importe, a besoin de la séparation entre intérieur et extérieur. Elle lui permet l'établissement d'un équilibre interne instable, alimenté de l'extérieur en matières nutritives et énergétiques. Ce processus d'échange est appelé le métabolisme; mais comme ce métabolisme, avec son homéostase, se déroule et doit se dérouler à distance de l'équilibre extérieur, sans quoi il retomberait dans l'état de la nature inanimée, il a besoin d'un apport d'énergie. Métabolisme et homéostase sont liés comme des fonctions autonomes de l'organisme. Contrairement aux processus physico-chimiques « extérieurs », ils ne peuvent pas s'arrêter à n'importe quel état d'équilibre et ne doivent rechercher que ceux qui maintiennent le métabolisme en état de fonctionnement.

Les possibilités d'intervention du génome sont assez étroitement limitées en la matière. Bien entendu, cette restriction ou minimisation de l'importance du génome ne remet pas en question l'action effective du patrimoine génétique dans la synthèse des enzymes ou d'autres processus intracellulaires. Ces fonctions existent et elles sont importantes. Mais elles ne font pas tout! Le génome ne peut imposer de nouveauté qui aille à l'encontre des possibilités de l'organisme. La sélection naturelle ne peut retenir à l'issue de son test d'aptitude que des innovations conciliables avec le maintien des capacités de fonctionnement de l'organisme. En revanche, par l'intermédiaire de son métabolisme, l'organisme peut faire appliquer par le génome, sans aucun test d'aptitude, toute nouveauté qu'il a lui-même produite. Précisons, pour ne pas risquer d'être mal compris : la transformation du sucre en amidon ou en cellulose telle qu'elle est opérée par une cellule dépend des enzymes nécessaires à cette transformation et dont le programme de fabrication est inscrit dans le génome. Mais la quantité qui en sera fabriquée et les effets de cette production sur les cellules ou les ensembles de cellules n'ont pas plus de lien avec le programme génétique que le nombre de copies tirées d'un photocopieur avec le nombre d'originaux. C'est le besoin et non pas le programme qui détermine le nombre de copies. Dès lors qu'au niveau de la cellule vivante, nous pouvons établir assez clairement la distinction entre le génome et le métabolisme, nous sommes en droit de nous demander si ces deux éléments ont été associés dès le départ ou s'ils ne se seraient pas réunis à un moment donné dans les temps les plus lointains du passé.

Cette question sans doute inattendue paraît d'autant plus justifiée que le génome est constitué d'autres substances que celles qui interviennent dans le métabolisme. Les acides nucléiques du génome ne peuvent pas être extraits des protides qui activent le métabolisme – et vice versa.

Parvenus à ce stade, il est temps que nous nous interrogions sur les origines de la vie. Nous avons réuni au cours de notre réflexion toute une série d'indices. Comment les interpréter?

Une chose est sûre : la conclusion de nos considérations sur l'origine de la vie devra être conciliable avec les mécanismes de l'évolution. Car si nous admettions une seule fois l'hypothèse d'un événement surnaturel, nous serions contraints d'admettre aussi ce type d'hypothèses à d'autres propos. La nouveauté pourrait se manifester au hasard. L'idée de nouvelles propriétés qui ne soient pas la somme des anciennes ou qui correspondent à une autre forme de leurs effets n'est pas en contradiction avec l'exigence précédente.

Tous les êtres vivants sont constitués des matières premières de la nature; tous sont soumis aux lois de la physique et de la chimie. Comment une propriété nouvelle, la vie, a-t-elle pu naître de là?

Chapitre 2

LE COMMENCEMENT

L'événement qui marqua le passage de la matière inanimée à la vie doit s'être produit il y a trois milliards et demi d'années. Tant que l'on considérait que la matière organique et la matière anorganique étaient de nature fondamentalement différente, les sciences naturelles n'avaient pas besoin de parvenir à une représentation concrète des origines de la vie. Mais avec la découverte que la matière prétendument organique pouvait aussi être produite sans intervention d'un organisme, la séparation rigoureuse entre monde animé et monde inanimé disparut.

En 1924, le biochimiste russe Alexander Ivanovitch Oparin (Forey, 1981) formula une théorie selon laquelle les matières organiques nécessaires à la constitution des organismes vivants pouvaient s'être formées par des processus purement physico-chimiques à partir de la vapeur d'eau contenue dans ce qu'il a appelé la « soupe originelle », sous l'influence de la chaleur, de la foudre et d'une atmosphère saturée de méthane. L'Américain Stanley Miller réussit en 1953 l'expérience décisive qui confirmait cette thèse. Il envoya des décharges électriques dans un mélange de méthane, d'ammoniac, d'hydrogène et de vapeur d'eau contenu dans une cornue fermée et censée représenter l'atmosphère des temps originels. Il obtint les substances les plus diverses, entre autres quelques-uns des acides aminés constituant les protides. Il était donc prouvé qu'Oparin avait raison et que, dans des conditions tout à fait comparables à celles dont on pouvait estimer qu'elles régnaient dans l'atmosphère originelle, pouvaient se former des composés fournissant la matière première de la construction des organismes vivants.

D'autres expériences confirmèrent encore brillamment ces découvertes. Pratiquement plus un biologiste ni un biochimiste ne pouvait mettre sérieusement en doute le fait que la vie se fût créée par des moyens naturels. Mais bientôt, l'euphorie initiale fit place au désenchantement lorsqu'on s'aperçut de la complexité structurelle du génome et des enzymes qui participent au métabolisme. Plus on avançait dans la connaissance de ces structures biochimiques, plus la thèse de l'événement fortuit devenait invraisemblable. Lorsque enfin on découvrit des traces d'acides aminés et d'autres matières organiques dans les météorites, on renvoya l'origine de la vie à une source inconnue et lointaine du cosmos qui aurait semé la vie sur la terre lorsque celle-ci aurait été assez refroidie pour que la vie pût s'y établir. On fit tout ce qu'on pouvait pour se dissimuler que le problème n'était pas pour autant résolu mais simplement déplacé dans l'espace et dans le temps. Cette dernière thèse, essentiellement défendue par l'astrophysicien Fred Hoyle, ne trouva évidemment pas beaucoup d'adeptes parmi les biologistes et les biochimistes qui se préoccupaient de l'origine du vivant.

Entre-temps, le biophysicien de Göttingen et lauréat du prix Nobel Manfred Eigen (1987) a exposé sa thèse désormais bien connue de l'hypercycle. Il part du principe qu'au cours de la formation du vivant, différents cycles fonctionnels se sont développés et superposés progressivement jusqu'à ce que l'hypercycle ait abouti à une nouvelle propriété de ces fonctions. On peut difficilement suivre le développement de cette thèse qui se fonde, pour une bonne part, sur des découvertes concrètes, mais dénote une vive méconnaissance de la biochimie et de la biophysique. Elle est axée, en gros, sur l'idée d'une organisation spontanée. Dans les zones limites entre la matière inanimée et la vie, les tout premiers états transitoires reposèrent sans doute sur des réactions chimiques relativement simples. On peut estimer très grossièrement la durée de leur évolution à un milliard d'années.

Il ne s'agit pas encore à ce stade de processus chimiques complexes absorbant une quantité importante d'énergie, mais de transformations des matières premières présentes de toutes parts, telles que Stanley Miller les avait utilisées dans son expérience. La grande difficulté provenait de ce que les composés obtenus avec un investissement massif d'énergie se désintégraient à nouveau, et ce d'autant plus vite qu'ils étaient plus complexes. La soupe des origines était apparemment trop claire ! On ne fit donc bientôt plus grand bruit autour de cette théorie qui semblait pourtant assez attrayante au départ.

Sous l'effet des charges électriques s'étaient formées aussi dans la soupe originelle, à partir des acides aminés, des substances organiques présentant un pôle hydrophobe et un pôle hydrophile. Ces substances existent en grand nombre; elles font partie des éléments constitutifs de la paroi cellulaire. Leur dénomination chimique de peptides indique qu'elles sont constituées essentiellement de l'union d'au moins deux acides aminés suivant une liaison particulière appelée liaison peptidique. La répartition des charges électriques étant irrégulière à l'intérieur de ces substances, dans une solution aqueuse, elles se disposent spontanément en fonction des pôles d'attraction ou de répulsion des charges électriques. Dès qu'elles se trouvent en quantité suffisante, il suffit d'une secousse pour qu'elles s'agglomèrent et forment des petites sphères.

C'est à peu près ainsi que l'on se représente l'apparition des éléments précurseurs des organismes : les formations de ce type, appelées microsphères, apparurent dans la soupe originelle des mers. Lorsqu'elles entraient en contact avec d'autres parcelles de même substance en suspension dans l'eau, elles les attiraient et devenaient ainsi de plus en plus grosses. Pour finir, la tension superficielle ne pouvait plus maintenir la cohésion de l'ensemble, la microsphère éclatait et les fragments se réunissaient à nouveau en sphères – plus petites cette fois. Par absorption de matière, la microsphère avait donc subi un processus de croissance; explosant ensuite, elle s'était multipliée ou reproduite.

Les potentiels de charge à l'intérieur des microsphères étaient autres que dans l'eau. Il est donc tout à fait pensable qu'aient réussi à s'y conserver et même à s'y développer des substances de structure complexe qui se seraient décomposées immédiatement en eau libre. Comme l'atmosphère originelle ne contenait pas d'oxygène qui aurait permis la constitution d'une cloche d'ozone pour amortir les radiations ultraviolettes, dans ce passé lointain la quantité d'énergie provenant de l'irradiation solaire était beaucoup plus importante qu'aujourd'hui. Elle pouvait donc toujours compléter ce que les microsphères, qui allaient croissant et se multipliant, puisaient dans l'eau. Le processus en lui-même se déroulait sans doute très lentement et la simple réaction de décomposition chimique anéantissait à nouveau nombre des substances formées sous l'effet des radiations ultraviolettes; il y a donc tout lieu de penser que l'interaction entre les microsphères et l'océan des origines se perpétue pendant des périodes immensément longues sans changement essentiel.

L'inconvénient de ce schéma plaisant qui ne semble pas en lui-même contradictoire était et reste toutefois qu'il ne contient rien qui ait pu donner naissance au matériau de l'hérédité. Les composants du génome, les nucléotides, sont déjà en eux-mêmes de structure assez complexe pour rendre fortement improbable l'hypothèse d'une formation spontanée et fortuite. L'idée qu'en outre ils aient pu se réunir par hasard pour produire précisément de l'ADN, sans aucune fonction existante à l'appui, n'est pas faite pour augmenter la vraisemblance de la chose! Au fond, nous nous retrouvons devant un problème bien connu : les stades initiaux et intermédiaires ne peuvent pas avoir apporté quelque chose qui fût axé sur la fonction ultérieure. Avec la meilleure volonté du monde, on ne peut pas imaginer l'élaboration d'un système de supports d'information complexe qui serait resté dénué de toute fonction pendant des millions d'années. Ainsi a-t-on pratiquement abandonné l'hypothèse des microsphères – un peu trop hâtivement comme nous le verrons – parce qu'elle ne rendait pas compte de l'évolution nécessaire du système d'information.

Suivant une argumentation en sept points, le Britannique Graham Cairns-Smith proposa en 1985 une autre voie. Il appela sa thèse les « sept clefs » de l'apparition de la vie. La première est empruntée à la biologie : selon lui l'information génétique est le seul élément susceptible d'évolution (biologique) puisqu'elle se transmet de génération en génération. Bien que contenue dans l'ADN, l'information génétique ne constitue pas une substance, elle se compose d'instructions pour la composition de structures. L'identité des tout premiers organismes semble donc tout à fait claire aux yeux de Cairns-Smith. Il ne pouvait s'agir que d'éléments d'information à l'état pur, de « gènes nus » ou quelque chose de cet ordre.

La deuxième clef est issue de la biochimie : ce support de l'information héréditaire qu'est l'ADN ne fait pas partie des principaux composants qui interviennent dans le métabolisme de la cellule. Cette observation vaut également et dans les mêmes proportions pour l'ARN, acide ribonucléique qui est le partenaire de l'ADN dans la synthèse des lipides. Ces constituants sont tous deux de structure très complexe, et ils sont le produit de processus chimiques délicats. Il paraît donc extrêmement invraisemblable qu'ils se soient formés d'eux-mêmes et se situent aux origines de la vie. On serait plutôt tenté de penser qu'ils sont venus s'associer plus tardivement au métabolisme. Cette deuxième conclusion se trouve donc, comme nous pouvons le constater, en conflit avec l'hypothèse précédente.

La troisième clef, Cairns-Smith l'emprunte aux fondements les plus élémentaires de l'architecture : un arc ne se forme pas de lui-même à partir de blocs de pierre massifs, on ne le construit pas non plus pierre à pierre. Tant que manque l'élément central, il retombe toujours. Il serait désespéré d'escompter qu'en lançant toutes les pierres en l'air, elles se soudent au moment voulu pour former un arc. La difficulté disparaît dès lors que l'on remplit le futur espace vide sous l'arc de sorte que les pierres reposent sur un support jusqu'à ce que soit posée la dernière, l'arc tenant alors tout seul. Des structures complexes peuvent aussi se construire de cette façon dans le domaine de la biochimie. C'est en principe le cas des enzymes lorsqu'elles assemblent d'autres composants. Elles jouent le rôle de support, ne se modifiant pas elles-mêmes ou ne se modifiant que très brièvement, pour revenir ensuite à l'état de départ.

La quatrième clef est offerte par la structure des cordages. Dans la structure de l'ADN, l'information génétique est non seulement organisée comme une échelle de corde, mais elle est plusieurs fois enroulée sur elle-même (double hélice). Toutefois il en va de l'ADN exactement comme de n'importe quelle corde, où aucune fibre n'a besoin de suivre la corde d'un bout à l'autre pour en garantir la solidité. La solidité se maintient, autrement dit la fonction se conserve même si de nouveaux fragments ou de nouveaux fils viennent s'ajouter ou qu'au contraire certaines parties manquent. Il n'est pas nécessaire qu'aucun filament d'ADN ait subsisté du commencement à nos jours. La torsion fait qu'il y a toujours de nouvelles associations et de nouveaux transferts.

La cinquième clef correspond tout à fait à la conception du changement de fonction telle que nous l'avons exposée ici. Comme dans l'histoire de la technique, déclare Cairns-Smith, où une nouvelle machine n'est souvent que le produit d'une machine plus simple qui se reconnaît à peine à l'intérieur de la nouvelle et dont la forme a été perfectionnée, parmi les organismes vivants, les débutants disparaissent peut-être rapidement sans laisser de traces, alors que leur principe de fonctionnement se conserve et réapparaît sous de multiples formes à un stade ultérieur d'évolution. Nous n'avons donc peut-être aucune chance de retrouver les précurseurs primitifs des organismes. Cette formule cache l'idée, récurrente depuis Darwin, de la recherche des « chaînons manquants » (*missing links*), trop vite disparus de la scène de l'évolution pour avoir laissé des traces localisables. Cette thèse coïncide assez bien avec les phases de l'évolution telles que nous les avons présentées. Manifestement, les nouvelles percées se produisent en règle générale assez vite. Ce sont les raffinements ultérieurs qui prennent du temps et laissent des traces fossiles durables.

Jusque-là, tout va bien : les cinq premières clefs recoupent les schémas de l'évolution des organismes vivants. Quelles nouveautés les deux dernières nous apportent-elles quant à la question centrale de l'apparition de la vie?

La sixième clef est de nouveau empruntée à la chimie, et plus précisément à la formation des cristaux. Ceux-ci se constituent spontanément. Au cours de ce processus, il peut y avoir des erreurs, qui se traduisent, par exemple dans le cas de l'intégration d'un atome étranger à la grille du cristal, par une coloration anormale; on peut l'observer pour le béryllium, auquel des traces de chrome apportent une coloration verte tandis que d'infimes quantités de fer lui donnent une teinte bleuâtre. Les silicates offrent à cet égard un exemple idéal, car la structure des oxydes d'aluminium et de silice présente beaucoup d'emplacements libres qui peuvent être occupés de multiples façons pourvu que la charge de l'atome convienne, sans que la structure fondamentale se trouve sensiblement modifiée, ni détruite. On peut conclure à une capacité d'organisation spontanée.

Cairns-Smith parvient ainsi à sa septième clef : les sels d'alumine. Ils sont omniprésents sur la terre. Leurs microcristaux grossissent et se désintègrent aux moindres modifications des conditions extérieures. Les chaînes et les filaments de silicates d'aluminium dans l'alumine, qui peuvent aussi s'associer à des structures planes sans que s'établissent pour autant des liaisons trop stables, constituent une matrice idéale. On pourrait imaginer que se soient accomplies sur eux la formation et la consolidation des structures qui devaient mener aux premiers supports d'information.

La thèse de Cairns-Smith sur les origines de la vie fait incontestablement partie des hypothèses les plus convaincantes qui existent actuellement. D'autres recherches devront encore être poursuivies pour déterminer si des surfaces de pyrite, sulfure de fer, favorisent (catalysent) de la même façon la formation de protides et si elles pourraient donc jouer le même rôle que l'alumine, comme croit pouvoir le penser le Munichois Günter Wachterhäuser avec la dernière tentative d'explication chimique des origines de la vie. En principe, sa version s'inscrit dans le même esprit que la précédente : une structure de base anorganique sert de surface et de récepteur d'information, pour n'être plus ensuite identifiable en tant que telle parce que le produit de la catalyse a pris depuis longtemps une existence autonome. Détour, changement de fonction, modification des conditions de départ, nous retrouvons encore ici, dans la zone de transition entre la matière inanimée et la vie, le même phénomène fondamental.

Mais nous venons à nouveau de traiter de l'information génétique malgré nous. Il n'était plus question de métabolisme. La question initialement posée, qui était de savoir s'il pouvait y avoir information à l'état pur sans support métabolique, était-elle superflue? La génétique moderne répond très nettement par la négative. En tout cas les virus, qui se rapprocheraient au maximum de cette information génétique sans métabolisme, ne deviennent véritablement « vivants » qu'à partir du moment où ils réussissent à s'infiltrer dans une cellule adéquate qui leur permet d'insérer leur programme génétique et d'en réaliser des copies à l'aide de ce métabolisme étranger. En l'absence de ces cellules adéquates, l'information génétique des virus reste inerte. A un moment donné elle se désintégrerait, inévitablement, si elle ne trouvait pas d'hôte pour assimiler l'information – qui se comporte en parasite – et la reproduire. L'ADN est certes étonnamment stable et son taux d'erreur dans sa multiplication demeure plus faible que celui des cristaux, mais la dégradation thermique ne l'épargne cependant pas. Il faut qu'il se reproduise à temps, sans quoi il est perdu.

Avec les microsphères, si nous admettons à nouveau qu'elles aient pu exister, le processus serait inverse. Elles ne portent pas d'information; leur croissance, leur éclatement et leur multiplication ne seraient déterminés que par la densité de constituants élémentaires dans la soupe originelle. Elles n'ont pas besoin de supports d'information complexes. Leur croissance se déroule suivant un processus analogue à celle des cristaux d'alumine dans la boue humide. Même s'il vient s'y ajouter des structures plus compliquées, comme les protéines synthétisées par les peptides, la différence n'est pas devenue fondamentale.

La transformation réversible des protides de sol liquide en gel plus solide est bien connue. Dans des limites de température assez étroites, la transformation s'effectue aussi bien dans un sens que dans l'autre. La matière protidique peut être à nouveau « fondue » si elle n'a pas atteint un état de solidification trop rigide. Les enzymes qui en sont constituées présentent également cette propriété. La gamme de températures situées entre le point de gélification, O °C, et tout juste 40 °C coïncide justement avec celle de la transformation réversible des enzymes. Les températures supérieures entraînent une liquéfaction irréversible, tandis que celles qui descendent au-dessous de zéro entraînent la formation de cristaux de glace qui altèrent ou détruisent l'armature fine des matières protidiques. La vie se déroule aux températures favorables aux protéines. L'information, l'ADN, peut au contraire tolérer des variations de températures bien plus importantes, ainsi que le prouve l'utilisation de sperme congelé.

Au sein des organismes, d'une façon générale, les processus métaboliques dépendent également de la température, dans la marge indiquée. Les nombreuses protéines qu'ils font intervenir freinent les réactions que le processus purement chimique accélérerait sous l'effet de la température, de telle sorte qu'une élévation de la température de travail de 10 °C ne double même pas la vitesse de la réaction ou y parvient à peine, alors que dans le cadre du processus purement chimique, la même élévation de température doublerait ou triplerait la vitesse de la réaction.

Sans action du métabolisme, la structure interne des organismes vivants n'est pas stable ou ne l'est que dans des conditions très exceptionnelles. Pour conserver sa structure, il faut que l'organisme qui fonctionne absorbe constamment, ou régulièrement, suffisamment de substances, qu'il transforme ou intègre et qui fournissent de l'énergie. Comme nous l'avons souligné à plusieurs reprises, l'équilibre physique empêche le métabolisme de fonctionner, alors qu'il laisse l'information génétique insensible.

Même au niveau le plus élémentaire de la vie, métabolisme et information génétique ne sont pas directement ni automatiquement assimilables l'un à l'autre. C'est le grand défaut du schéma de Cairns-Smith. Il n'est applicable qu'à l'origine de l'information génétique. Il n'explique pas l'origine de l'organisme complet assurant sa double fonction. On ne peut pas admettre la définition du gène pur comme d'un organisme. Il en constitue tout au plus une partie et ne représente en aucun cas un organisme tout entier.

Mais nous avons approché entre-temps d'une solution déjà plus convaincante de l'énigme de l'apparition du vivant. Freeman Dyson (1988) l'expose dans son ouvrage sur les deux origines de la vie. Il part de l'hypothèse fondamentale que métabolisme et support d'information génétique sont apparus séparément. Il y a eu ensuite selon lui un « takeover », une prise de possession : les supports d'information ont pénétré à l'intérieur de cellules originelles qui présentaient certes un métabolisme plus ou moins complet, mais ne contenaient pas d'information fixe, recopiable à l'infini. On peut très bien imaginer ces cellules initiales.

Nous les avons déjà vues sous la forme des microsphères. Ces structures qui, d'après l'état actuel des connaissances, peuvent se créer spontanément, sans avoir à suivre aucune recette, telle qu'elle figure par exemple dans le génome, remplissent toutes les conditions requises pour un « takeover ». Elles présentent un métabolisme simple, elles peuvent grossir et se multiplier par éclatement, elles sont capables d'opérer au travers de leur enveloppe semi-perméable la séparation entre substances utiles, c'est-à-dire exploitables par le métabolisme, et substances inutiles, mais elles ne contiennent pas de supports d'information susceptibles de diriger les processus au-delà des réactions chimiques. Leur organisation en elle-même implique du reste qu'elles ne se développent que très lentement, par exemple lorsque des substances protidiques qui sont déjà en mesure d'exercer l'action des enzymes se transmettent aux cellules filles, autrement dit lorsqu'une micropshère qui n'a cessé de grossir se divise. Mais dès lors que pénètre dans ces structures, qui n'ont pas encore franchi le seuil du vivant, un élément d'information qui ne possède pas lui-même de métabolisme, mais a la possibilité de se copier lui-même à partir du moment où les constituants nécessaires sont présents dans l'environnement, il s'élabore immédiatement une nouvelle forme d'organisation qui, elle, mérite bien la dénomination d'organisme. Métabolisme et information héréditaire se sont réunis; une nouvelle propriété est née : la vie.

La génétique qui étudie l'information héréditaire intégrée à la cellule devait nécessairement prendre le dessus, car elle fonctionne beaucoup mieux et, par interaction avec l'ARN, pouvait même diriger la synthèse des enzymes. La vraie « vie » au sens actuel du terme serait donc constituée de deux parties dont nous retrouvons distinctement la trace à travers toutes les époques et tous les organismes : la cellule, qui a apporté le métabolisme, et l'information génétique, qui a accéléré fortement le processus de transformation.

Les deux ont formé une sorte de symbiose dont nous traiterons au prochain chapitre. Il faut encore que nous ajoutions ici une autre théorie qui est tout à fait conciliable avec celle des processus fondamentaux d'interaction entre le métabolisme et le génome, mais ne place pas l'origine de l'information génétique à l'extérieur et n'a donc pas besoin des supports de sels d'alumine ou de surfaces de pyrite. C'est aujourd'hui la théorie d'une spécialiste de biologie cellulaire, Lynn Margulis (1970, 1981). Elle part du principe que les constituants de l'information génétique sont chimiquement assez semblables à une molécule qui assurerait une fonction unique et originale dans les processus métaboliques de la cellule. C'est la molécule d'adénosine triphosphate, abrégée en ATP, composé très énergétique d'adénosine et de phosphates. L'ATP est définie à juste titre comme la « monnaie énergétique de la cellule ». Elle participe à l'essentiel des processus de transformation d'énergie à l'intérieur de la cellule. La fabrication ou l'absorption d'ATP figurent donc parmi les exigences de base de la cellule vivante.

Toujours selon la thèse de Lynn Margulis, les excédents du métabolisme de l'ATP se seraient, pour commencer, associés à des fragments de filaments courts d'ADN qui auraient agi comme des agents pathogènes sur le métabolisme. Un peu comme dans les maladies virales actuelles, le métabolisme aurait développé alors une réaction de défense massive qui aurait fait fusionner les petits fragments mobiles d'ADN en unités plus importantes, lesquelles se seraient alors multipliées de façon moins agressive et se seraient déjà davantage rapprochées des parasites. Elles seraient devenues pour finir des symbiotes, par un processus qui s'observe sous de multiples formes dans le domaine des organismes vivants.

L'information génétique se serait donc infiltrée dans les êtres vivants comme une maladie dont l'organisme aurait réussi à se défendre avec de plus en plus de succès. Le comportement des virus et autres « purs supports de gènes » du même ordre confirme dans leurs positions les partisans de cette thèse. En revanche, celle-ci explique moins bien les débuts de l'information génétique. Il faudrait que leurs constituants aient été les déchets produits par une cellule déjà assez évoluée et même très élaborée du point de vue métabolique. Aux origines de la vie, l'organisme se trouverait donc indiscutablement prioritaire. L'appareil génétique serait un produit tardif de l'évolution cellulaire, mais propre à la cellule.

Outre ces grandes hypothèses de réflexion et ces grands schémas de l'origine de la vie, il y a toute une série d'analyses plus fines et plus pointues. Elles aboutissent à une conclusion simple : l'explication strictement scientifique et naturelle de l'origine de la vie n'est pas une utopie. La biologie, la biochimie et la physique, ainsi que toutes les branches qui apportent leur contribution à la géologie, météorologie, paléoclimatologie et cosmologie, ont rassemblé une telle foule de découvertes et de connaissances qu'on ne peut plus les ignorer. Que la séparation entre l'organisme et le génome remonte aux racines les plus anciennes, qu'elle en soit issue au sens où le pense Lynn

Margulis, ou que la fusion entre les éléments métaboliques et les supports d'information ait fait naître la vie au sens propre, comme le pensent Freeman Dyson et d'autres, cela semble désormais d'une importance secondaire pour l'interprétation du processus évolutif. Il importe plus de constater que la division entre métabolisme et génétique remonte aux origines de la vie. C'en est un principe permanent.

La conception darwinienne de l'évolution comme interaction entre la mutation génétique et la sélection environnementale s'appliquerait dans cette optique au secteur partiel de la génétique, alors que les mécanismes d'évolution fondamentalement identiques, issus de la structure interne et de la fonction de l'organisme, constitueraient l'autre partie. Nous pourrions dire que la vie est apparue sous la forme d'une propriété nouvelle résultant de l'interaction de l'information et du métabolisme. Le métabolisme seul ne peut être considéré que comme un stade préalable à la vie. Il n'en va pas différemment de l'information génétique.

Chapitre 3

PROGRESSER EN COOPÉRANT : LA SYMBIOSE

Les premiers organismes naquirent de l'association entre le métabolisme et les supports de l'information génétique. Leur apparition marqua forcément une rupture brutale après les centaines de millions d'années où les choses avaient suivi le même cours régulier sur la terre. A peu près un tiers de la durée d'existence de notre planète jusqu'à ce jour s'était écoulé lorsque commença de se répandre la vie organismique. Elle modifia profondément l'enveloppe extérieure de la terre. La biosphère se constitua. Mais les tout premiers organismes étaient encore si petits, et de structure si élémentaire, qu'il allait falloir encore environ un milliard d'années pour que les effets de la vie commencent à se faire sentir.

Les premiers organismes étaient aussi petits que les bactéries de structure très élémentaire que nous connaissons aujourd'hui et qu'on ne peut voir qu'en faisant appel à des techniques de grossissement extrêmement complexes. On pourrait les décrire à peu près de la façon suivante : ils étaient entourés d'une enveloppe qui séparait l'extérieur de l'intérieur, mais restait assez perméable pour permettre l'absorption de substances utiles et le rejet des autres; ils étaient immobiles et sans aptitudes particulières. Ils puisaient toujours leur nourriture dans la soupe originelle, se reproduisaient par division, plus ou moins rapidement selon que l'offre de matières nutritives était importante ou non. L'information génétique se trouvait répartie à l'intérieur. Elle se copiait elle-même, et lors de la division cellulaire, les copies se partageaient à peu près également entre les deux cellules filles. Etant donné le grand nombre de copies de filaments d'information génétique identiques, il n'importait pas vraiment que la répartition fût rigoureusement égale.

Le métabolisme de ces cellules originelles fit tous les essais possibles avec les substances qui se trouvaient dans la soupe originelle : composés de soufre, de fer, liaisons contenant du carbone et peut-être même liaisons à base d'acide silicique. Les composés de phosphore figurèrent certainement aussi parmi les substances de base qui prirent une place particulière dans les processus métaboliques de la cellule. Ils se caractérisent en effet par des liaisons riches en énergie.

L'une de ces substances prit une importance particulière, l'adénosine triphosphate (ATP), qui se compose d'éléments phosphorylés et d'une liaison contenant de l'azote. Comparable aux carburants dans l'exploitation énergétique moderne, l'ATP est devenue la « monnaie énergétique » des organismes. Le métabolisme fit aussi de nombreuses expériences avec les colorants : des liaisons à base de fer, de cobalt et de magnésium parvinrent à jouer, en tant que colorants, un rôle quasiment aussi important à l'intérieur de la cellule, dans la mesure où ils étaient capables de capter l'énergie de la lumière et de la transmettre. Une multitude de processus métaboliques se développèrent, utilisant, comme presque tous les processus chimiques naturels, des liaisons riches en énergie. Du point de vue chimique, ces cellules des origines étaient omnipotentes, « capables de tout ».

L'exploitation des possibilités s'infléchissait en fonction de l'offre disponible dans l'environnement. Peut-être y eut-il même à cette époque des réactions qui ne se produisent plus depuis longtemps, parce que les constituants nécessaires ne sont plus disponibles ou que les spécialistes en question ont disparu au cours de l'évolution. En tout cas le spectre du vivant allait des sources chaudes aux sommets des glaciers et aux zones les plus froides des pôles. Les minuscules bactéries sont omniprésentes. Il n'est pas un biotope de notre planète dans lequel on ne les trouve en multitude. L'ADN emmagasina l'information et en fit une information génétique. Ses chaînes s'allongèrent de plus en plus, et les liaisons qu'elles pouvaient établir entre elles créèrent des adaptations toujours nouvelles.

Bien longtemps avant le début de l'évolution des organismes pluricellulaires, le métabolisme et l'information génétique avaient atteint un niveau égal sinon supérieur au niveau actuel. Plus la recherche creuse le mystère des bactéries, plus il est clair que ces organismes en miniature sont capables de tout. C'est tout ce qui nous a conduit à nous demander déjà à maintes reprises pourquoi l'évolution avait seulement dépassé ce stade de la bactérie omnipotente. L'augmentation de capacités, l'émancipation croissante par rapport aux contraintes de l'environnement fut certainement l'une des raisons majeures de cette poursuite de l'évolution qualitative. Mais on ne s'est pas préoccupé suffisamment du mécanisme susceptible d'avoir actionné cette démarche. Pour quelles raisons des cellules isolées ont-elles dû se réunir, alors que des possibilités de vie si diverses s'offraient à elles ? Arrêtons-nous un instant à ce stade. Nous risquerions, sinon, de franchir sans nous en apercevoir un seuil qui a été des plus déterminants pour l'orientation de la vie.

En effet, aucun organisme pluricellulaire n'est constitué d'éléments correspondant aux bactéries que nous venons de décrire. Chez elles, il n'y a pas de collaboration, pas la moindre forme de coopération. Tout au plus forment-elles des colonies de cellules, parce qu'elles sont soudées par leur mucilage. Mais aucune cellule bactérielle n'est liée à aucune autre. L'agglutination passagère de cellules isolées des organismes appelés myxomycètes, qui sont les plus proches des cellules bactérielles du point initial de l'évolution, est leur niveau maximal d'organisation. Il sert à la reproduction, un peu comme la formation des carpophores des champignons, dont les cellules sont toutefois d'un degré d'évolution nettement plus poussé.

Nous nous trouvons donc une fois de plus devant un problème de « transition ». Comment un organisme pluricellulaire peut-il être issu de bactéries unicellulaires, si leur simple réunion n'apporte rien?

Pour essayer de répondre aussi à cette question, il faut que nous regardions d'un peu plus près la structure de la cellule en elle-même. L'essentiel des connaissances en la matière figure dans les manuels d'études supérieures. Les réponses mettent à l'épreuve la théorie de l'évolution. Nous apprenons dans ces manuels que les bactéries ne sont pas de « véritables » cellules. Elles sont encore incomplètes. Leur dénomination biologique de « procaryotes » exprime précisément qu'elles sont antérieures aux véritables cellules, caryotes ou eucaryotes, puisque tel est le terme scientifique. Les eucaryotes sont tous les êtres vivants possédant des cellules « complètes », c'est-à-dire aussi bien les unicellulaires comme la paramécie, et bien d'autres organismes ne comptant qu'une seule cellule, que tous les pluricellulaires. La grande ligne de démarcation concernant la nature de la cellule ne se situe donc pas entre les unicellulaires et les pluricellulaires, mais entre différents groupes d'unicellulaires. La classification d'un organisme dépend donc de la structure interne de sa cellule.

Pour se rendre compte qu'il ne s'agit pas là d'une pure subtilité de biologiste, qui rendrait encore plus compliquée la diversité du vivant, déjà suffisamment compliquée pour le non-biologiste, mais de différences vraiment fondamentales, il suffit de comparer les deux états de l'organisation cellulaire. La cellule complète, eucaryote, renferme un noyau séparé du plasma cellulaire par une membrane spéciale. Ce noyau contient l'information génétique, inscrite dans les « successions de caractères » de l'ADN. Des pores à l'intérieur de l'enveloppe du noyau assurent la communication avec le plasma du corps cellulaire qui présente une structure réticulée complexe. Une deuxième membrane semblable à celle du noyau, souvent encore renforcée, sépare la cellule de l'environnement extérieur.

Mais à l'intérieur se trouvent encore d'autres éléments, dont deux en particulier sont à retenir parce que leur présence ou leur absence fait précisément la différence entre procaryotes ou acaryotes et eucaryotes. Il s'agit de minuscules éléments allongés, qui, très grossis, présentent une structure cloisonnée ou tubulaire et qu'on appelle les mitochondries. Ce sont les « centrales » de la cellule, grâce à qui s'effectuent presque toutes les transformations d'énergie. Toutes les cellules complètes des eucaryotes renferment des mitochondries, mais une partie seulement des organismes eucaryotes sont en outre porteurs de structures sphériques ou cylindriques renfermant le colorant qui intervient dans la photosynthèse. Ce sont les plastides de la cellule végétale. Celles qui contiennent de la chlorophylle sont appelées chloroplastes. Avec d'autres corpuscules et l'ensemble du réseau du tissu cellulaire, ces éléments fonctionnent à peu près comme les organes à l'intérieur de l'organisme. Leur dénomination d'organites est donc tout à fait pertinente. Les organites sont les unités de fonctionnement de la cellule complète. Sa forme antérieure, la cellule acaryote, ne porte pas d'organites.

Ce bref condensé de biologie scolaire est-il finalement si important que cela? Qu'est-ce qu'un non-biologiste peut bien avoir à faire des chloroplastes et des mitochondries? Et pourquoi les cellules plus évoluées n'auraient-elles pas aussi des structures plus fines fonctionnant à la manière de micro-organes? Nous aurions pu effectivement nous épargner cette digression sur la biologie cellulaire, si ce que nous venons précisément de dire n'avait pas des implications capitales. Les deux types d'organites, mitochondries et chloroplastes, renferment un patrimoine génétique qui leur est propre, indépendant du patrimoine génétique du noyau cellulaire. L'ADN des mitochondries et des chloroplastes ne fait pas partie du tout du patrimoine génétique du noyau cellulaire. Les deux types d'organites se reproduisent de façon autonome à l'intérieur de la cellule. Et ils transmettent ainsi leur propre ADN à chaque nouvelle étape de la reproduction.

Considérons pour commencer les petits granulés verts, les chloroplastes. Ils renferment la chlorophylle. La photosynthèse, utilisation de la lumière solaire pour produire des substances organiques, se déroule exclusivement dans les chloroplastes. Selon l'éclairement et l'approvisionnement en gaz carbonique, les chloroplastes travaillent et se reproduisent plus ou moins activement. L'étude de leur structure interne a montré qu'ils étaient très semblables à certaines bactéries, les cyanobactéries appelées parfois algues bleues parce qu'elles vivent dans l'eau comme des algues et se reproduisent à une allure vertigineuse. Non seulement les chloroplastes ressemblent à ces cyanobactéries, mais ils fonctionnent exactement comme elles. Seulement leur photosynthèse se déroule à l'intérieur de la cellule eucaryote et non pas directement en milieu aquatique.

Leur ADN est de structure annulaire, il est différent de celui du noyau cellulaire. A cet égard les chloroplastes sont comme les mitochondries, ils ont des propriétés identiques à celles des bactéries indépendantes. Ils se multiplient indépendamment de la scission cellulaire et ils sont enveloppés d'une membrane qui les sépare du plasma cellulaire. Leur structure et leur fonction correspondent à ceux d'un autre type de bactéries qui travaillent surtout avec les composés énergétiques du phosphore. Leur membrane est semblable à celle des chloroplastes. Leur ADN annulaire subit des mutations héréditaires autonomes complètement indépendantes de celles de l'ADN du noyau cellulaire, et la biologie moderne se fonde sur ces mutations autonomes pour étudier les liens de parenté et les différences entre les organismes. En effet, dans le milieu interne de la cellule qui reste constant, aucune pression de sélection ne s'exerce sur le patrimoine génétique de l'ADN des mitochondries, de sorte que les mutations fortuites s'accumulent avec le temps. Plus les intervalles sont longs, plus les différences créées par les mutations augmentent – et vice versa.

Que conclure de ces deux particularités? Il faut énoncer d'abord une autre remarque : on n'a pas réussi jusqu'à présent à trouver des formes intermédiaires entre les cellules acaryotes et les cellules eucaryotes. La cellule complète apparaît brusquement. Aucun groupe d'organismes ne présente de transitions progressives entre les stades de départ les plus élémentaires et le stade final le plus complexe. Le passage d'une phase à l'autre est un véritable saut. Or, d'après la conception traditionnelle de l'action progressive de la sélection, le processus évolutif ne devrait pas permettre ce type de saut. En effet la possession de chloroplastes a marqué l'apparition du règne des végétaux supérieurs et la séparation du règne animal où ces supports de colorants n'existent pas. C'est d'eux que dépend l'existence autotrophe des plantes.

La présence de mitochondries a permis à la cellule complète un rendement énergétique bien supérieur au niveau antérieur. Sans cette amélioration des fonctions énergétiques, il n'y aurait pas eu de locomotion par l'intermédiaire des fibres musculaires, pas plus que de processus de croissance chez les végétaux complexes, car l'énergie n'aurait pu se transmettre avec assez d'intensité d'une membrane cellulaire à l'autre – et plus efficacement encore par les canaux de transmission. Lorsque la photosynthèse se déroule dans la couronne d'un arbre et que l'énergie y est captée, si cette énergie ne pouvait être accumulée et transportée, il n'y aurait pas de croissance du tronc et des racines, pas de formation de fruits ni pratiquement aucune des autres activités vitales des plantes. Enfin, le plus élaboré de tous les systèmes organiques, le système nerveux, serait inimaginable sans les mitochondries.

La vie à ses niveaux supérieurs est liée on ne peut plus étroitement à ces organites. Il faut donc bien que la biologie de l'évolution en élucide l'origine, sans quoi il lui manque un élément central pour reconstituer précisément l'avènement de la vie.

L'amorce de la solution nous est apportée par une inexactitude. On distingue habituellement le règne animal du règne végétal par la présence ou l'absence de chlorophylle. En simplifiant un peu, la présence de chloroplastes à l'intérieur des cellules en fait des cellules végétales. Leur absence la rattache au règne animal. Nous faisons abstraction délibérément des champignons dont les filaments cellulaires ont une structure nettement différente qui ne s'organise pas suivant une séparation rigoureuse en unités cellulaires, ce qui justifie leur classification dans une catégorie à part, le « règne des champignons ».

Les parois des cellules végétales sont constituées de cellulose. Celle-ci est issue de la photosynthèse et correspond à une liaison de molécules de sucres fortement polymérisés. La cellule animale, pas plus que le filament cellulaire des champignons, ne peut être constituée de cette manière puisqu'il n'y a pas de production correspondante au sein de ces organismes. D'une façon générale, les membranes des cellules animales sont moins robustes, elles sont partiellement ou entièrement constituées de protéines. Chez les champignons la membrane cellulaire renferme souvent de la chitine.

Ces différences illustrent bien que la présence ou l'absence de chloroplaste joue un rôle important, car elles influent profondément sur le reste de la structure cellulaire. Mais les différences profondes de structure cellulaire sont les conséquences et non les causes de telle ou telle organisation. Nous ne devrions donc pas nous arrêter essentiellement à la présence ou à l'absence de chloroplastes si nous voulons reconstituer l'origine de la cellule complète.

Nous devrions plutôt nous efforcer de classer les organites eux-mêmes. C'est à ce propos que l'inexactitude évoquée précédemment peut nous servir. En fait la possession de chloroplastes ne caractérise pas toujours les organismes végétaux. Il y a aussi des « animaux verts ». Le plus élémentaire et sans doute le plus difficile à classer est l'euglène verte (*Euglena viridis*) que nous avons évoquée dans un chapitre précédent. Ce flagellé pourrait être rattaché aux plantes car il contient de la chlorophylle sous forme de petits grains verts. On pourrait donc le considérer comme une algue flagellée, mais il peut aussi se débarrasser de ses chloroplastes, et redevient alors un flagellé animal.

La distinction entre animal et végétal ne revêt sans doute pas une importance énorme pour une euglène, dans la mesure où il ne s'agit jamais que d'une unique cellule. Le problème devient plus délicat lorsque nous passons à des organismes manifestement animaux tels que les coraux et les coquillages qui portent à l'intérieur de leur corps, à l'instar de quelques autres animaux marins, de minuscules grains de chlorophylle se comportant comme des plantes. Ils font partie du corps de l'animal; c'est pourquoi l'hydre verte, *Chlorohydra viridissima*, polypode d'eau douce, est effectivement verte comme de l'herbe. C'est uniquement parce que, chez ces hydres d'eau douce, dont il existe du reste aussi des espèces qui ne présentent pas de « grains verts », les bivalves et les coraux, le reste de la structure de l'organisme correspond entièrement à celle des animaux que nous n'hésitons pas à rattacher ces organismes verts au règne animal.

Une étude plus approfondie confirme que c'est d'ailleurs parfaitement légitime. Il s'agit tout simplement de différents représentants des zoochlorelles ou zooxanthelles (formes plus brunes) qui font partie du genre des chlorelles, groupe d'algues vertes, ou leur sont étroitement apparentés, et peuvent aussi être issus de groupes d'algues tout autres comme les diatomées. Contrairement aux chloroplastes des véritables cellules végétales, ces éléments manifestent très nettement leur appartenance aux véritables algues. On peut les extraire du tissu et les faire se reproduire indépendamment. On observe parfois dans les récifs coralliens une telle accumulation de zooxanthelles qu'elles sont plus d'un million sur un centimètre carré de surface de corail vivant.

Il s'agit donc d'une symbiose, coexistence d'êtres vivants de nature complètement différente dont chacun des partenaires tire profit. Nous avons rencontré à plusieurs reprises ce type de phénomène au cours de notre exposé. Ne serait-il pas logique d'interpréter aussi la présence de chloroplastes dans la cellule végétale comme une symbiose? Ce serait alors une symbiose correspondant à un stade beaucoup plus perfectionné de la coexistence. L'un des partenaires, le support, est une cellule de taille relativement importante contenant déjà des mithochondries; l'autre, une cyanobactérie qui ne se révélerait en tant que telle qu'à une étude plus précise de sa structure interne. Ces cyanobactéries ont été intégrées à la cellule végétale au cours de son évolution, elles ont toutefois conservé un certain degré d'autonomie et n'ont même pas perdu leur ADN distinct.

Nous savons cependant qu'il y a de nombreux modes d'exploitation des colorants chez les bactéries à l'état libre. La chlorophylle ordinaire et ses variantes ne sont qu'un pigment sur toute une palette. Elle s'est imposée par son efficacité particulière en colorant en vert l'ensemble du règne végétal. Et précisément ces cyanobactéries appelées autrefois algues bleues se distinguent par leur reproduction extraordinairement rapide lorsqu'elles trouvent dans l'eau les matières nutritives dont elles ont besoin.

Les conditions sont encore nettement plus favorables à l'intérieur de la cellule, car le plasma cellulaire est de toute façon bien moins aqueux que l'eau la plus riche en matières nutritives. La respiration cellulaire produit en outre du gaz carbonique, qui fournit la matière première des liaisons de sucre pour la photosynthèse. L'eau est également disponible – et l'évacuation de la production excédentaire est assurée parce que la cellule a très exactement besoin de ce que la cyanobactérie transformée en chloroplaste évacue, à savoir du sucre et de l'oxygène.

Le seul problème est donc de contrôler suffisamment la cyanobactérie intégrée à la cellule pour qu'elle ne se développe et ne se multiplie pas à proportion de l'utilisation de ses déchets. A partir du moment où ce contrôle s'établit, la symbiose fonctionne. Nous retrouvons les mêmes conditions que pour la symbiose des racines et des champignons des racines.

C'étaient à l'origine des agents pathogènes des racines parce qu'ils pénétraient à l'intérieur et utilisaient le contenu des cellules pour leur propre alimentation et pour leur propre croissance. Nombre de champignons des racines contre lesquels on lutte aujourd'hui avec des pesticides menacent toujours les récoltes ou la croissance de plantes agricoles ou sauvages. Dans des conditions de pénurie de ressources nutritives, l'équilibre symbiotique arrive à s'établir parce que le manque de sels minéraux ralentit aussi la croissance des champignons. C'est dans les sols pauvres que la symbiose avec les champignons des racines, ou mycorhizes, fonctionne le mieux. Nous pouvons définir à partir de là les conditions générales de l'instauration de la symbiose entre les cellules et les cyanobactéries.

L'exploitation permanente de la soupe originelle, résultant inévitablement de l'extension et de la multiplication effrénée des organismes, avait dû nécessairement entraîner une régression de l'offre de matières nutritives spécifiques. De grosses « cellules voraces », peut-être organisées un peu comme les kystes amibiens, absorbaient la prolifération de bactéries bleu-vert (cyanobactéries) minuscules qui se trouvèrent ainsi baignées de plasma et intégrées à la cellule. La plupart disparurent sans doute, leur contenu nutritif ayant été absorbé par la cellule amibienne. Mais certaines réussirent sans doute l'opération inverse.

L'absorption au sein de la cellule amibienne leur offrait la possibilité de s'infiltrer dans un substrat riche en sels minéraux qui fournissait les matières premières nécessaires à l'intensification de la photosynthèse, aux processus de scission et de multiplication. Ces cyanobactéries se transformèrent en agents pathogènes létaux. Tout cela se jouait sur la corde raide. Les cyanobactéries se multipliaient assez vite pour compenser les pertes résultant des effets destructeurs du plasma de la cellule qui les avait absorbées, mais celle-ci n'arrivait pas pour autant à l'emporter de façon décisive. La symbiose put se développer grâce à cette situation de « pat ». Nous n'aurions là qu'une hypothèse audacieuse, sinon purement fantasmatique, si nous n'observions pas effectivement des situations analogues : par exemple celle de l'interaction symbiotique de la mycorhize. Ce qui est possible dans ce cas ne doit pas être fondamentalement exclu pour le passage des cyanobactéries à l'intérieur de la cellule qui allait devenir la cellule végétale.

Les symbioses moins rigoureuses entre les zoochlorelles ou les zooxanthelles au sein des groupes animaux correspondants illustrent encore mieux à nos yeux la souplesse que peuvent présenter les adaptations des végétaux unicellulaires à leur environnement. Ils sont capables de vivre de façon autonome aussi bien que de rester à l'intérieur du tissu animal. Ce sont autant de bons arguments en faveur de la thèse selon laquelle la cellule végétale est à l'origine le produit d'une symbiose.

Faisant partie nous-mêmes du règne animal, ce qui en l'occurrence n'est pas négligeable, nous considérons certes le plus souvent la cellule animale comme « la plus évoluée »; mais, du point de vue des organites, elle ne l'est pas. Les cellules végétales contiennent des mitochondries et d'autres organites ou infrastructures que nous trouvons également dans la cellule animale, mais elles ont en outre les chloroplastes et d'autres plastes d'origine à peu près semblable. La cellule animale ne présente aucun de ces compléments.

Trouverions-nous néanmoins quelque chose de comparable à ces processus symbiotiques au sein de la cellule animale? Considérons à cet égard les mitochondries. Comme les chloroplastes, elles ont leur propre patrimoine génétique et sont enveloppées d'une membrane particulière qui leur assure une grande autonomie à l'intérieur de la cellule. Ne serait-il pas pensable qu'elles soient elles aussi venues de l'extérieur et qu'elles aient été intégrées comme symbiotes? Si c'était le cas, l'énigme de la cellule complexe et de l'absence de transition avec les formes plus élémentaires serait résolue. On constate en fait de si nombreux points communs avec les bactéries, jusque dans les moindres détails, que l'hypothèse d'une intégration symbiotique des mitochondries à la cellule ne paraît pas seulement raisonnable, mais obligatoire. Le biologiste Wolfgang Schwemmler l'a exposé de façon exhaustive dans son ouvrage sur les mécanismes de l'évolution cellulaire (1978). L'infrastructure des mitochondries coïncide si précisément avec celle du groupe de bactéries correspondant qu'il ne peut plus s'agir de concordances fortuites. Lynn Margulis aboutit elle aussi à cette conclusion. Dans le monde entier, les spécialistes de la biologie cellulaire s'efforcent d'élucider l'infrastructure de la cellule et en recherchent l'origine. La seule théorie qui semble défendable est la « théorie des symbiotes ».

Le processus est encore plus facile à reconstituer pour les mitochondries que pour les chloroplastes. En effet, les bactéries correspondantes menacent constamment, aujourd'hui encore, les organismes supérieurs. Notre propre corps mène une lutte défensive permanente contre ces minuscules intrus. Si nos défenses se paralysaient, ne fût-ce que passagèrement, ce serait la maladie. Les phagocytes et les défenses immunitaires font en sorte que les envahisseurs soient neutralisés. Les phagocytes ou globules blancs absorbent les bactéries et les anéantissent, tout au moins lorsque les défenses de l'organisme fonctionnent correctement. Mais il y a aussi une foule de stades intermédiaires, depuis la légère atteinte pathologique chronique jusqu'à l'équilibre interne qui maintient en échec les agents pathogènes, de sorte qu'ils ne causent plus de maladie, mais restent vivants. L'éventail va des virus et des bactéries jusqu'aux parasites sanguins des animaux et aux parasites intestinaux de taille plus importante. L'état d'équilibre tient en échec l'élément dangereux qui peut finalement se transformer en symbiote.

Les bactéries de notre flore intestinale qui participent à la digestion nous sont utiles pour le bon fonctionnement de notre système digestif. Nous avons besoin également, même si c'est moins flagrant, des cultures de bactéries « inoffensives » sur nos muqueuses et sur la peau en général. Elles empêchent l'infiltration d'autres bactéries avec lesquelles ne s'est pas encore instauré un état d'équilibre ou dont les mutations ont donné de nouvelles branches plus virulentes.

La pénétration de bactéries particulièrement actives au sein de la cellule originelle encore sans protection, en train de se transformer en eucaryote, apparaît de notre point de vue comme un processus parfaitement normal qui a pu se produire de toutes parts. En fait il a même dû nécessairement se produire, parce que les cellules sans protection, vivant encore « à petit feu », avaient un métabolisme si faible qu'elles n'auraient jamais été en mesure de se protéger efficacement contre les intrus.

Là encore, l'amibe peut avoir parrainé l'entreprise. Elle encercle au ralenti des bribes de matière nutritive constituée de bactéries qui sont justement en train de décomposer des déchets organiques. Ces bactéries sont enveloppées d'une vésicule remplie d'eau, la vacuole. Celle-ci contient également les acides excrétés par la cellule. Ils détruisent les structures sensibles des bactéries et les dissolvent. Les bactéries ne sont pas seulement neutralisées, elles nourrissent l'amibe; mais celle-ci se porterait encore beaucoup mieux si elle pouvait maintenir les bactéries en vie et exploiter leurs capacités pour fabriquer des composés énergétiques de phosphore (ATP) à partir des substances qu'elles ont absorbées.

Pour les précurseurs des mitochondries qui vivaient initialement à l'état libre, ces propriétés chimiques furent sans doute la clef du succès. Ils avaient besoin en effet pour la synthèse de l'ATP des substances qui le composent. Or celles-ci se trouvent bien plus concentrées à l'intérieur des organismes vivants qu'à l'intérieur des organismes en voie de décomposition ou dans la solution aqueuse de la soupe originelle. L'ATP ainsi produite empêcha peut-être que les bactéries fussent digérées par ce qu'elle détruit comme un minuscule feu les substances organiques qui l'approchent, en particulier les enzymes. Le passage à la symbiose ne réussit certainement pas du premier coup. Il est plus vraisemblable que la confrontation entre les cellules phagocytes et les bactéries dura aussi longtemps et fut peut-être même encore plus compliquée que celle de l'organisme avec un agent pathogène qu'il doit dominer. Il faut d'abord que l'organisme s'immunise pour que l'agent pathogène puisse le cas échéant s'intégrer au mécanisme de fonctionnement interne et se transforme en symbiote.

En tout cas, il y avait un vaste choix de bactéries différentes à partir desquelles auraient pu se développer les futures mitochondries. Peut-être les deux types de mitochondries de structure interne différente correspondent-ils d'ailleurs initialement à des types de bactéries différents. C'est uniquement grâce à leur intervention à l'intérieur de la cellule que celle-ci réussit à s'isoler plus efficacement de son environnement extérieur, parce qu'il y avait désormais production d'excédents à l'intérieur de la cellule.

Wolfgang Schwemmler (1978) et Lynn Margulis (1981) ajoutent une foule de détails de la biologie cellulaire qui parlent tous en faveur d'une origine symbiotique des mitochondries. Les arguments contraires perdent de plus en plus de poids. Les deux principaux composants de la cellule eucaryote complète sont issus selon toute vraisemblance du cercle des bactéries et des cyanobactéries. Ainsi trois différents représentants des organismes acaryotes se sont-ils réunis pour produire deux nouveautés : la cellule animale et la cellule végétale. Les transitions progressives n'étaient pas nécessaires, on ne voit pas non plus quels avantages de sélection elles auraient pu apporter. « Un peu de mitochondrium » ne signifierait rien ni ne serait d'aucun profit, pas plus qu'un composant de chloroplaste à l'intérieur de la cellule. La symbiose crée une nouvelle unité qui fonctionne d'emblée.

La gamme des surprises que nous réserve le fonctionnement interne de la vie cellulaire ne s'arrête pas là. Il faut encore ajouter une nouvelle conquête pour parachever le tableau. Il y a des cellules mobiles. Elles sont animées par des flagelles. Des cellules de ce type forment une fine pellicule vibratile sur nos bronches et sur d'autres parties de notre appareil respiratoire. Elles expulsent constamment par leurs vibrations les mucosités du poumon, empêchant que celui-ci n'étouffe dans ses propres sécrétions. Les cellules de l'épithélium vibratile sont fixes. En revanche les cellules qui transportent l'information génétique mâle sont mobiles. Leur dénomination biologique scientifique est : spermatozoïde. Le langage courant, qui emploie le terme sperme, laisse de côté le « zoon » – le petit animal.

Pourquoi une aussi curieuse dénomination ? Pourquoi le biologiste éprouve-t-il le besoin d'ajouter cette racine dans le mot ? Un coup d'œil au microscope l'explique aisément. Les « filaments » se déplacent sous l'impulsion des battements de leurs flagelles, exactement comme les flagellés dans le liquide où ils baignent. Lorsqu'on augmente l'acidité du liquide, ils intensifient leur activité motrice. Rien d'étonnant donc à ce que, lors de la découverte des spermatozoïdes, leur ressemblance avec les unicellulaires flagellés leur ait valu cette dénomination.

Leur mobilité n'est pas restée longtemps mystérieuse. Les spermatozoïdes nagent pour rejoindre l'ovule fécondable qui reste immobile. Il en va de même chez de très nombreux organismes. Mais est-ce un hasard si la structure de ces flagelles, composés de deux filaments internes et de sept filaments externes de protéines, les filaments internes étant en anneau, correspond à celle des flagelles de flagellés bactériens ? Se peut-il qu'un même schéma structurel réapparaisse au sein d'un tout autre groupe qui n'a absolument aucun rapport avec le premier groupe porteur de flagelles, mis à part l'appartenance commune au monde du vivant ?

Les concordances sont si prodigieuses que nous sommes très tenté de penser, là encore, que les flagellés bactériens continuent de vivre dans les cellules du sperme. Dans un passé très lointain du vivant, ont pénétré à l'intérieur de la cellule en voie d'évolution non seulement des bactéries qui ont produit les mitochondries, mais aussi des bactéries flagellées, dont la tête est restée fixée dans la membrane cellulaire que la symbiose antérieure avec les mitochondries avait déjà renforcée. Le flagelle est resté tourné vers l'extérieur et a poursuivi ses battements parce qu'une énergie suffisante lui était insufflée de l'intérieur de la cellule.

Ce complément nous expliquerait enfin la présence du troisième organite important qui fait partie de la cellule eucaryote. Reconnaissons au passage qu'il n'est pas très plaisant de penser que les têtes de spermatides qui ne contiennent pratiquement rien d'autre que le patrimoine génétique, pas même des mitochondries pour leur fournir leur énergie, sont animées par les flagelles mobiles de bactéries des temps les plus anciens et atteignent grâce à eux l'ovule féminin.

En résumé : la « cellule complète » marque le passage des bactéries aux organismes pluricellulaires complexes. Les organites qu'elle contient, mitochondries et chloroplastes, sont très certainement issus de bactéries. La cellule elle-même qui a accueilli ces hôtes ressemblait plutôt à l'origine à une amibe. Le fait qu'à l'occasion de cette fusion, avant ou après l'absorption des symbiotes, on ne le sait pas encore exactement, le noyau cellulaire se soit enfermé dans sa propre enveloppe suppose un processus particulier qui ne va pas de soi. En effet, avec la formation du noyau cellulaire qui n'existe pas chez les bactéries acaryotes, le patrimoine génétique est séparé du mécanisme métabolique.

Cette démarche a, semble-t-il, établi un relatif contrôle de la cellule sur le patrimoine génétique de l'ADN. Il n'est plus dispersé simplement dans l'ensemble du corps cellulaire, mais concentré dans un noyau et coupé des processus qui se déroulent à l'intérieur de la cellule. Pour la reproduction, il faut que le noyau se divise. Le processus est complexe, mais c'est la condition *sine qua non* pour que les deux cellules filles reçoivent le même patrimoine génétique. Le noyau cellulaire n'a-t-il pas un comportement quelque peu similaire à celui d'un symbiote ou – mieux encore – d'un parasite infiltré à l'intérieur du corps cellulaire qui ne serait pas totalement, mais du moins très largement maîtrisé ?

La thèse de l'origine symbiotique de la cellule complète s'inscrit donc tout à fait dans la ligne des deux origines de la vie. Si l'information génétique a pénétré un peu comme un virus dans les structures du métabolisme, et si l'union des deux éléments a donné naissance à l'organisme, il est tout à fait plausible que les stades ultérieurs d'évolution de la cellule, et des formations pluricellulaires ou des organismes plus complexes, aient suivi un déroulement analogue. Le nombre de données dont nous disposons pour confirmer la formation de symbioses rend la thèse de la double origine de la vie d'autant plus convaincante.

Reprenons encore une fois cet aspect essentiel de la description du processus évolutif, pour essayer de corriger la nette prépondérance des exemples tirés du règne animal en présentant un exemple important emprunté au règne végétal. Les cas de symbioses y sont précisément légion. Les manuels de botanique sont pleins d'exemples fascinants à cet égard. Mais ce n'est pas notre problème ici. Il s'agirait plutôt pour nous de trouver un cas où un organisme radicalement nouveau et différent naît manifestement d'une symbiose. Tout le monde connaît cet exemple : c'est celui des lichens.

Ce sont des êtres doubles, nés de l'association étroite entre les algues et les champignons. Les lichens vivent dans les conditions les plus extrêmes. Ils ont réussi à occuper les sols rocailleux et secs, à vivre sur les murs de pierre et ont pris pied partout où aucun autre organisme végétal n'aurait pu vivre. Les lichens ont des besoins extrêmement modestes, ce qui revient à dire qu'ils arrivent à survivre dans des conditions de pénurie. Des deux partenaires qui sont à l'origine de leur existence, ni le champignon ni l'algue, pris isolément, ne serait capable de vivre dans les conditions où vit leur symbiose. Et dernière observation, loin d'être négligeable : le lichen a une allure extérieure toute différente de celle du champignon ou de l'algue. Cette symbiose a donc véritablement donné naissance à une nouvelle forme de vie dont on ne peut pas trouver de formes d'évolution intermédiaires – à moins de décomposer la symbiose.

La lutte pour la vie, la sélection au sens darwinien du terme, ne peut être intervenue qu'*a posteriori* dans cette symbiose, au moment où les différentes espèces de lichens, s'étendant au rythme de quelques millimètres par an sur leur support, se rapprochèrent et entrèrent en concurrence pour le territoire qu'elles couvraient. Les pressions de sélection qui s'exercent sur les partenaires initiaux, le champignon et l'algue, n'ont aucun rapport avec celles qui s'exercent sur le nouvel organisme de double nature qu'est le lichen. Nous pouvons très bien reconstituer la structure et l'évolution de cette symbiose. Il n'y a donc pas la moindre raison de douter de la nouveauté de l'organisme symbiotique.

Ainsi le phénomène de la symbiose et sa transposition aux étapes fondamentales de l'évolution par lesquelles les organismes vivants doivent être passés nous ramènent-ils au contexte plus large de l'écologie et de l'économie de la nature. La symbiose de l'algue et du champignon est liée en effet au milieu environnemental. Elle ne présente un simple avantage de survie que dans les milieux où les conditions extérieures sont trop défavorables pour les végétaux supérieurs. Dès lors qu'il y a suffisamment d'eau, de chaleur, de lumière et de sels minéraux, les lichens sont repoussés et recouverts par des plantes à végétation plus abondante et plus productive. Le rendement et les rapports de force entre végétaux ne doivent donc jamais être considérés et mesurés qu'en fonction des conditions environnementales.

C'est pourquoi nous examinerons une dernière fois le problème des états d'équilibre, qui jouent dans le processus évolutif un rôle bien plus important que ne semblerait le montrer la sélection.

Chapitre 4

LE LEURRE DE L'ÉQUILIBRE

Du point de vue du physicien, la vie constitue vraiment un phénomène extrêmement curieux. Ce que les biologistes n'osaient pas dire, le physicien Erwin Schrödinger (1946) l'a brillamment résumé dans l'interrogation centrale de son essai : « Qu'est-ce que la vie? » Lauréat du prix Nobel, il pouvait bien se permettre de poser ces questions fondamentales de l'existence – et même d'y répondre !

Erwin Schrödinger a démontré que la vie était un processus consommateur d'énergie qui ne se trouvait pas en état d'équilibre, en tout cas dans l'état d'équilibre thermodynamique que tous les processus physiques ou chimiques doivent atteindre à plus ou moins long terme selon les lois de l'entropie. La vie est « loin de l'équilibre » selon la formule d'Ilya Prigogine (1979), également physicien et lauréat du prix Nobel. Et il explique en outre que le processus du vivant consiste, en simplifiant, à créer plus rapidement plus de désordre que le taux naturel de production de désordre et d'énergie thermique irradiés dans l'univers ne le voudrait.

Les organismes « dévorent de l'énergie » et ils recréent, à partir de la différence entre l'énergie absorbée et l'énergie dégagée, un nouvel état d'équilibre, précisément éloigné de l'équilibre thermodynamique. Le biologiste viennois Rupert Riedl (1975), s'appuyant sur les analyses thermodynamiques des physiciens, a résumé la progression du processus d'évolution des organismes vivants vers un niveau supérieur par la formule laconique : « Ordre égale la loi multipliée par son application. » Il veut dire par là que le degré d'ordre résulte de deux éléments interactifs : l'information (= la loi) et la fréquence avec laquelle cette loi intervient et se répète (= l'application).

Si cette formule est fascinante, c'est qu'elle définit le processus d'évolution depuis la répétition uniforme des organismes les plus élémentaires et indifférenciés des temps originels jusqu'aux formes les plus complexes et les plus diversifiées. Ils sont du côté de la loi. Par exemple, à l'origine, le nombre incalculable de microsphères pratiquement identiques ne serait rien d'autre que la répétition par millions ou par milliards des principes de structuration les plus élémentaires des protides. Toutefois, l'extraordinaire nombre de ces formations dans la soupe originelle se multiplie par les lois simples des précurseurs des organismes pour produire un potentiel très considérable que l'évolution utilise à son tour, donnant des formes toujours plus développées, pour parvenir avec l'homme et son cerveau à un degré de spécification individuelle de la loi encore jamais atteint : désormais, pas un individu n'est semblable à l'autre. Le contenu d'information du patrimoine génétique et du cerveau humains est maintenant multiplié par plus de cinq milliards de représentants de l'espèce humaine, chacun étant une version unique de ce potentiel d'information. Il serait vain de se demander si la masse d'information a en l'occurrence augmenté ou diminué car le schéma de Rupert Riedl n'est pas vraiment quantifiable.

Il nous suffit de constater ici que cette thèse offre une définition générale de l'évolution justifiant le principe d'une progression vers des niveaux supérieurs lorsque les conditions extérieures restent en gros inchangées. Le processus évolutif résulterait dans cette optique des modifications internes et des rapports interactifs entre les organismes et la planète en tant que milieu, le cadre extérieur restant pratiquement le même.

La vie apparaît alors comme un processus d'acquisition d'information, pour reprendre l'expression de Konrad Lorenz (1975). A cela s'opposent les découvertes des géologues et de l'histoire de la terre qui tracent un tableau agité. Si nous divisons l'histoire de la planète en séquences de cinq cents millions d'années, de demi-milliards d'années, nous constatons que l'atmosphère telle que nous la connaissons aujourd'hui date d'une époque tout à fait récente. Un dixième de la durée d'existence de la terre a été consacré à la constitution de l'atmosphère renfermant de l'oxygène, alors que des événements qui nous paraissent aussi capitaux que la dérive des continents se ramènent à un frémissement à la surface du globe.

Curieusement cependant, ces deux orientations de la recherche que sont la biologie de l'évolution avec les longues périodes de l'histoire géologique et les processus qui s'y déroulent, et l'écologie qui traite de l'économie actuelle de la nature, se nourrissent de l'idée que des états d'équilibre devraient s'établir ou se seraient établis. Cette attitude et ces espoirs étonnent d'autant plus que les physiciens, même lorsqu'ils abordent les problèmes du vivant, ne parlent jamais que de déséquilibres.

Essayons de déterminer, après tout ce que nous avons vu, le rôle que revêtent les états d'équilibre dans la marche de l'évolution et dans la réflexion sur les origines de la vie. Nous devons pour ce faire considérer trois niveaux : le premier est celui des organismes, le second celui de leur insertion dans l'environnement, autrement dit celui de l'écologie, et le troisième celui de leur devenir et de leur disparition au cours de l'histoire géologique, autrement dit, l'évolution.

Pour les organismes, la situation est claire : ils établissent pour la durée de leur vie un équilibre interne, une homéostase en exploitant ou en produisant des déséquilibres extérieurs. Lorsque leur état interne se confond avec l'état extérieur, ils sont morts. Nous exprimons là sous une forme simple ce que Prigogine entend par les « structures dissipatives » éloignées de l'équilibre. Tout organisme augmente l'entropie par son activité vitale. Nous nous contenterons de dire cela, car nous avons longuement évoqué ces aspects dans la deuxième partie.

Considérons maintenant les systèmes écologiques, dont la plupart de ceux qui utilisent la notion d'écosystème semblent penser qu'ils devraient naturellement se trouver en état d'équilibre et que seul l'homme les perturberait. Un grand nombre d'écosystèmes se révèlent après un examen objectif des « systèmes de déséquilibre »; d'autres présentent en revanche des bilans et des processus si équilibrés qu'on peut à juste titre estimer qu'ils se trouvent « en état d'équilibre ». Si on essaie de les classer, on obtient automatiquement un schéma qui nous offre une illustration parfaite de la différence entre systèmes en état d'équilibre et en état de déséquilibre.

Sont en déséquilibre, sans exception, tous les systèmes au sein desquels sont produits des excédents. Se trouvent au contraire en équilibre tous les systèmes dans lesquels règne le manque. On peut définir encore plus précisément ce manque. Il s'agit le plus souvent, sinon toujours, d'un manque de matières minérales d'importance vitale comme le phosphore, l'azote, le soufre, le potassium et quelques autres éléments. Dans la plupart des écosystèmes, le facteur limitatif n'est pas l'approvisionnement énergétique, mais la disponibilité de matières minérales essentielles à la vie.

Ainsi la forêt pluviale ne produit-elle pas d'excédent utile notable, en dépit de l'abondance de lumière dont elle bénéficie et des conditions climatiques favorables à la croissance de la végétation. Les deux choses valent également pour les récifs coralliens des zones tropicales. Dans les régions sèches, bien souvent, de brèves précipitations suffisent à susciter presque par magie une production considérable. Des plantes agricoles comme le maïs et la pomme de terre, qui occupent une position clef dans l'alimentation mondiale, sont issues des zones arides de haute montagne en Amérique centrale et en Amérique du Sud. Même les tourbières des régions humides et froides produisent des excédents qui d'année en année se transforment en tourbe. Dans les sols des régions herbeuses extérieures à la zone tropicale, l'humus s'accumule et constitue des réserves de matières nutritives pour une exploitation durable. L'essor de l'humanité à la révolution du néolithique a reposé sur le stockage et l'utilisation à retardement des productions excédentaires. Et ainsi de suite. Nous pourrions ajouter autant d'exemples que nous voudrions. Ils prouvent tous que la productivité résulte du déséquilibre.

Tout cela a-t-il des implications pour le troisième niveau, celui du processus à long terme de l'évolution? Nous avons aussi évoqué cet aspect dans notre deuxième partie. Mais dire que le déséquilibre est à l'origine des grandes transformations ou innovations de l'évolution, ou qu'elle les a en tout cas accompagnées, implique d'autres déductions. Il est dans la nature même des organismes d'engendrer des déséquilibres, cela fait partie du processus du vivant.

Il n'est pas besoin de chute de météorites géantes ni d'éclatements de l'écorce terrestre d'où jaillissent des masses de cendres et de lave pour produire les grands changements. Ces événements surviennent, mais ils n'influent pas aussi profondément sur la marche de l'évolution qu'on serait tenté de le croire lorsqu'on s'attache trop étroitement à l'observation des espèces disparues. Les grandes lignées ont subsisté. Elles ont continué de se différencier en dépit de tous les revers. Au fil des millions d'années, les organismes n'ont cessé de devenir de plus en plus complexes et de moins en moins dépendants de leur environnement. Ils ont développé un système nerveux plus sophistiqué et, avec lui, un système de traitement de l'information qu'ils tiraient de l'environnement, le cerveau.

Les dinosaures et d'autres formes disparues étaient des organismes prodigieux. Certains groupes vécurent d'ailleurs étonnamment longtemps – plus de cent millions d'années! Mais en ce qui concerne l'évolution de leur cerveau et l'aptitude à maîtriser leur environnement, ils sont très en retard sur les mammifères modernes, sans parler de l'homme.

Peut-être est-ce la trop forte insistance sur une adaptation dans l'ensemble fascinante à l'environnement qui nous fait oublier les tendances de l'évolution. Mais en admettant même que chacun des organismes qui ont jamais existé ait été parfaitement adapté à son environnement, cela ne veut pas dire que d'autres formes d'évolution, considérées indépendamment de leur environnement spécifique, ne puissent être « meilleures ». L'harmonie avec l'environnement, incomplète comme elle l'est et l'a toujours été – on ne le soulignera jamais assez –, ne constitue pas un critère unique et exclusif de jugement du degré d'évolution d'une espèce ou d'une lignée.

L'adaptation ne peut pas avoir été optimale, car sinon il n'y aurait pas eu d'autre évolution que celle provoquée par les grandes catastrophes qui ont entraîné des changements radicaux de l'environnement! Il n'est pas un seul être vivant existant encore aujourd'hui dont on puisse prouver qu'il est parfaitement adapté à son environnement. Au contraire : les nombreuses imperfections qui apparaissent à un examen plus approfondi, les compromis qui ont dû s'établir au cours de l'évolution – du fait qu'on ne peut pas modifier à volonté les structures physiques ni les formes de vie – et la multitude des « nouvelles adaptations » précipitées qu'ont entraînées les transformations opérées par les hommes sur l'environnement, montrent à l'évidence que le rapport entre l'organisme et son environnement est un rapport de déséquilibre, d'interaction imparfaite. En revanche, le cristal pétrifié, qui a puisé pour sa croissance les matières dont il avait besoin dans son environnement, est parfaitement adapté. Dans les conditions données, il n'aurait pas pu être mieux – mais il n'aurait pas pu non plus être vivant.

La recherche de l'équilibre crée constamment de nouveaux déséquilibres – si paradoxal que cela puisse paraître. Lorsqu'un état d'équilibre s'établit, c'est par épuisement des excédents initiaux. Le manque s'instaure alors et il dicte les conditions des échanges. C'est la situation que nous connaissons dans le cadre de l'évolution sous le nom de sélection stabilisatrice. Elle détermine les adaptations fines. Le paradoxe de la reine rouge dans *Alice au pays des merveilles* définit bien cet état : il faut que tu coures pour rester sur place, sans quoi tu recules.

Chapitre 5

UNE THÉORIE INTÉGRÉE DE L'ÉVOLUTION

La découverte que la nature, la vie et même l'homme n'ont pas été créés tels que nous les connaissons, mais sont le produit d'un devenir évolutif qui s'est étendu sur des millions et des millions d'années, fait partie des plus grandes réalisations de l'esprit humain. Nous devons cette percée à Charles Darwin, car – à la différence de ceux qui, avant lui, avaient déjà envisagé l'idée de l'évolution – il sut trouver un véritable mécanisme pour expliquer le changement.

L'explication parut convaincante parce qu'elle se situait dans une phase de révolution industrielle où l'on commençait à peine à maîtriser les grandes épidémies qui avaient constamment décimé les peuples européens au cours des siècles passés, de sorte que les « excédents » de la reproduction n'étaient que trop flagrants. L'idée que, dans la lutte pour la vie et pour les possibilités d'évolution, les plus actifs et les plus aptes dussent l'emporter correspondait à l'esprit de l'époque victorienne et convenait parfaitement au mercantilisme qui s'emparait de toute l'Europe.

Jean-Baptiste Lamarck (1744-1829), qui avait publié avant Darwin une théorie générale du devenir des organismes vivants, avait échoué. Il manquait à sa thèse le mécanisme. Son postulat de l'hérédité des caractères acquis ne convenait pas à l'esprit de l'époque. Le fait que sa théorie ait été moins bien fondée scientifiquement que celle de Darwin n'aurait joué qu'un rôle secondaire. Mais manifestement les hommes de cette époque trouvaient qu'il était vain de tenter d'hériter de quoi que ce fût, si l'on ne pouvait pas conserver ce dont on avait hérité.

Transposée à l'humanité, la théorie de Darwin était celle d'une « réaffirmation » permanente de génération en génération. Il ne connaissait pas mieux que Lamarck le mécanisme de l'hérédité. Mais sa conception fondamentale du fonctionnement de la sélection correspondait à l'esprit de son temps, et c'était beaucoup plus important. En dépit d'attaques violentes et de controverses on ne peut plus partiales sur les implications de la théorie darwinienne, le principe de l'évolution était fondamentalement admis lorsque parut en 1859 *L'Origine des espèces*. L'homme, « couronnement de la création », se trouvait certes désormais intégré au processus général de la vie, mais puisque c'étaient toujours les plus aptes qui l'emportaient, il demeurait finalement le « meilleur ».

Il avait laissé loin derrière lui son passé de singe et, pareil au phénix renaissant de ses cendres, il avait émergé des bas-fonds de l'évolution pour accéder à la domination du monde. En quoi le passé de primate pouvait-il importer? Là comme en matière économique, seul le résultat compte et les critères de jugement ne se définissent pas d'après les origines; il était donc assez indifférent de savoir d'où était issu l'homme. Le règne de la noblesse de sang était révolu; les fruits des Lumières avaient mûri. La théorie évolutionniste de Darwin s'inscrivait tout à fait dans cette lignée.

Rien d'étonnant à ce que le débat ait pris une ampleur particulière en Amérique. Dans les pays d'Europe où le mercantilisme s'était le mieux établi, la théorie darwinienne a gagné aussi une large audience. Mais elle est restée essentiellement un produit de l'Europe occidentale. En Europe de l'Est déjà, la nouvelle conception de l'évolution du monde par la sélection s'est heurtée à de lourdes résistances. D'éminents biologistes soviétiques, avant tout Trofim Demissovitch Lyssenko (1898-1976) et Ivan Vladimirovitch Mitchourine (1855-1935), ont continué leurs recherches sur la transmission héréditaire directe des caractères acquis.

Toutefois, la théorie évolutionniste de Darwin s'est également diffusée dans les cercles culturels de la partie orientale de l'Europe. En revanche, mis à part quelques spécialistes, elle fut pratiquement ignorée par l'intelligentsia asiatique. Le principe de la survie des plus actifs ne convenait pas à la pensée extrême-orientale. Mais il est assez significatif que l'on compte aujourd'hui dans les rangs des plus grands biologistes de l'évolution des Japonais, des Chinois et des Indiens d'orientation occidentale ou qui ont émigré en Amérique ou en Europe. Ces quelques observations suffiront à montrer que, non seulement en Europe et en Amérique du Nord, mais même à l'échelle mondiale, l'esprit dominant offrait un cadre favorable à l'application de la théorie de l'évolution. Les sciences naturelles ne sont devenues une « entreprise universelle de l'esprit humain » que très récemment.

On vit alors s'amorcer une « évolution de la théorie de l'évolution ». L'étape suivante fut marquée par l'intégration de la génétique à la « nouvelle synthèse » (Mayr, 1984). Essentiellement, cette version plus élaborée de la théorie fondamentale de Darwin établit que la sélection provoque à l'intérieur des populations des modifications de la fréquence des gènes. En l'absence de sélection, les populations sont génétiquement stables. La transformation lente des rapports d'équilibre est le principe central de la conception darwinienne. Il a été confirmé et vérifié expérimentalement par la génétique des populations. La « nouvelle synthèse » a eu pour effet la réception définitive de la théorie évolutionniste dans les cercles de la biologie et au-delà. Elle a fait de la théorie darwinienne une théorie scientifique vérifiable.

L'audience ainsi acquise a marqué la véritable percée de la théorie évolutionniste et le triomphe de la génétique et de la génétique des populations (Mayr, 1984) sur la pensée typologique. Cette dernière continue toutefois de régner dans les pays d'Europe centrale – fortement influencés par la pensée idéaliste – et surtout chez les

Allemands. Ils n'ont pas pu se résoudre à créer à ce jour une seule chaire de biologie de l'évolution, sans parler d'instituts de recherche spécialisés dans cette branche de la biologie, pourtant actuellement des plus actives chez les Anglo-Saxons. L'évolution a conservé en Allemagne un statut marginal, aussi bien dans la recherche que dans les universités ou dans les manuels.

La phase de développement de la théorie de l'évolution s'est prolongée jusque dans les années soixante-dix. Une orientation nouvelle s'est alors dessinée : en 1977, Stephen Jay Gould et Niles Eldredge publièrent leur théorie des « états d'équilibre interrompus ». Au ponctualisme de ces auteurs et de leurs partisans s'opposèrent les gradualistes défendant toujours la thèse de la transformation lente et plus ou moins régulière des états d'équilibre. Toutefois les recherches récentes sur l'extinction des dinosauriens et autres catastrophes de l'évolution aboutissent à des résultats qui font de plus en plus pencher la balance du côté des ponctualistes. La notion d'équilibres interrompus semble plus proche de la réalité que celle de la modification progressive des rapports d'équilibre, au moins à certaines époques de l'évolution.

La théorie intégrée que j'expose dans ce livre va encore bien plus loin. L'évolution se produit dans le déséquilibre – c'est mon principe de base. Les phases intermédiaires d'équilibre relatif ne déterminent que les adaptations de détail.

La sélection au sens où l'entendent Darwin et les gradualistes stabilise plus qu'elle n'innove. Elle est le produit du manque, alors que les progrès de l'évolution se fondent sur l'excédent ou sur les nouvelles possibilités de vie.

Les êtres vivants ont eux-mêmes besoin pour vivre d'un déséquilibre entre intérieur et extérieur. S'ils devaient durablement se maintenir dans un rapport d'équilibre avec les conditions extérieures, ils perdraient les capacités de vie et de développement. Leur équilibre interne, l'homéostase, a besoin du déséquilibre externe pour les deux fonctions vitales de base : le métabolisme et la transformation d'énergie. Toutes deux sont essentiellement des fonctions de l'organisme. Les gènes dont il est porteur et qui donnent les instructions nécessaires à la fabrication de certaines enzymes, ou interviennent dans d'autres opérations fonctionnelles de l'organisme, n'ont pas besoin du métabolisme ni de la transformation d'énergie pour leur existence. Ils les utilisent pour se copier eux-mêmes, autrement dit pour la reproduction des gènes.

La fonction essentielle des gènes dans l'évolution est la conservation des informations acquises et l'acquisition d'informations nouvelles qui se transmettent de génération en génération. L'organisme assure le métabolisme et les échanges énergétiques.

Sans l'association de ces deux catégories de fonctions, sans l'union des fonctions organismiques et du stockage d'information génétique, les précurseurs des organismes vivants seraient restés des espèces d'écosystèmes en miniature. Ils pourraient certes, à l'aide de leurs processus métaboliques et de l'énergie qu'ils captent, s'adapter à tous les états de l'environnement, mais ils seraient dans l'incapacité de transmettre cette adaptation. Les écosystèmes contiennent une foule d'informations sur la nature et la transformation des conditions environnementales. En s'y adaptant, ils ne cessent de changer d'état. Ils ne peuvent toutefois pas conserver ces « propriétés acquises », il leur manque à cet effet la commande centrale de fonctionnement dont dispose l'organisme.

Chez les organismes vivants, c'est le génome qui assure le stockage de l'information et la commande de fonctionnement. Il assure ainsi la première étape pour se libérer des conditions environnementales : ce processus d'émancipation a pu commencer dès l'union de l'organisme le plus primitif avec des supports d'information. Ce fut, comme nous l'avons vu, l'avènement de la vie. La vie, c'est à la fois le métabolisme et le stockage d'information; aucun des deux éléments pris séparément ne suffit.

On n'a pas assez tenu compte, jusqu'à présent, de ce rôle égal ou supérieur du métabolisme dans la formation et la suite de l'évolution des organismes. Le métabolisme est la « tache aveugle » des théories de l'évolution jusqu'à nos jours. C'est pourtant à ses fonctions que les organismes doivent les grands progrès, les grandes percées de l'évolution, alors que la mutation et la sélection modèlent les détails de la forme extérieure et les finesses de l'adaptation.

Les ponctualistes ont préparé le terrain pour l'orientation de l'évolution vers ces conceptions nouvelles. Sans rupture d'équilibre, pas de progrès; sans déséquilibre au niveau hiérarchique suivant dans le processus évolutif, pas de véritable innovation.

Si l'on reste dans l'optique des gradualistes, on comprend aussi que les nouvelles théories physiques sur la formation de l'ordre à partir du chaos ou la théorie fractale (Gleick, 1988) aient trouvé un accueil aussi enthousiaste chez les biologistes. Ne semblent-elles pas expliquer l'apparition de la nouveauté à partir de modifications infimes et imprévisibles et éclairer les processus d'organisation spontanée (Probst, 1987)?

Les schémas synergétiques, axés sur le principe d'organisation spontanée, ont à nouveau supplanté les thèses de génétique des populations, jugées manifestement trop simplificatrices. Les théories fractales présentent des concordances si extraordinaires avec les schémas biologiques que ce ne peut pas être un hasard.

Il y a pourtant un certain nombre d'objections non négligeables : les processus fractaux portent sur les changements de types et de formes. Ils sont de nature formelle et non pas fonctionnelle. La spirale fractale, d'une séduisante beauté, ne présente pas le moindre rapport avec aucune fonction possible de cette structure. On pourrait la comparer aux rosaces de givre sur un carreau de fenêtre. En revanche, les transformations des organismes vivants doivent rester dans les limites des possibilités fonctionnelles. Toute modification de forme affecte également la fonction! Les processus de croissance des organismes vivants sont liés à des changements de masse et de rapport de masses (Calder III, 1984; Peters, 1983; Thompson, 1973). L'évolution de la forme se plie aux conditions du processus métabolique, la croissance et le développement des organismes aux formes de ce que nous appelons l'allométrie : les stades éventuels de développement ultérieur reposent, par leur forme et par leur fonction, sur les stades dont ils sont directement issus. Les processus déterminants de la forme sont orientés sur des voies précises et bien définies par les conditions de fonctionnement de l'organisme. La transformation de substances et d'énergie est et demeure le processus fondamental du vivant. Les évolutions typologiques et formelles ne peuvent venir s'y ajouter que dans le cadre des variations permises par le métabolisme. La forme la plus belle ne présente aucun intérêt si elle n'est pas viable.

C'est pourquoi un certain nombre de théories modernes de l'évolution ressemblent à un pur jeu formel, car elles ne sont ni vérifiées ni d'ailleurs vérifiables. Elles offrent sans doute des explications séduisantes, mais qui, après un examen plus approfondi, se révèlent sans contenu. L'évolution fractale ne constitue qu'un aspect des processus d'évolution en général, mais elle ne fournit pas de schéma convaincant de l'évolution organique. Elle peut servir de schéma d'analyse particulier pour une évolution strictement dépendante des gènes, parce qu'elle traite comme eux d'information et de supports d'information. Mais comme nous avons pu le voir, les gènes ne sont pas en eux-mêmes viables.

Il y a donc tout lieu aussi de douter que les simulations informatiques, imitant essentiellement les changements d'information, puissent réellement fournir des résultats utilisables. On arrive certes à programmer théoriquement que l'organisme reste en état de fonctionner, mais en l'absence d'organisme, c'est assez difficile à vérifier. Pour un système comme l'organisme vivant qui ne se trouve pas dans un état d'équilibre et doit assurer sa propre stabilité en évitant les deux écueils que sont, d'un côté, la mort par suréchauffement et, de l'autre un trop faible apport d'énergie, la moindre modification a son importance. Nous en faisons tous l'expérience dans notre propre corps : avec quelle rapidité un trouble – apparemment insignifiant – déclenche la maladie; avec quelle facilité le système bascule du battement régulier du cœur dans l'infarctus!

L'équilibre interne n'a pas grand-chose à voir avec l'environnement extérieur qui se définit en fonction des catégories de chaleur et de froid, de luminosité et d'obscurité, et de nombreuses autres propriétés physiques et chimiques. Il suffit en l'occurrence d'adaptations assez grossières, les adaptations fines sont assurées par l'organisme lui-même qui transpire ou produit davantage de chaleur, annonce qu'il a faim ou qu'il a soif et se tient dans toute la mesure du possible à l'abri des conditions extérieures.

Le problème central des thèses traditionnelles sur les processus de l'évolution réside dans leur incapacité à fournir une définition assez complète de l'état interne. L'expérience permet de constater comment se comporte un organisme exposé à un changement des conditions environnementales. Les méthodes de la physique et de la chimie permettent d'étudier cet aspect, mais uniquement celui-là. Les variations des conditions internes se situent dans des limites trop étroites. Dès que l'intervention est un peu trop brutale, l'organisme abandonne et meurt.

On peut au contraire faire des expériences sur l'information génétique. On peut en prélever une partie, ajouter de nouveaux gènes ou introduire d'autres combinaisons. Les grands progrès de la génétique reposent sur l'extraordinaire maniabilité du génome. La manipulation génétique est le produit le plus récent, le plus contesté et le plus fructueux de cette évolution quant à ses applications. Il n'existe absolument rien de comparable dans le domaine organique. La manipulation d'un patrimoine génétique ne fait pas naître un être humain artificiel.

La prédominance de la génétique dans la poursuite de l'élaboration des théories de l'évolution, qui devient presque une domination absolue, découle dans une large mesure de l'état et des possibilités de la recherche. Mais entre les gènes et l'environnement se trouve l'organisme. Et c'est sa position qu'il s'agit de définir. Est-ce celle d'une instance intermédiaire entièrement commandée par les gènes, ou celle d'un partenaire à part entière? Nous avons tranché cette question en faveur de l'autonomie de l'organisme, en apportant toute une série de raisons.

Cette nouvelle position a des implications qui dépassent de loin la simple théorie de l'évolution. Les organismes ne sont pas les marionnettes des gènes (Dawkins, 1978). Au moins chez l'homme, la structure de l'organisme a atteint un niveau d'organisation qui lui permet d'influer directement sur les gènes. Si nous nous proposons actuellement de manipuler les gènes d'autres organismes, voire les nôtres, c'est précisément le signe d'une situation inverse de celle que nous décrit le sociobiologiste Richard Dawkins.

La thèse selon laquelle l'organisme est un partenaire autonome du patrimoine génétique n'a pas besoin de chercher à se justifier par la « liberté » des hasards des mutations et de la composition du génome. Car celle-ci n'en est pas véritablement une. Et l'unicité de la combinaison de caractères réunis par le génome n'est pas à elle seule une solution très satisfaisante pour remplacer la véritable liberté de l'homme, car elle n'élimine pas la prédétermination ni l'impératif des gènes.

La liberté de la pensée et de la volonté humaines est le produit de l'évolution de l'esprit. Celle-ci a véritablement brisé la dictature des gènes. Les milliards de cellules du cerveau renferment des possibilités infinies de traitement d'information et d'innovation qui n'ont pas besoin de se soumettre au test de fonctionnement de l'organisme porteur ni de s'inscrire dans l'information génétique.

Ainsi l'homme est-il sans doute le seul être vivant capable de déterminer sa propre évolution. Il a acquis un pouvoir sur les gènes. Dans l'optique du processus d'évolution, cette démarche est un progrès de l'autonomie des organismes vivants par rapport à leur environnement. L'évolution est orientée : vers l'émancipation des contraintes environnementales.

Cette orientation n'a rien à voir avec un chemin préalablement tracé. La voie était ouverte. Le nombre et la variété des « orientations » le prouvent assez. Cela ne nous permet en aucun cas de présenter l'homme comme le but de l'évolution. Mais son apparition ne peut pas avoir été non plus un pur hasard, elle n'est même pas assimilable à ce type de hasard que Gould (1991) appelle contingence.

Les formes qui ont survécu au fil de l'évolution ont toujours été celles qui avaient poussé le plus loin les progrès du métabolisme et du degré d'émancipation par rapport aux conditions environnementales.

Pour ne pas se laisser prendre dans un cercle vicieux, il ne suffit pas de définir la survie d'après les survivants, mais en comparant les formes survivantes et les formes disparues. Ces grandes lignées que représentent les classes et les embranchements se sont conservées. Les formes disparues qui ont suivi pour un temps le processus évolutif correspondaient à des variantes sur un même thème, mais ne peuvent pas être considérées comme des solutions de rechange équivalentes. L'élément déterminant pour la survie ne résidait pas dans une dimension ou une fonction spécifique, ce n'était pas le maxillaire le plus puissant, ni les plus grandes longueurs de saut, mais la gamme des rapports possibles à l'environnement. Celle-ci est le reflet idéal de l'évolution du cerveau. Les fantastiques dinosaures avaient, comme on le sait depuis longtemps, un cerveau relativement petit. Les mammifères d'allure moins spectaculaire qui évoluèrent dans l'ombre de ces organismes gigantesques avaient un cerveau de structure et de capacités bien plus perfectionnées.

L'évolution du cerveau fut l'émergence d'un facteur nouveau, et même radicalement nouveau dans la marche de l'évolution. Cette innovation est devenue le support d'une évolution culturelle accélérée, dans le cadre de laquelle on ne compte plus en millions d'années mais en siècles, en années et en jours. Les derniers développements sont allés si vite que de nouvelles informations se transmettent dans le monde entier et peuvent être exploitées en l'espace d'une seconde.

Ces informations sont toutefois de nature radicalement différente de la forme d'information traditionnellement enregistrée dans le génome. C'est pourquoi la manière dont nous gérons actuellement le trésor de la variété d'espèces que nous offre notre planète, et qui est l'héritage du processus évolutif, risque d'avoir des conséquences si dramatiques. Ce que l'évolution a mis des millions, voire des milliards d'années à construire, nous le détruisons sans réfléchir comme nous jetterions au feu un papier couvert d'informations. Nous avons assez de copies de ce qui figure sur le papier pour en reproduire à l'infini. En revanche, une information génétique détruite ne sera plus jamais disponible car elle ne peut pas être reconstituée.

Nous abordons là le problème plus général de notre existence qui devient une source de pollution environnementale mortellement dangereuse. Partiellement libérés des contraintes environnementales, mais pas pour autant entièrement libres, nous restons dépendants des processus de la biosphère. Pour parvenir à survivre, en tant qu'espèce humaine comptant des milliards de représentants, il faut que nous continuions de créer le déséquilibre. L'idée d'un retour à l'équilibre de l'« économie naturelle », qui supposerait que l'on se soumette à nouveau aux cycles de la nature, n'a aucune chance de succès. Il faudrait que l'humanité se réduise à une infime part de ses effectifs actuels pour revenir à l'équilibre en question. La rançon serait le manque permanent.

L'autre solution est une production de déséquilibres suffisamment bien contrôlée pour assurer l'apport de matières premières et d'énergie dont nous avons besoin sans entraîner une destruction quasi totale de la nature. Ce risque nous menace dans un avenir très proche si l'évolution explosive de l'humanité se poursuit au même rythme effréné. Pour y échapper, il faudrait que nous nous montrions plus sages dans notre exploitation des ressources de la nature. L'homme serait alors le premier produit de l'évolution à y avoir réussi. Les organismes n'ont jamais été adaptés à un rapport d'équilibre avec la nature; il leur a simplement parfois été imposé par la pénurie qui s'instaurait après épuisement des excédents. L'esprit humain parviendra-t-il à surmonter cette interaction vieille comme le monde entre l'excédent et le manque?

Alors la vie se serait vraiment émancipée. Il reste qu'on ne peut que s'étonner que pendant plus de trois milliards et demi d'années la vie ait toujours réussi à s'imposer. Nous ne sommes pas les seuls au sommet d'une lignée. Des millions d'autres êtres vivants ont parcouru ce chemin avec nous et réussi, eux aussi. Peut-être sommes-nous les seuls capables d'y réfléchir. Nous ne pouvons toutefois pas en être sûrs.

REMERCIEMENTS

Je dédie cet ouvrage, en signe d'amitié et de reconnaissance, au Pr Ernst Josef Fittkau, pour son soixante-cinquième anniversaire. C'est à lui que je dois d'avoir écrit ce livre.

Je remercie également ma lectrice, Mme Ulrike Buergel-Goodwin, et M. Klaus Rehfeld pour tout le soin qu'ils ont pris de ce manuscrit.

De nombreux collègues et amis savent que je leur dois aussi une reconnaissance qui ne se laisserait pas résumer en quelques mots de remerciements.

Munich, janvier 1992.

BIBLIOGRAPHIE COMMENTÉE

Cette bibliographie correspond à un choix personnel parmi la multitude de publications sur le thème de l'évolution; elle doit donc être considérée comme partiellement représentative : nul ne peut aujourd'hui prétendre à une vision exhaustive de ce domaine, encore moins de l'ensemble des sujets qui se rattachent à l'évolution. La liste de publications établie ici devrait suffire à montrer l'ampleur de la recherche sur les origines de la vie. Seuls un petit nombre d'ouvrages ont été cités directement dans le corps du livre. Les principaux points des différentes publications seront donc brièvement indiqués dans cette bibliographie, dans toute la mesure où ils ne transparaissent pas directement dans le titre.

L'essentiel de la bibliographie que nous avons réunie est constitué non pas d'articles mais d'ouvrages publiés. Ils dispensent en quelque sorte des publications incomparablement plus nombreuses des revues spécialisées. Nos collègues savent comment accéder à ces travaux, alors que le lecteur extérieur à la recherche risquerait, en se reportant aux textes originaux, de rencontrer bien des difficultés, voire de perdre patience. C'est pourquoi nous ne citons qu'un petit nombre de nouvelles publications de revues, particulièrement importantes pour notre argumentation. La plupart des informations récentes et toutes récentes utilisées dans ce livre ont bien entendu été tirées de revues scientifiques internationales. Je ne peux m'empêcher de souligner à ce propos qu'il s'agit en l'occurrence d'un acte d'altruisme scientifique, car c'est ainsi que la recherche est rendue accessible et mise à la disposition de tous pour la poursuite de son exploitation! Peut-être que se cache derrière ce comportement altruiste l'égoïsme des « mnèmes » qui cherchent à se répandre comme les gènes, ainsi que le pense Richard Dawkins. Peut-être le libre accès à l'information scientifique est-il, plus que toute autre expression du vivant, le signe de la liberté de l'esprit par rapport à l'impératif des gènes.

ABE T., HIGASHI M. : « Cellulose centered perspective on terrestrial community structure », *Oikos*, 60 (1991), p. 121-133.

ALVAREZ W., KAUFFMAN E.G., SURLYLE F., ALVAREZ L.W., MICHAEL H.V. : « Impact theory of mass extinctions and the invertebrate fossil record », *Science*, 223 (1984) p. 1135-1141.

ATTENBOROUGH D. : *Das Leben auf unserer Erde*, Parey, Hambourg, 1979.

BAKKER R. : *The Dinosaur Heresis – a Revolutionary View of Dinosaurs*, Longman, Harlow/Angleterre, 1987.

Cette étude remet en question la thèse prédominante selon laquelle les dinosaures auraient été de paresseux et stupides géants; elle essaie de tracer de ces sauriens et de leur univers un tableau « plus vivant », d'une nouveauté rafraîchissante, mais qui comporte quelques exagérations et ne repose pas toujours sur des thèses avérées.

BARNES R.D. : *Invertebrate Zoology*, Saunders, Philadelphie, 1980.

Important manuel sur la structure et la vie des invertébrés.

CAIRNS-SMITH A.G. : *Seven Clues to the Origin of Life*, Cambridge University Press, Cambridge, trad. franç. *L'Enigme de la vie*, Odile Jacob, 1990.

Dans son sous-titre, l'auteur qualifie lui-même de roman policier de la recherche son livre captivant sur les sept « clefs » de l'origine de la vie.

CALDER III W.A. : *Size, Function, and Life History*, Harvard University Press, Cambridge/Massachusetts, 1984.

Ouvrage fondamental sur la relation entre les dimensions du corps et le mode de vie axé plus particulièrement sur le mécanisme énergétique des fonctions internes ; bien des éléments que l'on a interprétés comme des adaptations aux conditions extérieures s'expliquent tout simplement par les changements de taille de l'organisme.

CARROLL R.L. : *Vertebrate Paleontology and Evolution*, H. Freeman, New York, 1988.

Etude des témoignages fossiles de l'évolution des vertébrés et grandes lignes de l'évolution de cet embranchement ; manuel moderne.

CHERRET J.M. (Ed.) : *Ecological Concepts*, Blackwell, Oxford, 1989.

Contributions de différents auteurs sur les principes fondamentaux de l'écologie ; on voit s'amorcer une révision des conceptions un peu trop idéalistes des décennies passées. Les principes écologiques sont soumis à une étude critique pour déterminer dans quelle mesure ils sont justifiés ou réfutables.

CLUTTON-BROCK T.H., ALBON S.D. : *Red Deer in the Highlands*, BSP Professionnal Books, Oxford, 1989.

COATES M.I., CLACK J.A. : « Fish-like gills and breathing in the earliest known tetrapod », *Nature*, 352 (1991), p. 234-236.

Les fossiles de vertébrés terrestres les plus anciens qui nous soient connus présentaient encore des branchies, un peu comme les poissons.

CODY M.L. : *Competition and the Structure of Bird Communities*, Princeton University Press, Princeton, 1974.

Séparation et recoupements des niches écologiques illustrés de façon exemplaire par les oiseaux.

COLINVAUX P. : *Why Big Fierce Animals are Rare?*, Princeton University Press, Princeton, 1978.

Explication de la rareté des animaux de très grande taille dans l'optique intéressante de la biologie évolutionniste.

COLLIER B.D., COX G.W., JOHNSON A.W., MILLER P.C. : *Dynamic Ecology*, Prentice-Hall, Englewood Cliffs/New Jersey, 1973.

Manuel exhaustif d'écologie du début des années soixante-dix.

CRAMER F. : *Chaos und Ordnung. Die komplexe Struktur des Lebendigen*, Deutsche Verlags-Anstalt, Stuttgart, 1988.

CRAWFORD M., MARSH D. : *The Driving Dorce*, Heinemann, Londres, 1989.

Cet ouvrage traite pour la première fois systématiquement du rôle de l'alimentation et de l'approvisionnement en matières premières vitales comme facteur d'évolution; un ouvrage très important pour ma tentative de théorie intégrée de l'évolution.

DARWIN C. : *L'Origine des espèces.*

Cet ouvrage qui a fait date a paru en 1859 sous le titre *On the Origin of Species by Means of Natural Selection or the Preservation of Favored Races in the Struggle for Life*, chez Murray, à Londres. *L'Origine des espèces*, trad. franç., GF/Flammarion, Paris, 1992.

DAWKINS R. : *Le Gène égoïste*, trad. L. Ovidon, A. Colin, Paris, 1990.

DAWKINS R. : *L'Horloger aveugle*, trad. B. Sigaud, Laffont, Paris, 1989.

Ouvrage de vulgarisation cherchant à justifier et à démontrer l'application de la sociobiologie à la conception de l'évolution et à l'homme. L'auteur défend la primauté du gène et développe la notion de « mnème », équivalent du gène au niveau de l'esprit.

DESSAUER F. : *Quantenbiologie*, Springer, Berlin, 1954.

Transposition des principes de la physique des quanta à la biologie, à mettre en relation avec l'ouvrage de SCHRÖDINGER : *Was ist Leben?*

DITFURTH H.V. : *Evolution II*, Hoffmann und Campe, Hambourg, 1978.

Contributions d'éminents biologistes de l'évolution sur des problèmes clefs en la matière; correspond à l'état de la recherche dans les années soixante-dix.

DOBZHANSKY T. : *Genetics and the Origin of Species*, Columbia University Press, New York, 1951. Trad. franç. *Génétique du processus évolutif*, Flammarion, NBS, 1977.

DOBZHANSKY T. : *Dynamik der menschlichen Evolution*, S. Fischer, Francfort, 1965. Trad. franç. *L'Homme en évolution*, Flammarion, NBS, 1966.

Ouvrages fondamentaux pour une « nouvelle synthèse de la biologie de l'évolution au milieu du XXe siècle », incluant en particulier la génétique.

DYCK J. : « The Evolution of feathers », *Zoologica Scripta*, 14 (1985), p. 137-154.

Analyse de la signification initiale et du développement des plumes comme protection contre l'humidité.

DYSON F. : *Die zwei Ursprünge des Lebens*, Rasch und Röhring, Hambourg, 1988.

Brève synthèse de la théorie de la double origine de la vie.

EIGEN M. : *Stufen zum Leben*, Piper, Munich, 1987.

EIGEN M., WINKLER R. : *Das Spiel*, Piper, Munich, 1976.

Ambitieuse présentation de la théorie de l'hypercycle et des lois du hasard, souvent mal interprétées, et de leurs répercussions sur le processus de l'évolution. Nous n'avons pu rendre compte ici que de façon très insuffisante des recherches de Manfred Eigen, lauréat du prix Nobel.

EISENBERG J.F. : *Mammalian Radiations. An Analysis of Trends in Evolution, Adaptation and Behavior*, University of Chicago Press, Chicago, 1981.

Ouvrage très complet et très remarquable sur les tendances d'évolution adaptative et les fonctions des mammifères.

ELDREDGE N. : *Life Pulses. Episodes from the Story of the Fossil Record. Facts on File Publications*, New York, 1987.

Résumé moderne de l'histoire de l'évolution telle qu'elle ressort des témoignages fossiles.

ELDREDGE N., STANLEY S.M. (Ed.) : *Living Fossils*, Springer, New York, Berlin, 1984.

A propos de la biologie souvent mal comprise des « fossiles vivants ».

EMLEN J.M. : *Ecology. An Evolutionary Approach*, Addison-Wesley, Reading/Massachusetts, 1973.

Manuel d'écologie, axé sur la biologie de l'évolution, mais conservant encore des aspects bien trop formalistes.

ENDLER J.A. : *Natural Selection in the Wild*, Princeton University Press, Princeton/New Jersey, 1986.

Récapitulatif des découvertes sur les processus de sélection en milieu naturel; la majorité des études génétiques sur les effets de la sélection résultent d'expériences en laboratoire.

ERBEN H.K. : *Die Entwicklung der Lebewesen*, Piper, Munich, 1975.

Etude de l'évolution dans l'optique de la paléontologie classique.

FEDUCCIA A. : *The Age of Birds*, Harvard University Press, Cambridge/Massachusetts, 1980.
Histoire de l'évolution des oiseaux avec une théorie arboréale de la formation de l'aile.

FISCHER D.E. : *The Birth of the Earth. A Wanderlied through Space, Time and Human Imagination*, Columbia University Press, New York, 1987.
Histoire de l'évolution de la terre.

FOREY P.L. (Ed.) : *The Evolving Biosphere*, British Museum (Natural History), Londres, 1981.
Vaste étude illustrée sur les processus de l'évolution dans le cadre de la biosphère ; cet ouvrage marque un tournant dans la recherche en matière de biologie évolutive, qui s'oriente vers les effets des changements environnementaux.

FORT E.B. : *Ecological Genetics*, Methuen, Londres, 1964.
Ouvrage classique sur la génétique des populations en milieu naturel avec des études de cas de mélanisme chez la phalène du bouleau.

FOX R. : *Energy and the Evolution of Life*, W.H. Freeman, New York, 1988.
Rôle de l'approvisionnement énergétique et de l'exploitation des ressources énergétiques dans le processus d'évolution.

FRAZETTA T.H. : *Complex Adaptations in Evolving Populations*, Sinauer, Sunderland/Massachusetts, 1975.

FRESE W. : « Wie Licht zum Leben kommt », *MPC Spiegel*, 3/86 (1986) p. 1-4.
Compte rendu des recherches radicalement nouvelles pour l'analyse de la structure des colorants actifs de la photosynthèse à l'Institut Max-Planck de biochimie de Martinsried à Munich.

FRIIS E.M., CHALONER W.G., CROME P.R. (Ed.) : *The Origin of Angiosperms and their Biological Consequences*, Cambridge University Press, Cambridge, 1987.
Condensé des nouvelles recherches sur l'origine des plantes florifères et ses effets sur le déroulement de l'évolution.

FUTUYMA D.J. : *Science on Trial. The case for Evolution*, Pantheon Books, New York, 1983.
Par sa brièveté et sa clarté exemplaires, cet ouvrage est une démonstration percutante de la réalité de l'évolution dans le cadre du débat avec les créationnistes au début des années quatre-vingt aux Etats-Unis. Lesdits créationnistes voulaient obtenir alors que soient enseignées sur le même plan aux

Etats-Unis la théorie de l'évolution biologique et la légende biblique de la Création.

FUTUYMA D.J. : *Evolutionsbiologie*, Birkhäuser, Bâle, 1990.

Manuel exhaustif de biologie évolutionniste, niveau universitaire.

GAMLIN L., VINES G. (Ed.) : *The Evolution of Life*, Collins, Londres, 1986.

Ouvrage de vulgarisation richement illustré sur la biologie, plus particulièrement orienté vers l'évolution des organismes.

GEIST V. : « On speciation in ice age mammals, with special reference to cervids and caprids », *Canadian Journal of Zoology*, 65 (1987), p. 1067-1084.

GHIOLD J. : « The Sponges that spanned Europe », *New Scientist*, 129 (1991), p. 58-62.

Des cordons d'éponge calcaire datant des origines du vivant s'étendent en travers du continent européen et constituent l'une des structures continues les plus imposantes qui aient jamais été créées par des organismes vivants.

GLEICK J. : *Théorie du Chaos*, trad. franç. Albin Michel, 1989, rééd. Champs Flammarion, 1991.

GOULD S.J. : *Ontogeny and Phylogeny*, Belknap Press of Harvard University Press, Cambridge/Massachusetts, 1977.

GOULD S.J. : *Le pouce du Panda*, trad. franç. Grasset, 1982.

GOULD S.J. : *Time's Arrow Time's Cycle*, Harvard University Press, Cambridge/Massachusetts, 1987.

GOULD S.J. : *Zufall Mensch*, Hanser, Munich, 1991.

Stephan Jay Gould a eu sur la nouvelle conception de l'évolution plus d'influence qu'aucun autre biologiste et paléontologue contemporain. Son schéma fondamental de la contingence – une sorte de hasard – et l'idée que les processus évolutifs seraient quelque chose de comparable à une loterie, se poursuivent comme un fil rouge tout au long de son livre. Ses ouvrages d'un style brillant ont trouvé accès à de larges cercles du public intéressé et ils ont déterminé ainsi dans une grande mesure les conceptions de l'évolution de notre temps.

GOULD S.J., ELDREDGE N. : « Punctual equilibria. The tempo and mode of evolution reconsidered », *Paleobiology*, 3 (1977), p. 115-151.

Publications originales marquantes des deux grands fondateurs de la nouvelle conception de l'évolution comme « équilibres rompus » avec des taux de sélection et des rythmes très variables. Sur le plan théorique, cette conception « nouvelle » correspond largement à celle des phases évolutives formulée un quart de siècle plus tôt par Schindewolf.

GRANT V. : *The Origin of Adaptations*, Columbia University Press, New York, 1963.

GRANT V. : *The Evolutionary Process. A Critical Review of Evolutionary Theory*, Columbia University Press, New York, 1985.

GREENWOOD P.J., HARVEY P.H., SLATKIN M. : *Evolution. Essays in Honour of John Maynard Smith*, Cambridge University Press, Cambridge, 1985.

Hommage au fondateur théorique de la sociobiologie.

GUTMANN W.F., BONIK K. : *Kritische Evolutionstheorie. Ein Beitrag zur Überwindung altdarwinistischer Dogmen*, Gerstenberg, Hildesheim 1981.

Critique de la théorie adaptative; les organismes sont des constructions hydrauliques et des transformateurs d'énergie. On ne peut pas établir de schéma convaincant de l'évolution sans connaître les données internes. Cette étude très élaborée sur le plan théorique et critique est extrêmement réservée à l'égard de l'orientation traditionnelle de la biologie de l'évolution.

HARTMAN H., LAWLESS J.G., MORRISON P. : *Search for the Universal Ancestors. The Origin of Life*, Blackwell, Oxford, 1987.

A propos des origines de la vie.

HASSENSTEIN B. : *Biologische Kybernetik*, Quelle & Meyer, Heidelberg, 1965.

Une des transpositions les plus systématiques des principes cybernétiques à la biologie.

HAWKING S.W. : *A Brief History of Time*, Bantam Press, New York, 1988. *Une brève histoire du temps*, trad. Isabelle Naddeo-Souriau, Flammarion, Paris, 1989, rééd. coll. « Champs », 1991.

HECHT M.K., OSTROM J.H., VIOHL G., WELLNHOFER P. (Ed.) : *The Beginnings of Birds*, Jura-Museum, Eichstätt, 1984.

Etudes sur l'évolution et le vol des oiseaux.

HOCHACHKA P.W., SOMERO G.N. : *Biochemical Adaptations*, Princeton University Press, Princeton/New Jersey, 1984.

Manuel très complet sur les adaptations biochimiques et le fonctionnement du métabolisme des organismes vivants.

HOLLAND H.D. : *The Chemical Evolution of the Atmosphere and Oceans*, Princeton University Press, Princeton/New Jersey, 1984.

HOLLAND H.D. : « Origins of breathable air », *Nature*, 347 (1990), p. 17.

Bref résumé de la vision moderne des origines de la vie.

HORGAN J. : « Schritte ins Leben », *Spektrum der Wissenschaft*, 4 (1991), p. 78-87.

HUMPHRIES C.J. (Ed) : *Ontogeny and Systematics*, British Museum (Natural History), Londres, 1988.

Implications du processus de développement depuis l'ovule fécondé jusqu'à l'organisme capable de se reproduire pour l'étude des relations phylogénétiques.

HUTCHINSON G.E. : *The Ecological Theater and the Evolutionary Play*, Yale University Press, New Haven, 1965.

Ouvrage classique définissant avec une brillante concision l'interaction et les imbrications entre les conditions écologiques et les processus d'évolution.

ILLIES J. : *Biologie une Menschenbild*, Herder, Fribourg, 1975.

Biologie idéaliste fortement orientée sur les conceptions d'Adolf Portmann avec le rejet de la biologie évolutionniste d'inspiration mécaniste.

JABLONSKI D., BOTTJER D.J. : « Environmental patterns in the origin of higher taxa. The post-paleozoic fossil record », *Science*, 252 (1991), p. 1831-1833.

La plate-forme continentale comme principal centre de l'évolution.

JACOB F. : *Le Jeu des possibles*, Paris, Fayard, 1981.

JERAM A., SELDER P.A., EDWARDS D. : « Land animals in the silurian. Arachnids and myriapods from shropshirer », *Science*, 250 (1990), p. 658-661.

L'occupation des terres par les arthropodes.

JOHANSSON I. : *Meilensteine der Genetik*, Parey, Hambourg, 1979.

JÜDES U., EULEFELD G., KAPUNE T. (Ed.) : *Evolution der Biosphäre*, Edition Universitas, Hirzel, Stuttgart, 1990.

KÄMPFE L. : *Evolution und Stammesgeschichte der Organismen*, VEB Fischer, Iéna, 1980.

KIMURA M. : *Théorie neutraliste de l'évolution*, trad. franç., Flammarion, NBS, Paris, 1990.

Porte-parole des « neutralistes » : la plupart des mutations s'inscrivent indépendamment des processus de sélection dans le génome et produisent des modifications évolutives sans pression de sélection; illustration la plus extrême de la prédominance de la génétique parmi les différentes théories de l'évolution.

KLEIBER M. : *The Fire of Life*, J. Wiley, New York, 1961.

Ouvrage classique sur le mécanisme énergétique de la vie.

KRUEGER F.R. : *Physik und Evolution*, Parey, Hambourg, 1984.

LEVINS R. : *Evolution in Changing Environments*, Princeton University Press, Princeton/New Jersey, 1968.

Schéma des processus d'évolution dans des environnements qui se transforment : notion de « paysage adaptatif ».

LI C.C. : *Population Genetics*, University of Chicago Press, Chicago, 1955.

Ouvrage de référence sur la génétique des populations.

LORENZ K. : *Die Rückseite des Spiegels*, Piper, Munich, 1975. *L'Envers du miroir*, trad. J. Etoré, Flammarion, Paris, 1976. Rééd. Champs Flammarion, 1990.

Principal ouvrage de ce lauréat du prix Nobel sur la théorie de la connaissance; d'après Konrad Lorenz, mutation et sélection sont les deux grands maîtres d'œuvre de l'évolution.

LOTKA A.J. : *Elements of Mathematical Biology*, Dover Edition, New York, 1956.

Ouvrage de référence sur l'écologie des populations et la biologie mathématique; reprise de l'édition originale de 1924 parue sous le titre *Elements of Physical Biology*. Nous devons à Lotka et à Volterra les équations mathématiques sur le principe de concurrence et d'exclusion en écologie.

LUCAS S. : « The rise of the dinosaur dynasty », *New Scientist*, 6-10-1990.

Origines et débuts de l'évolution des dinosaures.

LURIA S.E. : *Life : the Unfinished Experiment*, Charles Scribner's Souns, New York, 1973, *La Vie, expérience inachevée,* trad. franç., A. Colin, Paris, 1975.

Les fondements de la biologie selon les conceptions de Salvadore Luria, lauréat du prix Nobel.

LURIA S.E., GOULD S.J., SINGER S. :*A View of Life*, Benjamin/Cummungs, Menlo Park/California, 1981.

Manuels de biologie moderne, connaissances de base.

MADDOX J. : « Is Darwinism a thermodynamic necessity? », *Nature,* 350 (1991), p. 653.

Bref essai sur la question de savoir si la sélection au sens où l'entend Darwin est la conséquence inévitable des lois de la thermodynamique.

MARGULIS L. : *Origin of Eucaryotic Cells*, Yale University Press, New Haven, 1970.

MARGULIS L. : *Symbiosis in Cell Evolution. Life and its Environment on the Early Earth*, W.H. Freeman, San Francisco, 1981.

Exposé détaillé de la théorie de la formation symbiotique de la cellule complexe. Cf. également SCHWEMMLER : *Mechanismen der Zellevoluton.*

MARTIN P.S., KLEIN E.G. (Ed.) : *Quaternary Extinctions*, University of Arizona Press, Tuscon, 1984.

Ouvrage important réunissant les contributions de nombreux spécialistes sur l'extinction de la mégafaune à la fin de l'ère glaciaire; aspects écologiques du phénomène.

MASON S.F. : *Chemical Evolution. Origin of Elements, Molecules and Living Systems*, Oxford University Press, Oxford 1991.

Nouvel état des connaissances sur la formation des éléments et le développement des organismes vivants. Cet ouvrage important est paru après l'achèvement de mon manuscrit et n'a donc pas pu être pris en compte de façon plus approfondie.

MAY R.M. (Ed.) : *Theoretical Ecology, Principles and Applications*, W.B. Saunders, Philadelphie, 1976.

Théorie de l'écologie des années soixante-dix.

MAYR E. : *Artbegrif und Evolution*, Parey, Hambourg, 1967. *Populations, espèces, évolutions,* trad. franç. Herrmann, Paris, 1974.

MAYR E. : *Grundlagen der Zoologischen Systematik*, Parey, Hambourg, 1975.

MAYR E. : *Evolution und die Vielfalt des Lebens*, Springer, Berlin, 1979.

MAYR E. (Ed.) : *Evolution, Spektrum der Wissenschaft*, Heidelberg, 1983.

Ernst Mayr est le principal représentant de la « nouvelle synthèse » de la biologie de l'évolution et le Dean de cette science. Son œuvre marque de son sceau toute la biologie de la deuxième moitié du XXe siècle. C'est la contribution la plus importante à la recherche dans ce domaine depuis la publication de Darwin sur l'origine des espèces. Mayr est « sélectionniste » et fidèle partisan de la pensée de Darwin. Toute la biologie évolutionniste moderne repose sur ses épaules. Ernst Mayr a eu en particulier le mérite d'introduire dans le monde de la pensée allemande, très fortement marqué par l'idéalisme, la démarche typologique anglo-saxonne qui pense en terme de « populations ».

McMahon T.A., Bonner J.T. : *Form und Leben. Spektrum der Wissenschaft*, Heidelberg, 1985.

Ouvrage de vulgarisation scientifique sur la relation entre forme et fonctionnement des organismes.

McNeill A.R. : « Wie Dinosaurier sich Fortbewegten », *Spektrum der Wissenschaft*, 6 (1991), p. 82-89.

Meier E. (Ed.) : *Die Herausforderung der Evolutionsbiologie,* Piper, Munich, 1988.

Série de conférences sur le sujet à la fondation Siemens de Munich.

Monod J. : *Le Hasard et la Nécessité*, Seuil, Paris, 1970.

Ouvrage de vulgarisation scientifique du célèbre lauréat du prix Nobel, contesté à cause de l'accent qu'il met sur le hasard. Pour Monod, l'homme n'est jamais qu'un promeneur égaré à la lisière de l'univers.

Müller H.M. : *Evolution, Kognition und Sprache*, Parey, Hambourg, 1987.

Facultés cognitives, langage, et leur rôle dans l'évolution de l'homme.

Padian K. (Ed.) : « The Origin of Birds and the Evolution of Flight », *Memoirs of the California Academy of Sciences*, n° 8, San Francisco, 1986.

Parker G.A., Smith J.M. : « Optimality theory in evolutionary biology », *Nature*, 348 (1990), p. 27-33.

Thèse centrale : le processus évolutif va vers l'optimisation.

Penny D., O'Kelly C.J. : « Eukaryote Origins. Seeds of a universal tree », *Nature*, 350 (1991), p. 106-107.

Peters R.H. : *The Ecological Implications of Body-Size*, Cambridge University Press, Cambridge, 1983.

Pianka E.R. : *Evolutionary Ecology*, Harper and Row, New York, 1974.

Manuel d'écologie très répandue avec une amorce de perspective biologique évolutionniste des processus écologiques.

Pontin A.J. : *Competition and coexistence of species*, Pitman, Londres, 1982.

A propos de la coexistence et de la concurrence entre les espèces.

POPE K.O., OCAMPO A.C., DULLER C.E. : « Mexican site fort K/T impact crater? », *Nature*, 351 (1991), p. 105.

On pense que le cratère dont l'éruption fit disparaître, au tournant du crétacé et du tertiaire, les dinosaures et nombre d'autres organismes se situait en bordure du Yucatan.

POPP F.A. : *Biologie des Lichts*, Parey, Hambourg, 1984.

Etude de l'irradiation ultra-faible de la cellule et explication de la photosensibilité des substances organiques et des tissus vivants.

PORTMANN A. : *Neue Wege der Biologie*, Piper, Munich, 1960.

PORTMANN A. : *Biologie und Geist*, Herder, Fribourg, 1963.

PORTMANN A. : *Die Tiergestalt*, Herder, Fribourg, 1965.

Le biologiste et spécialiste de l'anatomie comparée qu'est Adolf Portmann s'est écarté plus que tout autre biologiste du XXe siècle des théories conventionnelles. Il croit voir dans une tendance des organismes qu'il appelle l'« autoreprésentation du vivant » le moteur de l'évolution, tandis qu'il n'accorde guère d'importance à la mutation et à la sélection. Ses idées sur les origines de la vie ont surtout trouvé audience dans les milieux religieux.

PRIGOGINE I. : *Entre le temps et l'Eternité*. Fayard, Paris, 1988. Rééd. coll. « Champs ». Flammarion, 1992.

Exposés fondamentaux sur la thermodynamique des « structures dissipatives » en l'absence d'équilibre.

PROBST G.J.B. : *Selbstorganisation*, Parey, Hambourg, 1987.

PRUSINER S.B. : « Molecular biology of prion diseases », *Science*, 252 (1991), p. 1515-1522.

Etat des connaissances au printemps 1991 sur les maladies déclenchées par les mystérieux « protides redevenus sauvages », les prions. Même si les protides contenus dans les prions semblent codés par des gènes, il s'agit manifestement d'un cas limite entre protides à l'état libre et contrôle du génome dont la nature n'a pas encore été assez précisément définie.

RAMSKÖLD L., XIANGUANG H. : « New early Cambrian animal and onychophoran affinities of enigmatic metazoans », *Nature*, 351 (1991), p. 225-228.

Les recherches les plus récentes sur les fossiles du précambrien qui ne semblaient pas se rattacher aux embranchements connus du règne animal ont montré une correspondance plus nette que S. J. Gould ne la supposait. Ces fossiles ne peuvent plus être considérés comme des illustrations exemplaires d'une « loterie de l'évolution ».

RAUP D.M. : *The Nemesis Affair. A Story of the Death of Dinosaurs and the Ways of Science*, W.W. Norton, New York, 1986.

Ouvrage captivant sur l'extinction des dinosaures – très vraisemblablement due à la chute d'une météorite géante – et la synthèse des orientations les plus diverses de la recherche scientifique moderne en sciences naturelles. L'hypothèse d'une étoile de mort, appelée « Nemesis », dont proviendraient les météorites destructrices, est envisagée.

READER J., GURCHE J. : *Aufstieg des Lebens. Die ersten 3,5 Milliarden Jahre*, Interbook, Hambourg, 1986.

Admirable ouvrage illustré sur l'évolution qui renferme les meilleurs croquis reconstituant les organismes disparus et les processus de l'évolution.

REICHHOLF J.H. : *Das Rätsel der Menschwerdung*, Deutsche Verlags-Anstalt, Stuttgart, 1990. *L'Emergence de l'homme*, trad. J. Etoré, Flammarion, Paris, 1990.

Nouveau scénario de l'évolution de l'homme comme illustration particulière du processus général de l'évolution.

REICHHOLF J.H. : *Der tropische Regenwald. Ökobiologie des artenreichsten Naturraum der Erde*, Deutscher Taschenbuch Verlag, Munich, 1990.

Thèse principale : l'extraordinaire variété d'espèces vivant au sein de la forêt pluviale tropicale provient du manque de substances minérales vitales. Les organismes qui ont d'importants besoins énergétiques, comme les mammifères supérieurs, y sont rares, précisément à cause de ce manque.

REMMERT H. : *Ökologie*, Springer, Berlin, 1989.

Manuel d'écologie assez peu conventionnel qui adopte une attitude critique à l'égard de principes écologiques répandus.

RICKLEFS R.E. : *Ecology*, Chiron Press, New York, 1979.

RIEDL R. : *Die Ordnung des Lebendigen*, Parey, Hambourg, 1975.

RIEDL R. : *Die Strategie der Genesis*, Piper, Munich, 1976.

RIEDL R. : *Die Spaltung des Weltbildes*, Parey, Hambourg, 1985.

Le biologiste viennois Rupert Riedl constate dans son œuvre l'augmentation de l'ordre qu'il définit comme le produit de la loi par son application. Vu que la répétition réitérée fait reculer l'application au profit des lois de fonctionnement des organismes et de la biosphère, ce raisonnement aboutit à une vision de l'évolution proche de celle de Lorenz qui définit l'évolution comme un processus de connaissance. Elle ne se limite pas aux organismes, mais recouvre un processus bien plus général qui a débuté avec la formation de la matière et des galaxies. Riedl soutenait avec insistance que notre appareil cognitif et, avec lui, notre connaissance étaient également soumis à ce processus. D'où une « théorie évolutionniste de la connaissance ». Rupert Riedl est le personnage central du nouveau cercle de philosophes et de naturalistes viennois qui se penchent sur les problèmes de l'évolution.

RIEPPEL O. : *Unterwegs zum Anfang. Geschichte une Konsequenzen der Evolutionstheorie*, Artemis, Zurich, 1989.

Nouvelle synthèse de l'histoire de la recherche sur l'évolution.

ROUGHGARDEN J., MAY R.M., LEVIN S.A. (Ed.) : *Perspectives in Ecological Theory,* Princeton University Press, Princeton/New Jersey, 1989 (cf. plus particulièrement dans cet ouvrage : STANLEY S.M. : *Fossils Macroevolution, and Theoretical Ecology).*

RUDOLPH A.S., RATNA B.R., KAHN B. : « Self-assembling phospholipid filaments », *Nature*, 352 (1191), p. 52-55.

Nouvelles découvertes sur l'auto-organisation des phospholipides; d'une importance certaine pour les schémas des origines de la vie.

SALTHE S.N. : *Evolving Hierarchical Systeme*, Columbia University Press, New York, 1985.

Résumé de l'état des connaissances sur l'évolution de systèmes hiérarchiquement organisés qui influent les uns sur les autres.

SCHAEFER G. : *Kybernetik und Biologie*, J.B. Metzlersche Verlagsbuchhandlung, Stuttgard, 1972.

SCHINDEWOLF O.H. : *Grundfragen der Paläontologie*, Schweizerbart, Stuttgart, 1950.

Ce titre recouvre la division de l'évolution en phases : typogenèse, typostase et typolyse; S. J. Gould a poursuivi l'élaboration de cette thèse qu'il appelle l'« équilibre interrompu ».

SCHMALHAUSEN I.I. : *The Origin of Terrestrial Vertebrates*, Academic Press, Londres, 1968.

Transcription anglaise de l'œuvre du paléontologue russe.

SCHMIDT F. (Ed.) : *Neodarwinistische oder kybernetische Evolution?*, Universitätsdruckerei Heidelberg, 1988.

Le directeur de publication insiste sur les aspects cybernétiques de la biologie et de l'évolution : « Les organismes sont des ordinateurs. »

SCHRÖDINGER E. : *Was ist Leben?*, A. Francke, Berne, 1946.

SCHWEMMLER W. : *Mechanismen der Zellevolution*, W. de Gruyter, Berlin, 1978.

SHAPIRO R. : *Schöpfung und Zufall. C. Bertelsmann,* Munich, 1987.

« Au commencement était la protéine », écrit Robert Shapiro, et il veut exprimer par là l'importance de l'interaction évolutionnelle entre l'organisme et l'information génétique, sans pour autant s'avancer plus loin dans cette voie.

SIEWING R. (Ed) : *Evolution*, UTB G. Fischer, Stuttgart, 1978.

Recueil d'informations sur le thème de l'évolution.

SOLBRIG O.T., SOLBRIG D.J. : *Introduction to Population Biology and Evolution*, Addison Wesley, Reading/ Massachusetts, 1979.

Manuel moderne de biologie des populations.

STANLEY S.M. : *Earth and Life Through Time*, W.H. Freeman, New York, 1986.

Manuel exhaustif de géologie et d'histoire de la terre qui traite des aspects paléontologiques de l'évolution.

STANLEY S.M. : *Krisen der Evolution. Artensterben in der Erdgeschichte, Spektrum der Wissenschaft*, Heidelberg, 1988.

STEAMS S.C. (Ed.) : *The Evolution of Sex and its Consequences*, Birkhäuser, Bâle, 1987.

L'instauration de la reproduction sexuée entraîna une forte accélération du processus d'évolution. Son rôle est analysé dans cet ouvrage sous plusieurs angles. Les données de base ont été fournies par John Maynard Smith 1958 in BARNETT S.A. : *Century of Darwin*, avec l'article « Sexual Selection ».

STORCH V., WELSCH U. : *Evolution. Tatsachen und Probleme der Abstammungslehre*, Deutscher Taschenbuch Verlag, Munich, 1989.

Brève synthèse de la biologie de l'évolution.

Sutcliffe A.J. : *On the Track of Ice Age Mammals*, British Museum (Natural History), Londres, 1985.
L'évolution à l'ère glaciaire; ouvrage richement illustré sur les phénomènes d'extinction et les méthodes de la recherche paléontologique.

Thivers R. : *Social Evolution*, Benjamin/Cummings, Menlo Park/Californie, 1985.
Présentation détaillée des mécanismes et des effets du développement des comportements sociaux.

Thompson d'Arcy W. : *Über Wachstum und Form*, Birkhäuser, Bâle, 1973.

Thompson J.N. : *Interaction and Coevolution*, J. Wiley, New York, 1982.
Analyse exhaustive de processus d'évolution interactifs et corrélés, interprétés comme relevant d'une « co-évolution ».

Tiffnay B.H. (Ed.) : *Geological Factors and the Evolution of Plants*, Yale University Press, New Haven, 1985.

Towe K.M. : « Aerobic respiration in the Archaean? », *Nature*, 348 (1990), p. 54-56.
L'utilisation de l'oxygène, la respiration, intervint-elle plus tôt qu'on ne l'a pensé jusqu'à présent? La thèse de la production exclusivement végétale de l'oxygène n'est plus incontestée.

T.W. Fiennes R.N. : *Ecology and Earth History*, Croom Helm, Londres, 1976.
Synthèse concise, informée et pleine d'idées de l'histoire de la terre, de l'écologie et de l'évolution.

Unsöld A. : *Evolution kosmischer, biologischer und geistiger Strukturen*, Wissenschaftliche Verlagsgesellschaft, Stuttgart, 1981.
Extension de la pensée et du mode d'interprétation évolutionniste à tous les niveaux de l'être.

Vermeij G.J. : *Evolution and Escalation. An Ecological History of Life*, Princeton University Press, Princeton/New Jersey, 1987.
La pression des ennemis et des besoins alimentaires influe massivement sur le cours de l'évolution des organismes marins. L'escalade est l'une des stratégies de survie de l'évolution. L'ouvrage contient de multiples exemples bien analysés du mécanisme de l'évolution en ce qui concerne plus particulièrement les invertébrés marins. Vermeij accorde une importance particulière à l'interaction entre les organismes vivants.

Vollmer G. : *Evolutionäre Erkenntnistheorie*, S. Hirzel, Stuttgart, 1975.

Wahlert G.V. : *Latimeria und die Geschichte der Wirbeltiere,* G. Fischer, Stuttgart, 1968.

Le crossoptérygien *Latimeria* pris comme illustration du traitement des questions de biologie évolutionniste par l'anatomie comparative.

Waldrop M.M. : « Goodbye to the warm little pond? », *Science*, 250 (1990), p. 1078-1080.

Discussion des nouvelles conceptions sur l'origine de la vie dans les sources minérales chaudes; les lagunes chaudes inondées de lumière n'offraient pourtant pas de conditions de départ tellement favorables à l'apparition des premières formes de vie.

Wickler W., Seibt U. : *Das Prinzip Eignenutz*, Hoffman und Campe, Hambourg, 1977.

Comportements altruistes, égoïstes et faussement altruistes, dans le domaine de la biologie évolutionniste; traitement nuancé des thèses sociobiologiques.

Wiens J.A. (Ed.) : *Ecosystem Structure and Function*, Oregon State University, 1972.

Wieser W. : *Wom Werden zum Sein. Energetische und sozialeAspekte der Evolution*, Parey, Hambourg, 1989.

Inversion du titre de Prigogine; déviation biologique fonctionnelle des processus centraux de l'organisme et origine de ces phénomènes.

Williams C.B. : *Patterns in the Balance of Nature and Related Problems in Quantitative Ecology*, Academic Press, Londres, 1964.

L'école de C.B. Williams a durablement marqué les conceptions de l'équilibre de la nature, bien que le principal ouvrage scientifique n'apporte pas la démonstration de cet équilibre. On y voit cependant très clairement à quel point le désir d'équilibre est le produit des rêves et des représentations idéales de l'homme, et à quel point ces représentations correspondent peu à la réalité des phénomènes étudiés.

Ziegler W. (directeur de collection) : « Organismus und Selektion. Probleme der Evolutionsbiologie », *Aufsätze une Reden der Senckenbergischen Naturforschenden Gesellschaft Band*, 35, Francfort/Main, 1985.

INDEX

TABLE DES MATIÈRES

DEUXIÈME PARTIE

SIX CHAPITRES SUR LES MOTEURS DE L'ÉVOLUTION

TROISIÈME PARTIE

CINQ CHAPITRES SUR LA VIE

Cet ouvrage a été réalisé par la
SOCIÉTÉ NOUVELLE FIRMIN-DIDOT
Mesnil-sur-l'Estrée
pour le compte des Editions Flammarion
en mars 1993

Imprimé en France
Dépôt légal : Mars 1993
N° d'édition : 14312 – N° d'impression : 22847